高等教育“十三五”规划教材
高等教育自动化类专业系列教材
“中国海洋大学教材建设基金资助”项目

MATLAB 与控制系统仿真

张　磊　任旭颖　主编

電子工業出版社
Publishing House of Electronics Industry
北京 • BEIJING

内 容 简 介

本书遵循“翻转课堂”的教学思路，系统介绍了 MATLAB 及其在控制系统仿真中的应用，尝试融入多项教学方法，并提供丰富的实例程序、教学 PPT、演示视频等资源。采用本书作为教学用书可以减少教师讲授的时间，大幅提高学生自主学习和实际动手的效率，教师能够有更多的时间与学生交流。

全书由 MATLAB 基础及基于 MATLAB 的控制系统仿真两大部分构成，内容精练、实用，案例典型，图文并茂，是教学团队多年实践教学成果的总结。

本书可作为高等院校及职业院校自动化类专业教学用书，也是从事自动化控制技术工作人员的有益读本。

图书在版编目（CIP）数据

MATLAB 与控制系统仿真 / 张磊，任旭颖主编. —北京：电子工业出版社，2018.8
ISBN 978-7-121-34309-4

Ⅰ. ①M… Ⅱ. ①张… ②任… Ⅲ. ①自动控制系统-系统仿真-Matlab 软件-高等学校-教材 Ⅳ. ①TP273-39

中国版本图书馆 CIP 数据核字（2018）第 111342 号

策划编辑：朱怀永
责任编辑：朱怀永　　　　文字编辑：李　静
印　　刷：北京虎彩文化传播有限公司
装　　订：北京虎彩文化传播有限公司
出版发行：电子工业出版社
　　　　　北京市海淀区万寿路 173 信箱　邮编 100036
开　　本：787×1092　1/16　印张：15　字数：384 千字
版　　次：2018 年 8 月第 1 版
印　　次：2024 年12月第10次印刷
定　　价：39.80 元

凡所购买电子工业出版社图书有缺损问题，请向购买书店调换。若书店售缺，请与本社发行部联系，联系及邮购电话：（010）88254888，88258888。

质量投诉请发邮件至 zlts@phei.com.cn，盗版侵权举报请发邮件至 dbqq@phei.com.cn。

本书咨询联系方式：（010）88254608，zhy@phei.com.cn。

前　言

“控制系统仿真”课程是高校自动化及其相关专业本科生的一门重要专业课程，是在学习控制系统原理的基础上使用 MATLAB 软件进行模型建立、仿真设计、实验验证和分析的综合实践课程。“控制系统仿真”课程的任务是使学生获得控制系统仿真技术方面的基本理论、基本知识和基本技能，培养学生分析问题和解决问题的能力，加深学生对自动控制理论的理解，拓宽学生对控制系统仿真及其应用软件的知识面，为深入学习后续课程及从事控制系统设计、分析的实际工作打下基础。

“控制系统仿真”课程的内容包含控制理论、计算数学和计算机相关知识，而 MATLAB 软件是分析和设计各类复杂系统的强有力工具。学生在学习了“自动控制原理”“现代控制理论”等专业课程的基础上，需要开设一门综合性、实践性较强的课程。其目的是使学生在深入学习控制理论的基础上，掌握一种能够方便地对系统进行分析与设计的工具，以便在控制系统的研究中减少烦琐的验算，提高解决专业问题的能力，提高设计效率和质量。

本书依循“翻转课堂”的教学思路，尝试融入多项教学方法，减少了教师讲授的时间，大幅度提高了学生自主学习和实际动手的效率，教师能够有更多的时间与学生进行交流和讨论。本书及教学资料在作者所在的高校进行了试验，效果良好。教师可以采用重点讲授、协作指导和问题讨论的形式满足学生的需要，同时促进学生的个性化学习，使学生通过自主认知、理论回顾和实践获得更真实、有效的学习。

本书和所提供的辅助教学资源能够满足“翻转课堂”式教学方法所需要的基本要求。

1. 教学信息更加清晰

教师可以依照本书的内容和顺序设计教学计划。除教材中的内容以外，本书还提供实例程序、教学 PPT、演示视频等资源。课堂开始前教师可以发布本次课程需要的教学资料和实践要求，如教学 PPT、演示视频、各章的要求和需要完成的考查题目等内容，引导学生按照自己的理解情况安排学习进度，以需要掌握的知识重点为主线、以考查题目为任务导向，以学生个体为教学单元边学、边练、边讨论，通过教师个性化的有效辅导全面提升学习的效果。

2. 重新构建学习方式

第一阶段，学生积极利用课堂时间了解本章所需要掌握的知识重点，通过阅读教材内容、查看课程所提供的课件和实例程序资料、观看演示视频，进而完成每章指定的考查题目；

第二阶段，学生将自行完成的考查题目向教师或教学助理进行讲解和演示，教师则分别针对学生的具体情况和具体问题进行提问、解答和讨论；

第三阶段，学生在课堂外完成教师安排或教材中要求的课后练习题。

3. 演示视频针对性强

演示视频时间基本控制在3～10min内，内容针对性强，都是各章综合性较强的操作演示或设计方法展示，包含完整的知识点讲解、例题分析与练习，方便学生在阅读教材的同时观看视频，提升学生自主学习的能力。

4. 课程要求和考核方式

课程要求分为课前、课中和课后三个环节的要求。

（1）课前，复习自动控制原理的相关基础知识，复习C语言等其他已经学习的高级编程语言及程序设计知识，每节课前预习教材内容；

（2）课中，按照教师给定的考查题目边学边练，完成每章后的练习题，在指定的答疑和讨论时间段内与教师或助教积极互动；

（3）课后，独立完成部分课后练习题。

采用课堂考查、实验成果检查与上机考核综合考核方式，实现综合考查学生的学习效果。

本书以MATLAB为主要工具，按照控制理论的内容体系，依次展开学习，主要任务分为MATLAB基础和基于MATLAB的控制系统仿真两大部分。

本书配备大量教学资源，各章PPT及相关教学视频可扫描各章节二维码进行观看，本书示例程序可扫描以下二维码进行下载。

在本书编写过程中，中国海洋大学自动化与测控系黎明教授、褚东升教授、解则晓教授、綦声波副教授和周丽芹副教授给予许多指导意见，在此深表感谢。

由于编者水平有限，书中的疏漏之处在所难免，恳请广大读者不吝指正。

示例程序

目 录

绪论——教学与学习建议

使用本书进行教学的方法是以教材为主，配合使用教材中的实例程序、教学 PPT、演示视频等资源，具体使用建议如下。

① 了解章、节重点和考查题目——教材每章开始处介绍该章需要掌握的知识重点（“始”）和课程结束后需要完成的考查题目（“终”），做到有“始”有“终”，如图 0-1 所示为第 4 章重点及考查题目。

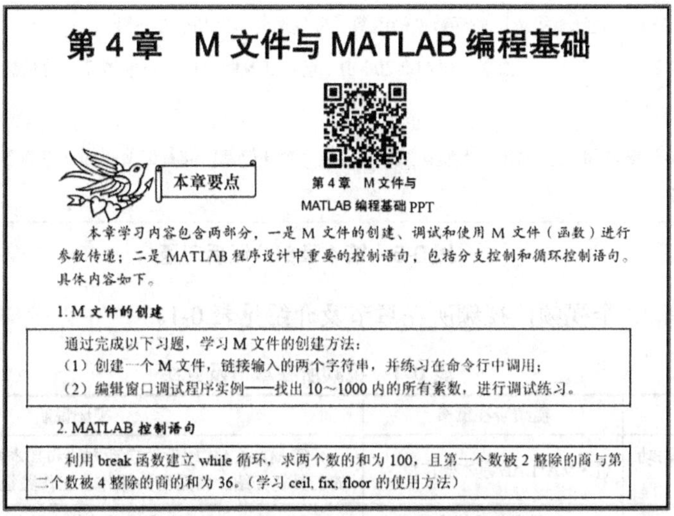

第 4 章　M 文件与 MATLAB 编程基础

本章要点

第 4 章　M 文件与 MATLAB 编程基础 PPT

本章学习内容包含两部分，一是 M 文件的创建、调试和使用 M 文件（函数）进行参数传递；二是 MATLAB 程序设计中重要的控制语句，包括分支控制和循环控制语句。具体内容如下。

1. M 文件的创建

通过完成以下习题，学习 M 文件的创建方法：
（1）创建一个 M 文件，链接输入的两个字符串，并练习在命令行中调用；
（2）编辑窗口调试程序实例——找出 10～1000 内的所有素数，进行调试练习。

2. MATLAB 控制语句

利用 break 函数建立 while 循环，求两个数的和为 100，且第一个数被 2 整除的商与第二个数被 4 整除的商的和为 36。（学习 ceil, fix, floor 的使用方法）

图 0-1　第 4 章重点及考查题目

② 阅读教材内容，查看课程所提供的课件（第 4 章课件如图 0-2 所示）和实例程序资料（实例 4-1-1 程序如图 0-3 所示）、观看演示视频（视频 04 如图 0-4 所示），完成考查题目。

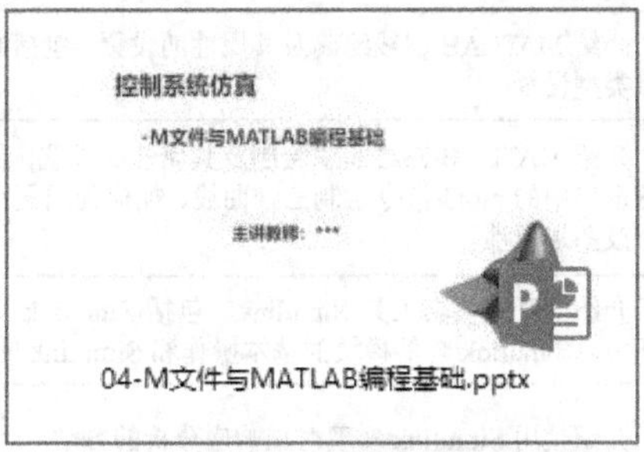

图 0-2　第 4 章课件

图 0-3　实例 4-1-1 程序

下面以示例 4-1-1 来演示一下如何使用编辑窗口调试程序，包括创建 M 文件、保存并编写调试程序，可参考视频<04-使用编辑窗口调试程序>，视频二维码如下：

图 0-4　视频 04

③ 在课堂外完成本书中要求的课后习题，第 4 章部分课后习题如图 0-5 所示。

课后习题

4-1 M 文件和函数的创建：

（1）创建一个计算阶乘的函数；

（2）创建一个 M 文件，并用它调用（1）中所创建的函数进行阶乘计算；

（3）创建一个能读取外部数据的函数，并使用它进行所设定的计算。

4-2 编写 M 文件，要求写出 100-200 中不能被 3 整除同时也不能被 7 整除的数，显示程序运行结果。

4-3 编写 M 文件输出“水仙花数”（它是一个 3 位数，其各位数字的立方和等于该数本身）。

图 0-5　第 4 章部分课后习题

本教材中共有 13 个视频，视频所在章节及介绍见表 0-1。

表 0-1　视频所在章节及介绍

视频名称	视频所在章节	视频说明
01-MATLAB 基本设置与功能介绍	〈1.3 MATLAB 基本操作〉	介绍 MATLAB 软件的启动方法和基本操作界面，包括 MATLAB 的工具栏介绍、常用窗口操作、工作路径设置和文件管理
02-多项式曲线拟合	〈3.4 多项式曲线拟合〉	介绍 MATLAB 中多项式曲线拟合的使用方法
03-数据统计图形用户交互工具	〈3.5 数据统计〉	介绍 MATLAB 的数据统计中的一个图形用户交互工具，以此完成数据集的统计量特征，并可视化地显示
04-使用编辑窗口调试程序	〈4.1.2 编辑器窗口说明〉	介绍如何使用编辑窗口调试程序，包括创建 M 文件、保存并编写调试程序
05-plot 曲线绘制及其属性的设置	〈6.1.1 二维图形〉	介绍 MATLAB 曲线绘制及其属性的设置，包括曲线格式和标记点类型设置
06-plot3 三维曲线绘制及其属性的设置	〈6.1.3 三维图形〉	介绍 MATLAB 三维曲线绘制及其属性的设置，包括如何使用绘图窗口中的 plot3 指令绘制三维曲线、如何使用图形窗口中的功能修改图形属性
07-交互式仿真工具 Simulink	〈7.3.4 Simulink 仿真参数的设置〉	介绍交互式仿真工具 Simulink，包括 Simulink 库浏览器的操作环境、Simulink 功能模块的基本操作和 Simulink 的使用方法
08-使用 simulink 实现时域响应分析	〈9.2.5 使用 simulink 实现时域响应分析〉	介绍使用 Simulink 实现时域响应分析的方法

续表

视频名称	视频所在章节	视频说明
09-MATLAB 系统分析工具 LTI Viewer	〈10.2 MATLAB 系统分析工具 LTI Viewer〉	介绍 MATLAB 系统分析工具 LTI Viewer 的使用方法
10-MATLAB 函数绘制根轨迹图	〈11.1.2 MATLAB 函数绘制根轨迹图〉	介绍 MATLAB 函数绘制根轨迹图的方法，并绘制系统的脉冲响应，并进行验证
11-图形界面工具 rltool	〈11.3.1 图形界面工具 rltool〉	介绍 MATLAB 中图形界面工具 rltool 的操作步骤和使用方法
12-PID Tuner 控制器设计	〈13.4 PID Tuner 控制器设计〉	介绍 MATLAB 中 PID Tuner 控制器的设计方法
13-图形用户界面 GUI	〈14.4 图形用户界面 GUI 示例〉	介绍 MATLAB 中图形用户界面 GUI 的使用方法

本书中主要使用的符号说明见表 0-2。

表 0-2　符号说明

符　号	说　明
>>	命令窗口提示符，表示在命令窗口中的操作符号，符号>>右侧的命令可以直接在命令窗口中执行
%	注释符号，与 MATLAB 的规定一致，采用%作为命令注释部分的开始
【】	使用或单击窗口中相应的图标，例如，【打开】是指在主窗口中单击打开图标
〈〉	使用该符号作为本部分说明或参考的指引，例如，〈参考 13.4 节〉是指该部分内容的说明可以详细参考 13.4 节
☞	例题解析的标注，对应示例中需要详细说明或特别指出的内容使用该符号标注
➢	函数的基本语法形式
注意	针对例题中常见的问题和需要特别注意的使用方法进行单独说明

第1章 控制系统仿真概述

第1章 控制系统仿真概述 PPT

本章要点

本章主要介绍两个部分：一是控制系统仿真的基本概念，二是MATLAB控制系统仿真的基础知识，具体内容如下。

1. **系统仿真的基本概念。**

2. **MATLAB的简介。**

3. **MATLAB基本操作，包括MATLAB R2014a的启动方法和MATLAB基本操作界面的介绍。**

4. **MATLAB的操作实例介绍。**

1.1 系统仿真概述

系统仿真是随着计算机技术的发展而逐步形成的一类实验研究方法，是建立在控制理论、相似理论、信息处理技术、计算机基础等技术上的，以计算机和其他专用物理设备为工具，利用模型对真实的或假想的系统进行实验，并借助专家经验知识、统计数据和信息资料对试验结果进行分析和研究，进而做出决策的一门综合性、试验性学科。最初，仿真主要应用于航天、航空、原子反应堆等少数领域。此后，计算机技术的普及和信息科学的发展为仿真技术的应用提供了技术和物质基础。目前，仿真已经应用于众多领域，成为分析研究各种系统，特别是复杂系统的重要工具。它不仅仅应用于工程领域，如机械、电力、冶金、电子等方面，还广泛应用于非工程领域，如交通管理、生产调度、库存控制、生态环境、社会经济等方面。

1. 系统仿真的三要素

系统、模型与仿真是系统仿真的三要素。

系统（System），即仿真对象，其基本特性是整体性和相关性。整体性是指系统作为一个整体存在而表现某项特定的功能，它是不可分割的；相关性是指系统的各个部分、对象（元素）之间是相互联系的，存在物质、能量与信息的交换。

模型（Model），是系统的抽象，是对系统属性和变化规律的一种定量抽象，是对系统本质的描述。模型可以描述系统的本质和内在联系，通过对模型的分析和研究，达到了解原系统的目的。模型的表达形式可以分为物理模型、数学模型和描述模型。

仿真（Simulation），是指利用计算机模型复现实际项目（系统）中发生的本质过程，并通过对系统模型的实验来研究存在的或设计中的系统。使用系统模型将特定于某一具体层次的不确定性转化为它们对目标的影响，并进行分析验证。

仿真技术是以计算机和各种专用物理设备为工具，借助系统模型对真实系统进行试验研究的一门综合技术，具有安全、快捷和可以实现特定、特殊要求等优点。仿真的主要目的是借助于仿真技术可以采用重复试错的形式优化原理和方法，使设计结果达到某种最优，实现系统的优化设计。

根据不同的分类标准，可以将系统仿真分为物理仿真、数学仿真、混合仿真 3 种类型，仿真的分类见表 1-1。

表 1-1 仿真的分类

类 型	说 明
物理仿真	研制一些实体模型，使之能够重现原系统的各种状态
数学仿真	用数学语言表达系统，并编制程序在计算机上对实际系统进行研究
混合仿真	为了提高数学仿真的可信度或针对难以建模的系统，多采取物理模型、数学模型和实体相结合组成较复杂的仿真系统

2. 仿真软件

随着硬件的发展，仿真软件也有了很大发展。仿真软件吸收了仿真方法学、网络、图形/图像、多媒体、软件工程、自动控制、人工智能等技术成果而得到了很大发展。人机环境也由初期的图形支持，到动画、交互式仿真，进一步发展到矢量的图形支持，并向虚拟实现方向发展。仿真软件的应用越来越广泛，主要应用在机械工程、设备研发、工厂设计、电路设计仿真、化学验证仿真、PLC 设计、家居设计等很多领域。

3. 仿真的基本步骤

控制系统仿真的基本步骤如图 1-1 所示。

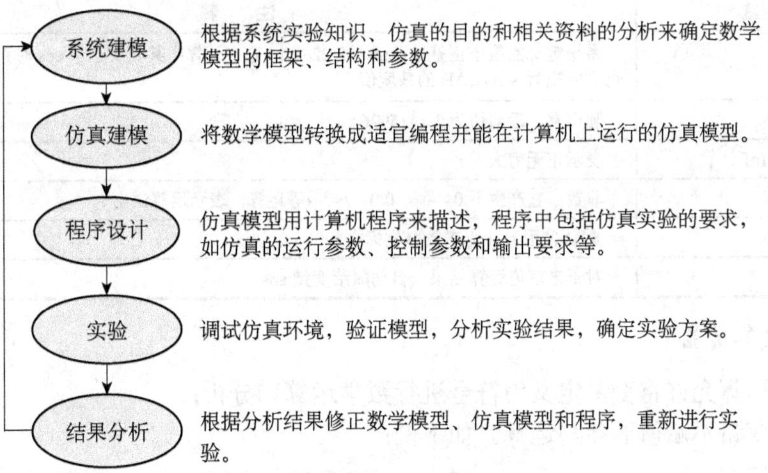

图 1-1 控制系统仿真的基本步骤

1.2 MATLAB简介

MATLAB是由美国Clever Moler博士于1980年开发的，设计者的初衷是解决“线性代数”课程的矩阵运算问题，取名MATLAB，即Matrix Laboratory矩阵实验室的意思。MATLAB是一种直译式的高级语言，逐行执行程序，不需要编译，相比其他程序设计语言更容易理解和使用。MATLAB具备大规模计算能力和仿真功能，是大学工科必修的计算机语言之一。其应用领域非常广泛，比如：

- 工业研究与开发；
- 数学教学与研究，特别是“线性代数”；
- 数值分析和科学计算方面的教学与研究；
- 电子学、控制理论和物理学等工程和科学学科方面的教学与研究；
- 经济学、化学和生物学等计算问题。

MATLAB语言简捷紧凑，语法限制不严，程序设计自由度大，可移植性好；运算符、库函数丰富；图形功能强大；界面友好、编程效率高；扩展性强。

MATLAB语言具有强大的数值（矩阵）运算功能、广泛的符号运算功能、高低兼备的图形功能（计算结果的可视化功能）、可靠的容错功能、应用灵活的兼容与接口、功能和信息量丰富的联机检索功能。

1. 矩阵运算功能

MATLAB提供了丰富的矩阵运算处理功能，是基于矩阵运算的处理工具。它的变量是矩阵，运算是矩阵的运算。

例如，$\boldsymbol{C}=\boldsymbol{A}+\boldsymbol{B}$，$\boldsymbol{A}$，$\boldsymbol{B}$，$\boldsymbol{C}$都是矩阵，是矩阵的加运算；即使一个常数，$\boldsymbol{Y}$=5，MATLAB也看作一个1×1的矩阵。

在MATLAB工作内存中，存储了几个由系统本身在启动时定义的变量，我们称为永久变量，常用的永久变量见表1-2。

表1-2　常用的永久变量

永久变量	注　释
eps	系统定义的最小正整数，eps≈2.22e-016定在计算中某结果小于eps时系统默认其值为0，也可以视为MATLAB的精度值
pi	圆周率，近似值为3.1415926
inf或Inf	表示正无穷大
NaN	非数，它产生于0×∞，0/0，∞/∞等运算，表示运算溢出
i，j	默认使用i，j为虚数单位标志
ans	对于未赋值运算结果，自动赋给变量ans

2. 符号运算功能

- 符号运算允许将变量定义为符号进行数学运算和分析；
- 允许变量不赋值而参与运算。如下例：

```
syms a b c x                    % 创建多个符号变量
f2 = a*x^2 + b*x + c            % 创建符号表达式
```

➢ 用于解代数方程、微积分、复合导数、积分、二重积分、有理函数、微分方程、泰勒级数展开、寻优等，可求得解析符号的解。

3. **丰富的绘图功能与计算结果的可视化**

➢ 具有高层绘图功能——二维、三维绘图；

➢ 具有底层绘图功能——句柄绘图；

➢ 使用 plot 函数可随时将计算结果可视化（plot 函数的应用如图 1-2 所示），该功能可参考〈第 6 章 MATLAB 的绘图及图像处理〉。

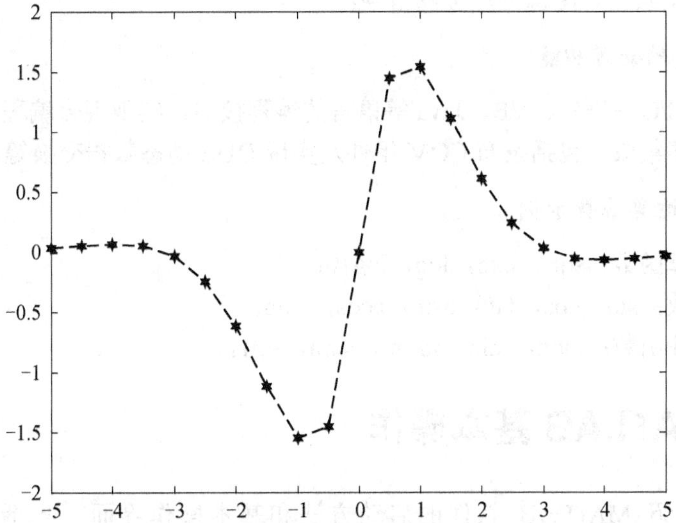

图 1-2　plot 函数的应用

4. **图形化程序编制功能**

➢ 具备动态建模、仿真和分析的软件包；

➢ 只需采用拖曳模块、连接模块的形式，即可实现编程功能（图形化程序的编制如图 1-3 所示）。该功能可参考第 7 章交互式仿真工具 Simulink。

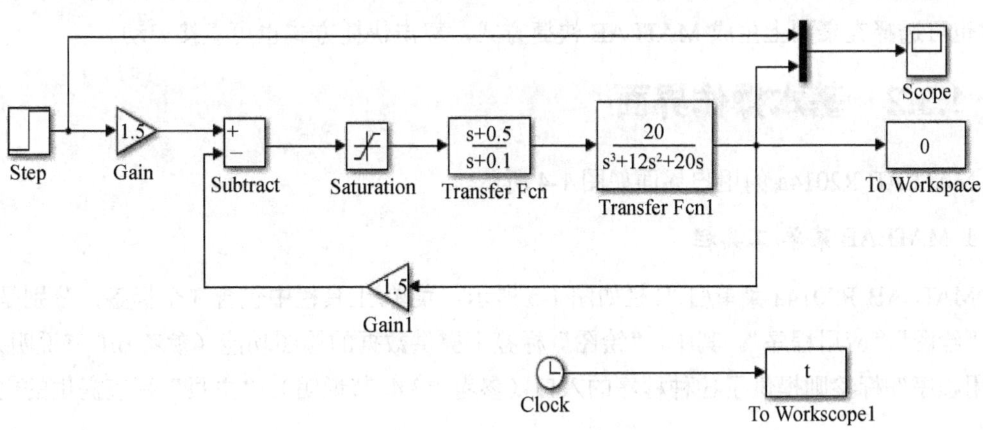

图 1-3　图形化程序的编制

5. 丰富的 MATLAB 工具箱

MATLAB 提供丰富的工具箱，将许多基本功能组合为函数包或可操作的图形界面，极大地减轻了用户编程的负担。通用型工具箱，用于扩充数值计算、图形建模、文字处理、硬件交互功能等，可以方便各领域用户直接使用。此外，还提供专用型工具箱。许多学科专业性较强的计算、分析等在 MATLAB 中都有专用工具箱，目前，已有 30 多个，但 MATLAB 语言的扩展开发还远远没有结束，各学科的相互促进，将使得 MATLAB 更加强大。部分与本书相关的工具箱有：MATLAB 通用工具箱、Simulink 仿真工具箱、控制系统工具箱、符号数学工具箱、信号处理工具箱、图像处理工具箱等。

6. MATLAB 的兼容功能

- 具备与 C/C++语言、VB、Java 等语言的编程接口，实现混合编程；
- 应用程序集成，包括发布 COM 组件及实现 DDE 动态数据交换等功能。

7. 部分常用运算函数示例

- 初等运算函数：sqrt，exp，log，log10；
- 三角函数：sin，cos，tan，asin，acos，atan；
- 数据统计函数：max，min，mean，sum，sort。

1.3 MATLAB 基本操作

本节主要介绍 MATLAB 软件的启动方法和基本操作界面，包括 MATLAB 的工具栏介绍、常用窗口操作、工作路径设置和文件管理，可参考视频“01-MATLAB 基本设置与功能介绍”，视频二维码如右。

1.3.1 MATLAB R2014a 的启动

本书使用 Windows 操作系统下的 MATLAB R2014a（其对应版本编号为 8.3）软件。进入 Windows 主界面后，选择“开始”→“程序”→“MATLAB R2014a”选项启动软件；安装软件时也可选择在桌面上生成 MATLAB 快捷方式，双击快捷方式也可直接启动。

1.3.2 基本操作界面

MATLAB R2014a 的用户界面如图 1-4 所示。

1. MATLAB 菜单/工具栏

MATLAB R2014a 菜单/工具栏如图 1-5 所示，菜单/工具栏中包含 3 个标签，分别是“主页”“绘图”“应用程序”。其中，“绘图”标签下提供数据的绘图功能（参考 6.1 节说明），而“应用程序”标签则提供了各种程序的入口（参考 13.4 节说明）。“主页”标签提供的主要功能如下：

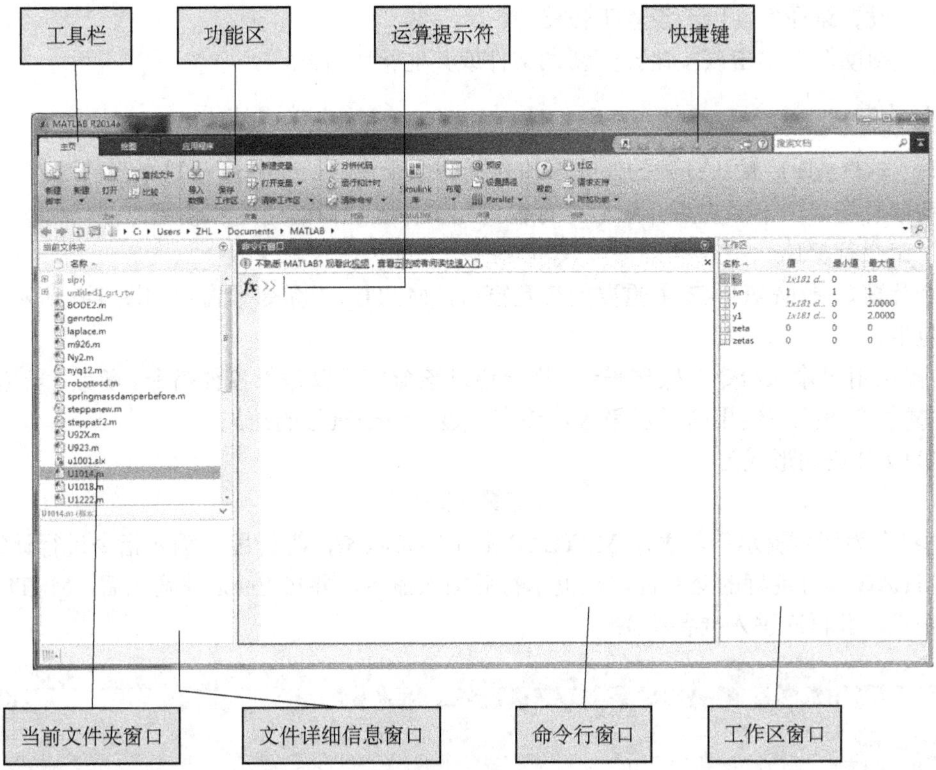

图 1-4　MATLAB R2014a 的用户界面

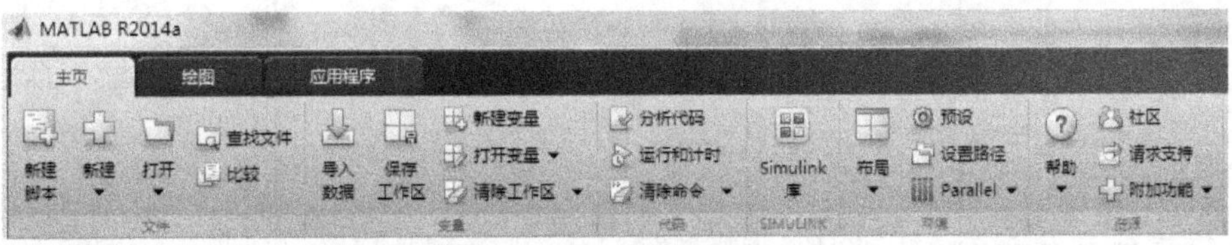

图 1-5　MATLAB R2014a 菜单/工具栏

➢　“新建脚本”　用于建立新的.m 脚本文件（参考 4.1 节说明）；

➢　“新建”　用于建立新的.m 文件、图形、模型和图形用户界面；

➢　“打开”　用于打开 MATLAB 的.m 文件、.fig 文件、.mat 文件、.mdl 文件、.cdr 文件等，也可以通过快捷键 Ctrl+O 来实现此项操作；

➢　“查找文件”　按照给定的条件查找匹配的文件；

➢　“比较”　比较指定的两个文件或文件夹；

➢　“导入数据”　用于从其他文件导入数据，单击该按钮后会弹出对话框，选择导入文件的路径和位置；

➢　“保存工作区”　用于把工作区的数据存放到相应的路径文件中；

➢　“新建变量”　打开变量和清除工作区（参考本节后续说明）；

➢　“Simulink 库”　打开 Simulink 编辑库（参考 7.2 节说明）；

➢　“布局”　提供工作界面上各个组件的显示选项，并提供预设的布局；

➢　“预设”　用于设置窗口的属性，单击该按钮将弹出“预设”子菜单；

➢ “设置路径” 用于设置工作路径；

➢ “帮助” 单击该按钮打开帮助文件或其他帮助方式。

2. 操作窗口

启动 MATLAB 后默认打开的操作窗口包括命令行窗口、工作区窗口、当前文件夹窗口、文件详细信息窗口。下面重点介绍命令行窗口和工作区窗口的用途和使用方法。

（1）命令行窗口

命令行窗口是 MATLAB 最重要的交互窗口，MATLAB 命令行窗口如图 1-6 所示。其主要功能包括：

① 提供用户输入命令的操作平台，用户通过该窗口可以输入各种指令、函数、表达式等；

② 提供命令执行结果的显示平台，该窗口显示命令执行的结果。

MATLAB 语句形式为

>>变量=表达式

其中，“>>”为运算提示符，表示 MATLAB 处于准备状态，等待用户输入指令进行计算。

MATLAB 具有良好的交互性，在提示符后输入命令，并按 Enter 键确认后，MATLAB 给出计算结果，并再次进入准备状态。

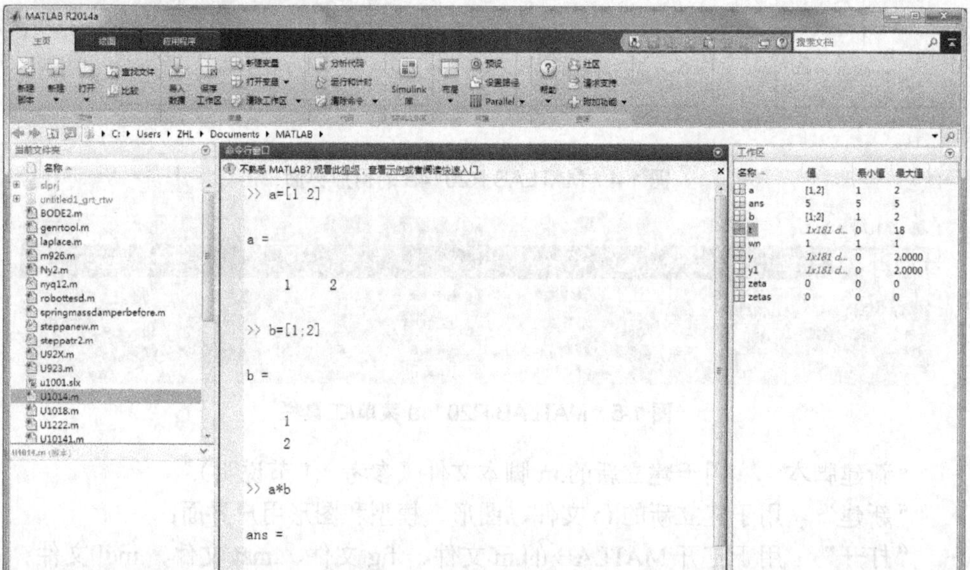

图 1-6 MATLAB 命令行窗口

一般来说，一个命令行输入一条命令，命令行以 Enter 键结束。以图 1-6 所示内容为例，定义 a=[1 2]和 b=[1;2]，并直接求 a*b 的结果。注意：计算的结果赋值给系统变量 ans 并输出在命令行窗口中。

（2）工作区窗口

工作区窗口是 MATLAB 的重要组成部分，它显示当前计算机内存中所有的 MATLAB 变量的变量名、数据结构、字节数及数据类型等信息，在 MATLAB 中不同的变量类型分别对应不同的变量名图标。工作区窗口如图 1-6 右侧窗口所示。

可以看到，上面输入的变量 a，b 和结果 ans 都显示在工作区窗口中，并且可以直接观察其变量的具体数值。此外，还可以看到其他一些变量，这是因为在启动 MATLAB 后，系统会自动建立一个工作空间，工作空间在 MATLAB 运行期间一直存在，运行程序中的变量将被不断添加到工作空间中，关闭 MATLAB 后工作空间自动消失。用户可以选中已有变量，右击，在弹出的快捷菜单中选择相关选项，完成对其进行保存、复制、删除、编辑、绘图等的常用操作。此外，工作界面的菜单/工具栏也有相应的命令和功能按钮供用户使用。

- 新建变量：向工作区添加新的变量；
- 导入数据：向工作区导入数据文件；
- 保存工作区：将工作区中所有的变量保存在标准二进制文件.mat 中；
- 清除工作区：删除工作区中所有的变量。

3. 工作路径设置和文件管理

（1）MATLAB 的当前文件夹

当前文件夹窗口可显示或改变当前文件夹，还可以显示当前文件夹下的文件，以及提供文件搜索功能。如图 1-7 所示为在主操作窗口中显示当前工作文件夹，在命令行窗口中输入 cd 指令，并按 Enter 键确认，也可以显示当前 MATLAB 工作所在目录。

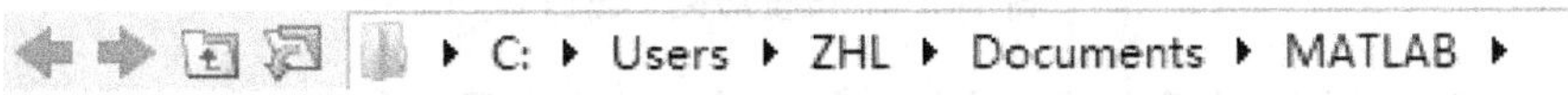

图 1-7 在主操作窗口中显示当前工作文件夹

观察图 1-6 左侧窗口，可以看到窗口中显示了当前工作文件夹中的文件名称。

MATLAB 提供了专门的路径搜索器来搜索存储在内存中的.m 文件和其他相关文件。MATLAB 属于解释性语言，运行时不需要提前编译，在执行程序或命令时，按照搜索路径的前后顺序进行检索并逐行执行。由于 MATLAB 的操作都是在它的搜索路径中进行的，凡是不在搜索路径上的内容（文件和文件夹），都不能被 MATLAB 搜索到；当某一文件夹的父文件夹在搜索路径中而本身不在搜索路径中时，则此文件夹也不会被搜索到。

一般情况下，MATLAB 系统的函数包括工具箱函数，都是在系统默认的搜索路径中的，但是，用户设计的函数有可能没有被保存到搜索路径下，很多情况容易造成 MATLAB 误认为该函数不存在。因此，只要把程序所在的目录扩展成 MATLAB 的搜索路径即可。

注意：保存的.m 文件（程序）是否在搜索路径中，并且该文件的名称不与其他路径中的文件名冲突。如果其他路径下存在相同名称的文件，则优先执行第一个被找到的文件。例如，当指定的操作路径“Downloads”不在搜索范围时，R2014a 会提示如图 1-8 所示工作路径提示信息。

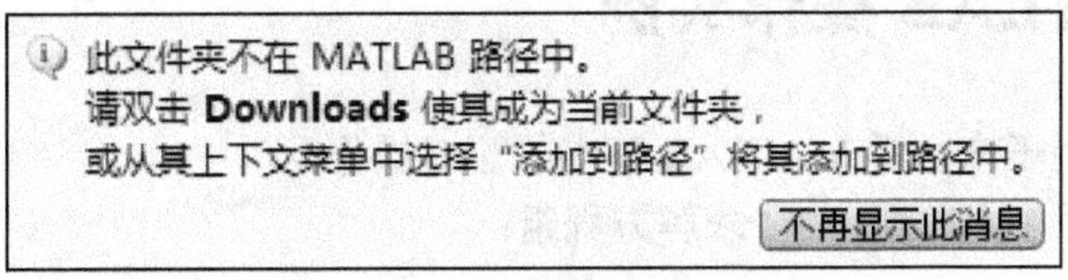

图 1-8 工作路径提示信息

（2）MATLAB 搜索路径的查看和设置方法

单击 MATLAB 主界面中菜单/工具栏上的“设置路径”按钮，打开“设置路径”窗口，如图 1-9 所示。该窗口分为左、右两部分，左部分提供添加目录到搜索路径的功能，单击“添加文件夹...”按钮并选择需要指定的文件夹路径，如“D:\Documents\MATLAB”，确定后可以看到该文件夹已经被保存在搜索路径中。可以使用“上移”或“下移”按钮提高或降低指定路径的搜索等级，还可以使用“删除”按钮从当前的搜索路径中移除选择的目录。右部分的列表框列出的目录就是已经被 MATLAB 添加到搜索路径中的目录。

图 1-9　“设置路径”窗口

MATLAB 可以使用在命令行窗口中输入指令的方法来查看所有的搜索路径：在命令行窗口中输入 path 指令可以得到当前系统的全部搜索路径，MATLAB 的搜索路径（分行）如图 1-10 所示。

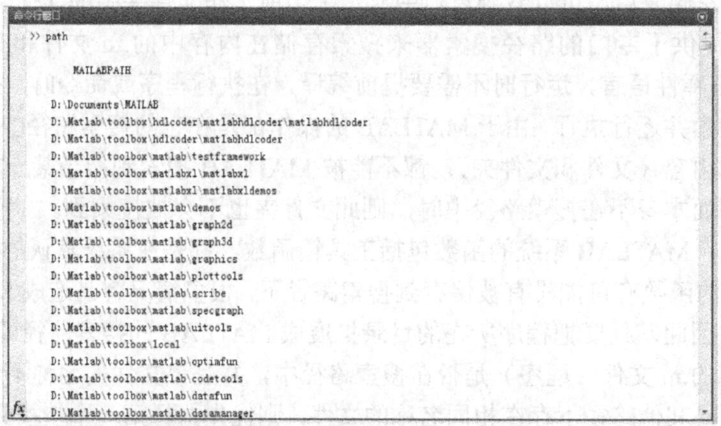

图 1-10　MATLAB 的搜索路径（分行）

1.4　MATLAB 操作实例

下面利用两个例子来熟悉 MATLAB 基本的窗口操作。

【例 1-4-1】使用 MATLAB 命令求解方程组：

$$3x_1 + x_2 - x_3 = 3.6$$
$$x_1 + 2x_2 + 4x_3 = 2.1$$
$$-x_1 + 4x_2 + 5x_3 = -1.4$$

解：Ax=b，则有 x=A\b，在命令行窗口中逐行输入

```
>>A=[3 1 -1;1 2 4;-1 4 5];          %创建矩阵 A 为一个 3×3 矩阵
```

可以看出此时工作区出现了变量 A 及其具体的数据，命令行窗口中没有显示 A 的结果，这是因为在上一行命令结尾使用了“;”号，表示执行命令但不显示结果。

```
b=[3.6;2.1;-1.4];               %创建矩阵 b 为一个 1×3 矩阵
x=A\b                           %行列的除运算，参考 Ax=B，x=A\B 或 x=mldivide(A,B)
```

按 Enter 键，程序运行后，输出的结果为：

```
x =
1.4818
-0.4606
0.3848
```

例 1-4-1 用户界面显示如图 1-11 所示，可以观察到 x 也为一个 1×3 矩阵。

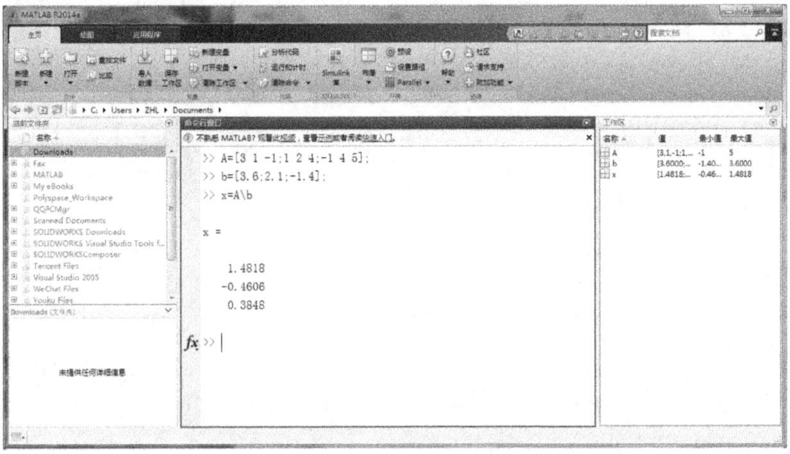

图 1-11　例 1-4-1 用户界面显示

【例 1-4-2】使用 MATLAB 命令求解：

$$y(t)=1-\mathrm{e}^{-\xi\omega_{\mathrm{n}}t}\frac{1}{\sqrt{1-\xi^2}}\sin(\omega_{\mathrm{d}}t+\theta)$$

$$\xi=0.4,\quad \omega_{\mathrm{n}}=1$$

$$\omega_{\mathrm{d}}=\omega_{\mathrm{n}}\sqrt{1-\xi^2},\quad \theta=\arctan\frac{\sqrt{1-\xi^2}}{\xi}$$

求当 t=5 时的 y 值。

在命令行窗口中输入：

```
>> zeta=0.4, wn=1, t=5;                         %同行中包括多条命令
>>wd=wn*sqrt(1-zeta^2); th=atan(sqrt(1-zeta^2)/zeta);
>>y=1-exp(-zeta*wn*t).*sin(wd*t+th)/ ...        %注意续行符号…
>>sqrt(1-zeta^2);
```

由例 1-4-2 可知，一个命令行中可以输入若干条命令，各命令之间以逗号或分号分隔，其区别是显示或不显示执行结果。如果一个命令行较长，可以在该命令行之后加上 3 个点作为“续行符”并按下 Enter 键，换行后接着下一个命令行继续写命令的其他部分。

此外，在命令行窗口中使用键盘的上、下方向键↑、↓，系统显示当前使用或录入的命

令行，可以选择某一命令进行修改后执行，方便调试程序。

课后习题1

1-1　练习使用 MATLAB 命令求解方程式

$$y = \mathrm{e}^{\frac{1}{x^2}} \arctan\frac{x^2+x-1}{(x+1)(x-2)} \qquad x=1$$

1-2　题 1-1 操作完成后观察工作区变量的数据，对数据 x 进行修改后再次执行程序并观察结果。

第 2 章　MATLAB 矩阵及其基本操作

本章要点

第 2 章　MATLAB 矩阵及其基本操作 PPT

本章主要介绍 MATLAB 矩阵的创建和简单运算，具体内容如下。

1. 矩阵及其操作（创建矩阵、矩阵的属性和操作）

通过完成以下习题，练习矩阵的基本操作：

（1）使用两种方法创建两个 3×3 矩阵 ***a***，***b***；

（2）对于创建的矩阵 ***a***，练习使用 size()函数获得矩阵尺寸属性。

2. 矩阵及数组的简单运算

通过完成以下习题，学习矩阵及数组的简单运算：

（1）使用上题创建的矩阵 ***a*** 和 ***b***，计算 ***a***+***b***，***a***-***b***，***a********b***，***a***.****b***，***a***./***b***；

（2）分别练习创建全 1、全 0 和单位矩阵，尺寸自行定义；

（3）使用上题创建的矩阵 ***a***，练习对矩阵 ***a*** 的如下操作：

① rot90，fliplr，flipud；② diag，tril。

3. 多维矩阵及其操作

利用创建函数 struct()建立一个结构体，并访问各项数据元素。结构体的字段名自行定义，但不少于两个，练习多维矩阵的创建方法。

4. 结构体和元胞数组的创建和用法

自行创建一个 3×3 的元胞数组，完成赋值并使用 celldisp()和 cellplot()函数显示其结果，学习结构体和元胞数组的创建和用法。

5. 字符串的创建和简单操作

创建两个字符串，并将这两个字符串中间增加数字“123”后组合成为一个新字符串，学习字符串的创建和操作方法。

2.1 矩阵及其操作

2.1.1 矩阵的创建

MATLAB 的最大优势是进行大规模矩阵的计算，在进行计算前就需要进行变量创建，以便系统分配空间进行计算。矩阵的创建方法比较灵活，常用的有直接定义、使用函数定义和给其他定义的内容赋值。

【例 2-1-1】创建矩阵实例（1）。

解：程序及运行结果如下。

```
%注意两种格式生成不同结果
》A=[1 2 3 4]          %建立矩阵 A
A=1 2 3 4
》B=[1; 2; 3; 4]       %建立矩阵 B
B=
1
2
3
4
```

例题解析：

☞ 程序是直接赋值的常见方法，首先需要使用方括号，将数据输入在方括号内。可以利用逗号、空格、分号进行区分。注意，使用空格、逗号输入和使用分号输入后的结果不同。

☞ Var = Start : Step : Stop；Var = linspace(Start, Stop, n)是两种创建方法的语法形式，使用 MATLAB 数据生成方法和函数的形式进行创建。

☞ Var = Start : Step : Stop 是产生一个有 *n* 个元素的等差数列。例如，a=1:0.1:10，即在 1 至 10 之间每间隔 0.1（步长）生成一个数据，并将所有生成的数据全部赋给变量 a。注意，此处中间的间隔（步长）可以省略，系统默认数值为 1。

【例 2-1-2】创建矩阵实例（2）。

解：程序及运行结果如下。

```
》A=1:4                     %建立 4 个元素的等差数列 A
A=1 2 3 4
》B=1:2:4                   %建立间隔为 2 的等差数列 B
B=1 3
》C=linspace(1,4,5)         %生成 1 至 4 之间的 5 个数
C=1.0000  1.7500  2.5000  3.2500  4.0000
```

【例 2-1-3】尝试采用不同的方法创建一个二维矩阵。

解：程序及运行结果如下（注意 3 个矩阵的不同点）。

```
》A=[1 2 3;2 5 6;1 4 5]                                      %建立矩阵 A
A =      1      2      3
         2      5      6
         1      4      5
》B=[1:5;linspace(3,10,5);3 5 2 6 4]                         %建立矩阵 B
B = 1.0000    2.0000    3.0000  4.0000    5.0000
    3.0000    4.7500    6.5000  8.2500    10.0000
    3.0000    5.0000    2.0000  6.0000    4.0000
```

```
》C=[[1:3]' [linspace(2,3,3)]' [3 5 6]']          %建立矩阵 C
C =
    1.0000    2.0000    3.0000
    2.0000    2.5000    5.0000
    3.0000    3.0000    6.0000
```

例题解析：

☞ 参考给出的例题，使用不同的方法创建矩阵并观察其结果。

☞ 练习尝试更换其中的数据或定义方法，并观察得到的结果有什么不同。

☞ 针对 C 的赋值，在每项元素的定义中增加了符号［′］，注意观察其结果，它是将结果进行了转置，以列的形式完成赋值。该符号也用于求解转置矩阵。

2.1.2　矩阵的属性

创建矩阵或得到一个矩阵后，需要了解其属性，特别是矩阵运算对尺寸的特殊要求。矩阵的属性除基本的矩阵大小外，还包括元素的形式等内容，这里仅对尺寸的获取进行介绍。

矩阵大小是了解矩阵最常用的属性，是指在每个方向上具有的元素个数。

① Var = size（A）　将矩阵 ***A*** 的行列尺寸以一个行向量的形式返回给 Var，Var=［m n］，或［a, b］=size(A)。

② length（A）　可以返回一位数组的元素个数。

【例 2-1-4】求矩阵的大小。

解：程序及运行结果如下。

```
》A=[1 2 3 4 5];                              %建立矩阵 A
》length(A)                                   %计算矩阵 A 的长度
ans=5
》C=[1:5;2:6]                                 %建立矩阵 C
C = 1     2     3     4     5
    2     3     4     5     6
》size(C)                                     %计算矩阵 C 的大小
ans =     2     5
》 [a,b]=size(C)                              %将矩阵 C 的大小赋值给 a,b
a=2   b=5
》length(C)                                   %计算矩阵 C 的长度
ans = 5
```

2.1.3　创建特殊矩阵

特殊矩阵是在矩阵运算中不可缺少的数据准备，常用于分析矩阵的数学性质。本节介绍 3 种常用特殊矩阵的创建函数和使用方法：

➢ zeros(m,n)　创建一个 *m* 行 *n* 列的全 0 矩阵；

➢ ones(m,n)　创建一个 *m* 行 *n* 列的全 1 矩阵；

➢ eye(m,n)　创建单位矩阵，对角线元素为 1；

➢ zeros(size(A));ones(size(A)); eye(size(A))　创建和矩阵 ***A*** 具有相同大小的特殊矩阵。

【例 2-1-5】创建矩阵：***A*** 为 2 行 2 列的特殊矩阵，***B*** 为 2 行 4 列的全 1 矩阵，***C*** 为与矩阵 ***A*** 同尺寸的单位矩阵。

解：程序及运行结果如下。

```
》A=zeros(2,2)        %创建一个2×2的全0矩阵
A =     0     0
        0     0
》B=ones(2,4)         %创建一个2×4的全1矩阵
B =     1     1     1     1
        1     1     1     1
》 C=eye(size(A))     %创建一个与矩阵A同尺寸的单位矩阵
C =     1     0
        0     1
```

2.1.4 矩阵操作

1. 矩阵的保存和装载

在许多实际应用中矩阵大多是较庞大的，操作步骤多，经常不能在短期内完成，需要对矩阵进行保存和装载。

➢ Save <filename><var1><var2> … <varn> 将工作区的变量保存为.mat的二进制文件，其中，filename为文件名，var是变量名；

例如，“save exp1 A B C” %将变量*A*，*B*，*C*保存到文件exp1中。

➢ Load <filename><var1><var2> … <varn> 将文件filename中保存的内容装载到工作区中，变量名分别为var1和var2。

例如，“load exp1 A B C” %将文件exp1中的变量*A*，*B*，*C*装载到工作区。

注意：上述举例中需要先准备矩阵变量*A*，*B*，*C*。

2. 矩阵的常规运算

矩阵的常规运算是指矩阵之间的加、减、乘、除、乘方运算。

① 加减运算需要参与运算的矩阵必须具有相同的尺寸。

② 乘法运算要求第一个矩阵的列等于第二个矩阵的行。

A+B 矩阵加法；

B-A 矩阵减法；

A*C 矩阵乘法；

A/B; A\B 矩阵除法，包括左除和右除。

③ 矩阵的点运算：对两个尺寸相同的矩阵***A***和***B***对应元素进行乘、除或乘方运算。

A.*B 矩阵点乘；

A./B 矩阵点除；

A.^n 矩阵乘方。

关于矩阵的左除和右除，参考以下例题。

【例2-1-6】

A=[1 2;3 4]

B=[5 6;7 8]

分别计算并观察结果的不同：R=B/A;L=A\B。

2.2 矩阵运算

2.2.1 矩阵加、减运算

规则：

- 相加、减的两矩阵必须有相同的行和列，两矩阵对应元素相加减。
- 允许参与运算的两矩阵之一是标量，标量与矩阵的所有元素分别进行加减操作。

【例 2-2-1】矩阵相加运算。

解：程序及运行结果如下。

```
》a=[1 2 3;4 5 6;7 8 9];      %创建矩阵 a
》b=[2 4 6;1 3 5;7 9 10];     %创建矩阵 b
》a+b                          %计算 a+b
ans =  3     6     9
       5     8    11
      14    17    19
```

2.2.2 矩阵的点运算

矩阵的点运算包括点乘、点除、点乘方(.*，./，.\，.^)。

1. 点乘运算

a.*b　点乘运算，***a***，***b*** 两矩阵必须有相同的行和列，两矩阵相应元素相乘。

【例 2-2-2】矩阵点乘运算。

解：程序及运行结果如下。

```
》a=[1 2 3;4 5 6;7 8  9];     %创建矩阵 a
》b=[2 4 6;1 3 5;7 9 10];     %创建矩阵 b
》a.*b                         %计算 a.*b
ans =  2           8          18
       4          15          30
      49          72          90
```

点运算是本节的重点，也是经常出错的地方。下面是错误使用的例子，出错的原因是什么？如何修改？

【例 2-2-3】点运算错误示例。

```
》x=0:0.1:10;
》y=cos(x)*sin(x)
```

解析：错误使用 *，此时 ans=cos(x)是一个值，正确的程序是 y=cos(x).*sin(x)。

2. 点除运算

- a./b=b.\a 和 a.\b=b.\a　给出 ***a***，***b*** 对应元素的商；
- a./b=b.\a　***b*** 的元素被 ***a*** 的对应元素除；
- a.\b=b./a　***a*** 的元素被 ***b*** 的对应元素除。

【例 2-2-4】矩阵点除运算。

解：程序及运行结果如下。

```
》a=[1 2 3];b=[4 5 6];          %创建矩阵 a，b
》c1=a.\b                        %a 的元素被 b 的对应元素除，结果赋值给 c1
 c1 = 4.0000
      2.5000
      2.0000
》 c2=b./a                       %b 的元素被 a 的对应元素除，结果赋值给 c2
  c2 = 4.0000
       2.5000
       2.0000
```

本节给出了求商的两种方法，读者可以自行练习，掌握其中一种即可。

3. **点乘方运算**

矩阵点乘方（.^） 元素对元素的幂。

【例 2-2-5】矩阵点乘方运算。

解：程序及运行结果如下（注意点乘方的方式）。

```
》a=[1 2 3];b=[4 5 6];  %创建矩阵 a，b
》z=a.^2                 %矩阵 a 的所有元素 2 次方，结果赋值给 z
 z=1
   4
   9
》z=a.^b                  %矩阵 a 的所有元素按照 b 矩阵乘方，结果赋值给 z
 z=1
   32
   729
```

2.2.3　矩阵乘运算

规则：

➢ ***A*** 矩阵的列数必须等于 ***B*** 矩阵的行数；

➢ 标量可与任何矩阵相乘。

【例 2-2-6】矩阵乘运算（1）。

解：程序及运行结果如下。

```
》a=[1 2 3;4 5 6;7 8 0];b=[1;2;3];c=a*b      %矩阵 a*b，结果赋值给 c
 c=14
   32
   23
```

注意：***A*** 矩阵的列数必须等于 ***B*** 矩阵的行数，满足线性代数的运算规则，否则在运算过程中系统经常会报错，大部分情况都是因为不符合该规则造成的。

【例 2-2-7】矩阵运算错误示例。

```
>> a=[1 2 3;4 5 6;7 8 0];b=[1;2;3;5]
>> c=a*b
```

解析：错误使用*，内部矩阵维度必须一致。

【例 2-2-8】矩阵乘运算（2）。

解：程序及运行结果如下。

```
》a=[1 2 3;4 5 6;7 8  9];       %创建矩阵 a
》b=[2 4 6;1 3 5;7 9 10];       %创建矩阵 b
》a*b                           %矩阵 a 乘 b
ans =
    25          37          46
    55          85          109
    85          133         172
```

【例 2-2-9】常数项与矩阵的运算。

解：程序及运行结果如下。

```
》d=[-1;0;2];f=pi*d %矩阵 d 与常数 pi 相乘
 f=-3.1416
    0
    6.2832
```

2.2.4　矩阵的一些特殊运算

1. 矩阵的变维

在实际操作中需要变换矩阵的形式后进行计算，或得到其性质。MATLAB 给出了许多特殊操作的函数，本节列举几种常见的特殊函数并介绍其使用方法。

【例 2-2-10】矩阵的变维。

解：程序及运行结果如下。

```
》a=[1:12];b=reshape(a,3,4)       %将矩阵 a 转换为 3×4 矩阵，并赋给变量 b
 b=1     4     7     10
   2     5     8     11
   3     6     9     12
》c=zeros(3,4);c(:)=a(:)          %给矩阵 c 赋值
 c=1     4     7     10
   2     5     8     11
   3     6     9     12
》d=a(:);e=reshape(d,4,3)         %将矩阵 d 转换为 4×3 矩阵，并赋给变量 e
 e=1     5     9
   2     6     10
   3     7     11
   4     8     12
```

2. 矩阵的变向

rot90()：矩阵旋转函数；fliplr()：矩阵上翻函数；flipud()：矩阵下翻函数。

【例 2-2-11】矩阵的变向。

解：程序及运行结果如下。

```
》 b=[1 4 7 10;2 5 8 11;3 6 9 12];  %创建矩阵 b
》rot90(b)                           %矩阵 b 逆时针旋转 90°
ans =  10     11     12
       7      8      9
       4      5      6
       1      2      3
》flipud(b)                          %矩阵 b 上下两行翻转
ans =
       3      6      9      12
       2      5      8      11
       1      4      7      10
```

3. 矩阵元素的抽取

diag()：抽取矩阵主对角线上的所有元素；tril()：抽取矩阵主下三角的所有元素；triu()：抽取矩阵主上三角的所有元素。

【例 2-2-12】矩阵元素的抽取。

解：程序及运行结果如下。

```
>> b=[1 4 7 10;2 5 8 11;3 6 9 12];     %创建矩阵 b
>> diag(b)                             %抽取 b 主对角线上的所有元素
ans =
    1
    5
    9
>> tril(b)                             %抽取 b 主下三角的所有元素
ans =
     1     0     0     0
     2     5     0     0
     3     6     9     0
```

2.3 多维矩阵及其操作

我们已经对一维矩阵的创建和计算方法进行了介绍。本节介绍多维矩阵的创建方法，也是 MATLAB 重要的矩阵计算和数据处理方法。多维矩阵的创建如下：

① 通过指定索引把二维矩阵扩展为多维矩阵；

② 使用内联函数创建；

③ 使用 cat 函数进行链接创建，可以将预先创建的矩阵按照某一维度链接起来。

2.3.1 通过指定索引把二维矩阵扩展为多维矩阵

该方法是对原有的二维矩阵扩展其维度。

【例 2-3-1】通过指定索引把二维矩阵扩展为多维矩阵。

解：程序及运行结果如下。

```
>> A = [5 7 8; 0 1 9; 4 3 6];            %创建矩阵 A
>> A(:,:,2) = [1 0 4; 3 5 6; 9 8 7]     %扩展矩阵 A 的维度，在保留原有矩阵 A 数据元素的基础上，
                                          增加第 2 组数据
A(:,:,1) =
             5     7     8
             0     1     9
             4     3     6
A(:,:,2) =
             1     0     4
             3     5     6
             9     8     7
```

矩阵展示如图 2-1 所示。

A (:,:,1)	A (:,:,2)
5 7 8	1 0 4
0 1 9	3 5 6
4 3 6	9 8 7

图 2-1　矩阵展示

例题解析：

☞ 在保留原有矩阵 A 数据元素的基础上，增加第 2 组数据，默认和保留了原有数据作为第 1 组数据，可由执行后给出的结果看出。

☞ (:,:,)的作用是不指定行和列，将所有的数据元素给出或赋值。

2.3.2　使用内联函数创建多维矩阵

常用的内联函数有：

ones(d1,d2,d3...)　%生成 ***d***1****d***2****d***3 的多维全 1 矩阵；

ones(size(A))　%生成与矩阵 ***A*** 同样尺寸的全 1 矩阵；

zeros(d1,d2,d3...)　%生成 ***d***1****d***2****d***3 的多维全 0 矩阵；

zeros(size(A))　%生成与矩阵 ***A*** 同样尺寸的全 0 矩阵；

rand(d1,d2,d3...)　%生成 ***d***1****d***2****d***3 的多维矩阵，矩阵元素服从［0，1］均匀分布；

rand(size(A))　%生成与矩阵 ***A*** 同样尺寸的多维矩阵，矩阵元素服从［0，1］均匀分布。

【例 2-3-2】随机生成 3×3 的三维矩阵。

解：程序及运行结果如下。

```
» A=rand(3,3,2)      %rand 函数生成多维矩阵，元素服从[0，1]均匀分布
 A(:,:,1) =
    0.9501    0.4860    0.4565
    0.2311    0.8913    0.0185
    0.6068    0.7621    0.8214
 A(:,:,2) =
    0.4447    0.9218    0.4057
    0.6154    0.7382    0.9355
    0.7919    0.1763    0.9169
```

例题解析：

☞ 掌握随机函数 rand()的使用方法，在后续章节中会频繁地使用。

☞ 例 2-3-2 中使用了嵌套方法，函数内部变量直接使用其他函数代替，即使用其他函数计算得到的结果作为本函数的输入数据。

☞ 注意矩阵 A 中元素的使用和显示方法。

2.3.3　使用 cat()函数进行链接创建

【例 2-3-3】使用 cat()函数进行链接创建。

解：程序及运行结果如下。

```
» A = cat(3, [9 2; 6 5], [7 1; 8 4])    %在页面方向链接两个新建立的二维矩阵，数字 3 是指
                                         创建三维矩阵

A(:,:,1) =
     9     2
     6     5
A(:,:,2) =
     7     1
     8     4
```

矩阵展示如图 2-2 所示。

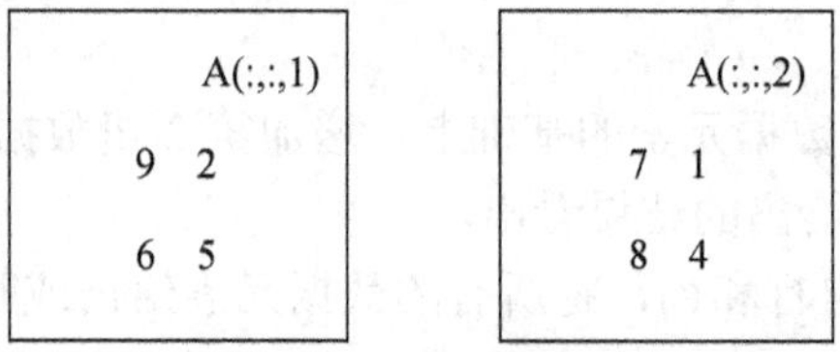

图 2-2 矩阵展示

例题解析：

☞ cat(2, A, B)相当于[A, B]；cat(1, A, B)相当于[A; B]。

2.4 结构体和元胞数组

结构体和元胞数组是两种较复杂的数据类型，都可以存储多组不同类型的数据。结构体和 C 语言的类似，可以通过字段存储多个不同类型的数据。参考给出的例 2-4-1 学习结构体的创建方法。

2.4.1 结构体的创建

1. 直接使用赋值语句创建

直接赋值，分别确定变量名（Pat）、字段名（Name，Billing，Test），以[变量名].[字段名]=×××的形式直接赋值。

【例 2-4-1】直接使用赋值语句创建如图 2-3 所示的结构体。

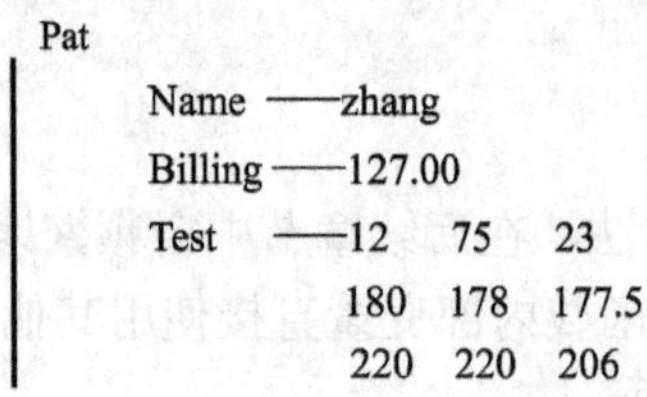

图 2-3 结构体

解：程序及运行结果如下。

```
%确定变量名（pat），字段名（name，billing，test），
》pat.name = 'zhang';
》pat.billing = 127.00;
》pat.test = [79 75 73; 180 178 177.5; 220 210 205];
》pat
pat =
     name: 'zhang'
     billing: 127
     test: [3x3 double]
%使用 whos 罗列变量名，维数，占用字节数和类别
》whos
Name           Size                Bytes  Class
pat            1x1                 468  struct array
```

注意：定义并赋值后查看结构体各项元素的方法。

2. 利用创建函数 struct ()创建

语法形式为：Array=struct('field1',val1, 'field2',val2,…)，函数的功能是创建结构体对象，并将第 *n* 字段 fieldn 赋值为 valn。

【例 2-4-2】使用创建函数 struct ()创建结构体。

解：程序及运行结果如下。

```
》weather(2)= struct('total','sunny','temp',18,'rainfall',0.0)    %使用创建函数struct
                                                                   创建结构体
weather =
1x2 struct array with fields:
   total
   temp
   rainfall
》weather(1)                                  %结构体数组的第一个元素没有赋值，因此
                                               所有字段赋值为空数组
ans =
   total: []
   temp: []
   rainfall: []
》weather(2)                                  %结构体第 2 个元素
ans =
   total: 'sunny'
   temp: 18
   rainfall: 0
```

例题解析：

- 需要严格按照“'字段名'，数据，'字段名'，数据，'字段名'，数据…”的形式赋值。
- 可以直接定义或赋值多组数据。

【例 2-4-3】获取结构体元素、数据。

创建的结构体 strArray 的结构和各项元素如图 2-4 所示。

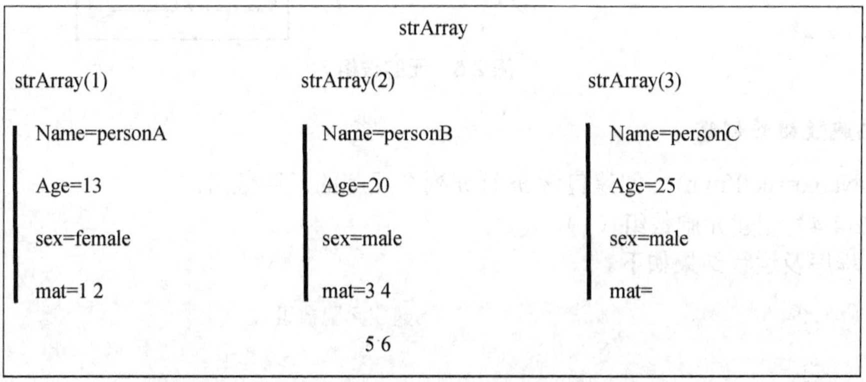

图 2-4　结构体 strArray 的结构和各项元素

解：程序及运行结果如下。

```
》strArray=struct('name',{'personA','personB','personC'}...,'age',{13,20,25},'
  sex',{'female','male','male'},...'mat',{[1 2],[3 4;5 6],[]});      %创建结构体
》newArray=strArray(1:2)      %通过冒号和括号删减产生结构体数组的子数组
newArray =
1x2 struct array with fields:
```

```
   name
   age
   sex
   mat
》 strArray(2).name                  %访问第 2 个结构体元素的.name 字段值
ans =
personB
》strArray(1)                        %通过下标索引访问结构体数组中的第 1 个结构体元素
ans =
     name: 'personA'
     age: 13
     sex: 'female'
     mat: [1 2]
```

2.4.2 元胞数组

元胞数组（Cell）是 MATLAB 中比较特殊的数据结构，可以将浮点型、字符型、结构数组等不同类型的数据放在同一个存储单元中。

设计如图 2-5 所示的元胞数组，在这里体现了 MATLAB 自身对数据结构定义和语法要求不高的特点。

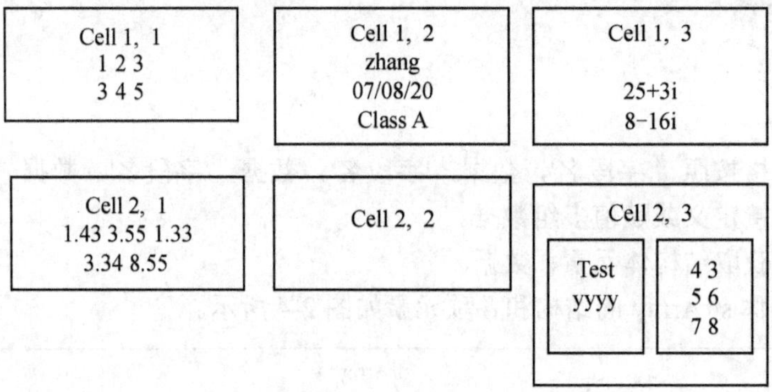

图 2-5 元胞数组

1. ***元胞数组的创建***

arrayName= cell(m,n)　创建包含 *m* 行 *n* 列个元胞的元胞数组。

【例 2-4-4】创建元胞数组（1）。

解：程序及运行结果如下。

```
》 A=cell(2,2)                              %建立元胞数组 A
A =
     []     []
     []     []
》  A(1,1) = {[1 4 3; 0 5 8; 7 2 9]};      %定义元胞数组 A 的第 1 行 1 列的元胞
》  A(1,2) = {'zhang'};                     %定义元胞数组 A 的第 1 行 2 列的元胞
》  A(2,1) = {3+7i};                        %定义元胞数组 A 的第 2 行 1 列的元胞
》  A(2,2) = {-pi:pi/10:pi};                %定义元胞数组 A 的第 2 行 2 列的元胞
》  A                                        %显示元胞数组 A 中所有元素
A =
      [3x3 double]  ' zhang'
    [3.0000+ 7.0000i]    [1x21 double]
```

例题解析：

☞ 一般情况下先定义一个空的变量，再赋值；

☞ 元胞中的每个元素对应的数据结构也是元胞，所以赋值时需要采用{}大括号的形式。

2. **元胞数组的显示**

对于定义的元胞，或经过计算得到的元胞变量，通常没有显性表示方法可以直接观察内部的元素数据，甚至并不知道其结构是什么，所以需要采用函数的形式给予直观的描述。

➢ celldisp(A) 用来逐个显示元胞的具体数据内容；

➢ cellplot(A) 绘制图形用于显示元胞数组的结构。

【例 2-4-5】创建元胞数组（2）。

解：程序及运行结果如下。

```
%创建元胞数组 C
》C(1,1)={[1 2;3 4]};
》C(1,2)={'string'};
》C(2,1)={struct('name','liuliu','age',20,'sex','male')};
》C(2,2)={struct2cell(struct('fieldA','a','fieldB','b','fieldC','c'))};
》C
C =
    [2x2 double]    'string'
    [1x1 struct]    {3x1 cell}
```

此处学习时，可以先按照例题 2-4-5 创建元胞 C，运行后，在工作区中找到 C，双击后在变量中逐级观察变量中的数据，或直接用坐标索引读取，例如，C 是一个元胞数组那么用 C{i, j}（m，n）表示：元胞第 i 行 j 列矩阵的第 m 行第 n 列。但是此办法烦琐，我们采用显示函数解决该问题，尝试仿照例 2-4-5 执行命令，观察结果，具体步骤如下：

```
》celldisp(C)          %逐个显示元胞的具体数据内容
C{1,1} =
      1     2
      3     4
C{2,1} =
      name: 'liuliu'
      age: 20
      sex: 'male'
C{1,2} =string
C{2,2}{1} =a
C{2,2}{2} =b
C{2,2}{3} =c
```

展示结果如图 2-6 所示。

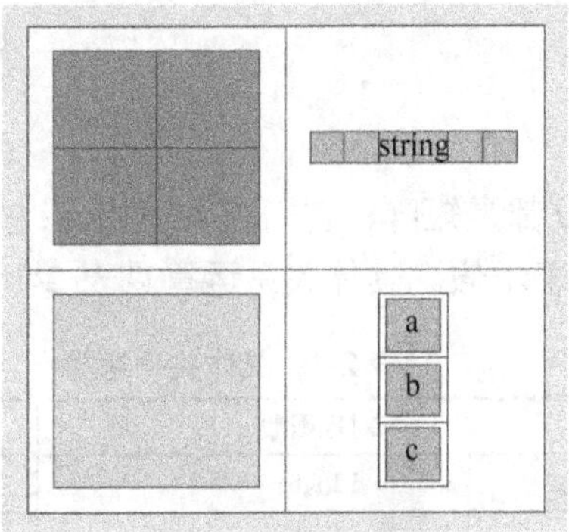

图 2-6 展示结果

2.5 字符串

关于字符串的定义，方法较多，仔细观察和练习下面的例题，理解字符串的属性、标志和简单操作。

【例 2-5-1】理解字符串的属性、标志和简单操作。

解：程序及运行结果如下。

```
》a='This is an example.'          %创建字符串 a
a =
This is an example.
》size(a)                          %字符串 a 包括空格共占 19 字节
ans =  1 19
》a14=a(1:4)                       %字符串 a 第 1 到 4 个字符为 This，赋值给 a14
a14 =
This
》ra=a(end:-1:1)                   %字符串 a 倒序赋值给 ra
ra = .elpmaxe na si sihT
》b='Example ''3.1.2-1'''          %创建字符串 b
b =
Example '3.1.2-1'
》ab=[a(1:7),' ',b,' .']           %将字符串 a 的前 7 个字符和字符串 b 的全部字符赋值给 ab
ab =
This is Example '3.1.2-1'.
```

除直接创建字符串外，我们还可以利用字符**串操作函数**来创建多行字符串数组。

【例 2-5-2】利用串操作函数创建多行字符串数组。

解：程序及运行结果如下。

```
》 S1=char('这字符串数组','由 2 行组成')                  %char:创建多行字符串
S1 =
这字符串数组
由 2 行组成
》 S2=str2mat('这','字符','串数组','','由 4 行组成')  %str2mat: 字符串结合并转换为矩阵
S2 =
这
字符
串数组
由 4 行组成
```

注意：str2mat 也是将字符转换为数据格式的函数。

2.6 关系运算

关系运算的对象 a，b 可以都是矩阵，它们的大小相同；关系操作是对矩阵各对应元素的比较；返回值 1 表示真，0 则表示假。具体关系运算见表 2-1。

表 2-1 具体关系运算

关系符号	对应函数	意义
a<b	Lt(a,b)	小于
a<=b	Le(a,b)	小于或等于

续表

关系符号	对应函数	意义
a>b	Gt(a,b)	大于
a>=b	Ge(a,b)	大于或等于
a==b	Eq(a,b)	等于
a~=b	Ne(a,b)	不等于

【例 2-6-1】矩阵的关系运算。

解：程序及运行结果如下。

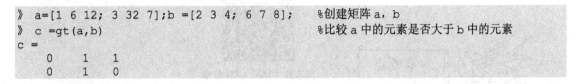

```
》 a=[1 6 12; 3 32 7];b =[2 3 4; 6 7 8];      %创建矩阵 a, b
》 c =gt(a,b)                                  %比较 a 中的元素是否大于 b 中的元素
c =
     0     1     1
     0     1     0
```

课后习题2

2-1 创建 4×4 的随机矩阵 ***A***、全 0 矩阵和全 1 矩阵，并使用 size()和 length()函数计算随机矩阵的大小和长度。

2-2 针对习题 2-1 中的随机矩阵 ***A***，求其转置矩阵、逆时针翻转 90° 的矩阵、下翻转矩阵和上翻转矩阵。

2-3 针对习题 2-1 中的随机矩阵 ***A***，***B***=[1 2 3 4;5 6 7 8;9 10 11 12; 13 14 15 16]，计算 ***A***+***B***，***A***−***B***，***A********B***，***A***.^2 和 ***A*** 的逆矩阵。

2-4 创建多个字符串并进行介绍（不少于 5 句话），使用函数将字符串进行连接并显示。

2-5 创建和使用元胞数组：

（1）利用直接创建或使用创建函数的方法创建元胞数组，元胞数组结构如图 2-7 所示。

（2）使用函数显示数据内容和结构。

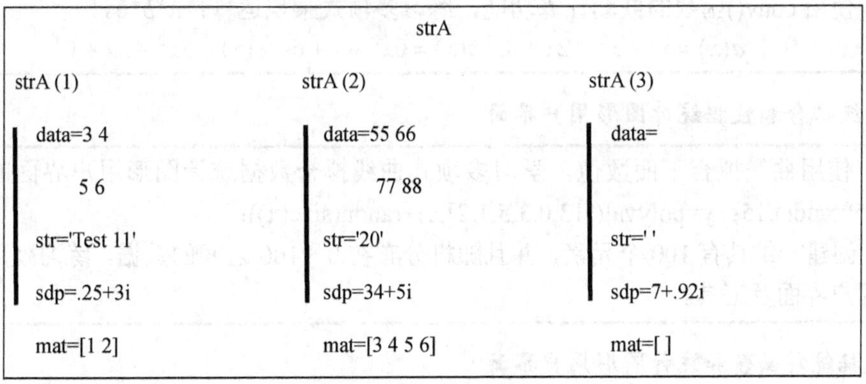

图 2-7 元胞数组结构

第 3 章　MATLAB 数学运算基础

第 3 章　MATLAB 数学运算基础 PPT

本章要点

本章要求重点掌握 MATLAB 的基本数学运算功能、数据统计和分析方法，具体内容如下。

1. 矩阵的基本运算

（1）求矩阵 ***A*** 的转置和逆矩阵：***A***=[0 1 0; 0 0 1; −6 −11 −6]；

（2）使用随机函数创建一个 4×4 矩阵，并计算 ***A*** 的特征值和特征向量。

2. 线性方程组的求解

使用随机函数创建 4×4 的矩阵 ***A***、4×1 的矩阵 ***b***，使用三种方法求解方程组 ***Ax=b***，学习线性方程组的求解方法。

3. 多项式运算

（1）求解多项式 *P* 的根，$P(x)=x^3-2x^2-4$；

（2）使用 conv()函数的嵌套计算功能，练习多项式乘积运算：*a***b***c*。

$$a(x)=x^4-x^2+2x+3;\quad b(x)=6x^2+x+6;\quad c(x)=2x^2+3x+1$$

4. 曲线拟合和数据统计图形用户界面

（1）使用曲线拟合下面数值，学习多项式曲线拟合数据统计图形用户界面的方法：x=10:0.05*rand():15；y=polyval([13,0,3,5,1,2],x)+randn(size(x))；

（2）创建一组具有 100 个元素，并且随机分布在 0～100 之间的数据，练习使用数据统计图形用户界面及工具。

5. 数据统计函数和统计图形用户界面

创建两个 4×4 矩阵 ***A***、***B***，完成下列操作：

（1）求矩阵 ***A*** 每列的最大值及所对应的行号，比较矩阵 ***A***、***B*** 对应元素的大小；

（2）求矩阵 ***A*** 每列的平均值、和，给矩阵 ***B*** 的每行元素排序。

3.1 矩阵的基本运算

首先给出常见的基本运算函数，见表 3-1，其中，***A*** 为设置的运算对象变量。通常我们使用前文介绍的方法创建一个矩阵。例如，A=10*rand(3*3)。

表 3-1 常见的基本运算函数

函数	基本运算
inv(A)	矩阵求逆
A′	矩阵转置
det(A)	矩阵的行列式运算
eig(A)	矩阵的特征值
diag(A)	对角矩阵
sqrt(A)	矩阵开方

3.1.1 矩阵的逆

矩阵运算、方程组求解和多项式运算同为一类计算问题，都是使用 MATLAB 中提供的矩阵求解函数完成相应的计算。

若 A*B=B*A=I，则 B 是 A 的逆矩阵，B=inv(A)。

【例 3-1-1】A=magic(3)，求矩阵 A 的逆矩阵 B。

解：程序及运行结果如下。

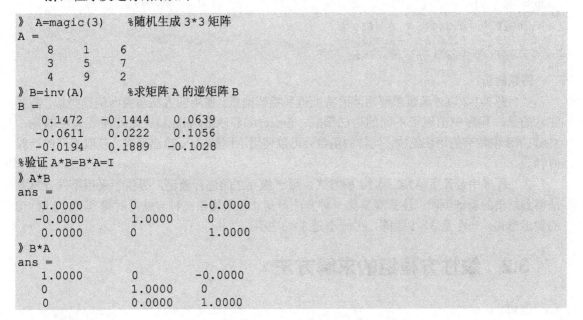

```
》 A=magic(3)    %随机生成 3*3 矩阵
A =
    8     1     6
    3     5     7
    4     9     2
》 B=inv(A)       %求矩阵 A 的逆矩阵 B
B =
   0.1472   -0.1444    0.0639
  -0.0611    0.0222    0.1056
  -0.0194    0.1889   -0.1028
%验证 A*B=B*A=I
》 A*B
ans =
   1.0000       0          -0.0000
  -0.0000       1.0000      0
   0.0000       0           1.0000
》 B*A
ans =
   1.0000       0         -0.0000
   0            1.0000     0
   0            0.0000     1.0000
```

例题解析：

☞ 例 3-1-1 中使用 magic（魔术矩阵）的方式创建一个 3×3 矩阵，其行、列、对角线之和相同。

☞ 对于给出的例 3-1-1，需要逐行查看，并尽量逐行在系统中执行，查看运行结果。

3.1.2 矩阵的特征值和特征向量

若 $\boldsymbol{A}\times\boldsymbol{x}=d\times\boldsymbol{x}$，$\boldsymbol{A}$ 为 $n\times n$ 矩阵，则称 $\boldsymbol{x}$ 是矩阵 $\boldsymbol{A}$ 的特征向量，d 是特征值。

【例 3-1-2】A=rand(3,3)，求矩阵的特征值 d。

解：程序及运行结果如下。

```
》 A=rand(3,3)   %生成随机矩阵 A
A =
    0.9501    0.4860    0.4565
    0.2311    0.8913    0.0185
    0.6068    0.7621    0.8214
》d=eig(A)          %矩阵 A 的特征值 d
d =                 %注意输出为 3*1 矩阵
    1.6175
    0.4332
    0.6121
》 [X,d]=eig(A)      %特征向量 X,特征值为对角元素的矩阵 d
X =
   -0.6571   -0.7865    0.7614
   -0.2275    0.3771   -0.6380
   -0.7186    0.4892    0.1154
d =                                    %此处输出为 3*3 矩阵
   1.6175     0         0
   0          0.4332    0
   0          0         0.6121
%验证 A*x=d*x
》 A*X
》 X*d
ans =
   -1.0629   -0.3407    0.4660
   -0.3679    0.1633   -0.3905
   -1.1624    0.2119    0.0706
```

例题解析：

☞ 例 3-1-2 通过函数求解矩阵的特征值和特征向量。使用的方法与前面例题类似，需要注意的是，程序中出现了不同的语法形式：d=eig(A)和[X,d]=eig(A)。此处需要说明的是，MATLAB 中特有的语法结构，同样的函数，可以使用不同的输入/输出形式，获取不同的计算内容。

☞ 程序中设计了 A*X，X*d 的方式，用于相互之间进行验证，提供了采用不同计算方法得到结果的验证手段；注意观察第一种方法得到 d 和采用第二种方法同时得到 X，d 时，d 的输出形式，一个是 3×1 矩阵，另一个是 3×3 矩阵。

3.2 线性方程组的求解方法

已知

$$\begin{cases} a_{11}\boldsymbol{X}_1 + a_{12}\boldsymbol{X}_2 + \ldots + a_{1n}\boldsymbol{X}_n = b_1 \\ a_{21}\boldsymbol{X}_1 + a_{22}\boldsymbol{X}_2 + \ldots + a_{2n}\boldsymbol{X}_n = b_2 \\ \vdots \\ a_{n1}\boldsymbol{X}_1 + a_{n2}\boldsymbol{X}_2 + \ldots + a_{nn}\boldsymbol{X}_n = b_n \end{cases} \tag{3-1}$$

求解方程组 ***AX=b***。

由于 MATLAB 语法形式的灵活性和输出结果属性的不同，在相对复杂的一些计算中，其中间变量的形式并不能很好地判断，所以需要提供不同的计算方法，以便对结果的正确性进行验证。

对于线性方程组的求解，MATLAB 提供了 3 种常用的方法，即**高斯消元法、矩阵除法和矩阵求逆**，掌握其中一种方法即可，并能够使用其他方法给予验证。

【例 3-2-1】求解线性方程组，并能够使用其他方法给予验证。

解：（1）高斯消元法。程序及运行结果如下。

```
》 A=rand(3) %创建方程系数 aij
A =
   0.4447    0.9218    0.4057
   0.6154    0.7382    0.9355
   0.7919    0.1763    0.9169
》b=rand(3,1)    %创建方程系数 bi
b =
   0.4103
   0.8936
   0.0579
》D=rref([A b])  %求方程的解
D =
   1.0000          0            0           -2.2753
   0               1.0000       0            0.7101
   0               0            1.0000       1.891
```

（2）矩阵除法。

X=A\b \表示左除。

程序及运行结果如下。

```
》A=rand(3) %创建方程系数 aij
A =
   0.6602    0.3412    0.3093
   0.3420    0.5341    0.8385
   0.2897    0.7271    0.5681
》b=rand(3,1)    %创建方程系数 bi
b =
   0.3704
   0.7027
   0.5466
》A\b             %求方程的解
》rref([A b])     %验证方程的解
ans =
     0.1631
     0.1670
     0.6652
```

（3）矩阵求逆。

A 是方阵时，X=inv(A)*b；

A 不是方阵时，X=pinv(A)*b。

程序及运行结果如下。

```
》A=rand(3) %创建方程系数 aij
```

```
A =
   0.4449    0.7948    0.8801
   0.6946    0.9568    0.1730
   0.6213    0.5226    0.9797
》b=rand(3,1)    %创建方程系数 bi
b =
   0.2714
   0.2523
   0.8757
》A\b            %求方程的解
》inv(A)*b       %验证方程的解
ans =
    1.6560
   -1.0072
    0.3809
```

3.3 多项式运算

多项式的描述方法：MATLAB 语言把多项式表达成一个行向量，该向量中的元素是按多项式降幂排列的。

$$f(x)=A_nx^3+A_{n-1}x^2+A_{n-2}x+\ldots+A_0$$

可用行向量 $\boldsymbol{p}=[A_nA_{n-1}\cdots A_1A_0]$ 表示 $f(x)$。

多项式的描述和基本运算是后续系统仿真学习与实践的基础。以下面的例子作为参考，给出如何使用程序语言描述一个多项式的方法。

【例 3-3-1】多项式 $p(x)=x^3-6x^2-72x-27$，在系统中执行给出的两行命令，并查看结果。

解：程序及运行结果如下。

```
》p=[1.00   -6.00   -72.00   -27.00]       %多项式 p 的系数
》p1=poly2str(p,'x')                       %以 x 为变量表示向量 p 代表的方程
p1=x^3 - 6 x^2 - 72 x - 27                 %系统以字符串的形式显示
```

本节主要介绍多项式基本运算，包括求多项式的根、多项式乘运算、多项式除运算及多项式微分。

3.3.1 使用 roots()函数求多项式的根

【例 3-3-2】求多项式 $p(x)$ 的根。

（1） $p(x)=x^3-4x^2+5x-2$

解：程序及运行结果如下。

```
》p = [1 -4 5 -2]   %多项式 p 的系数
p =
    1    -4   5   -2
》r = roots(p)       %求多项式的根
r =
    2.0000
    1.0000 + 0.0000i
    1.0000 - 0.0000i
```

（2） $p(x)=x^5-4x^2-2$

解：程序及运行结果如下。

```
》 p = [1 0 0 -4 0 -2]      %多项式 p 的系数
p =
    1      0      0     -4      0     -2
》 r = roots(p)              %求多项式的根
r =
    1.6764
   -0.8679 + 1.2913i
   -0.8679 - 1.2913i
    0.0297 + 0.7014i
    0.0297 - 0.7014i
```

注意：p 按照降幂形式排列，缺项部分需要补零操作。

3.3.2　使用 conv()函数进行多项式乘运算

MATLAB 提供了 conv()函数进行多项式乘运算，conv()函数是比较常用的多项式运算工具。

如果是多个多项式参与运算，可以通过 conv 函数的嵌套来完成。例如，f=conv(a,conv(b,c))，即将多项式 a，b，c 连乘，此类连乘的使用方法也通用于其他 MATLAB 函数。

【例 3-3-3】 已知 $a(x)=x^2+2x+3$；$b(x)=4x^2+5x+6$，使用 conv()函数求解 $c(x)=(x^2+2x+3)(4x^2+5x+6)$。

解：程序及运行结果如下。

```
》 a=[1 2 3];b=[4 5 6];                        %多项式 a,b 的系数
》 c=conv(a,b)                                 %c=conv([1 2 3],[4 5 6])
c=4.00  13.00  28.00   27.00   18.00
》 p=poly2str(c, ' x ')                        %以 x 为变量表示向量 c 代表的方程
p=4 x^4 + 13 x^3 + 28 x^2 + 27 x + 18          %显示结果
```

3.3.3　使用 deconv()函数进行多项式除运算

deconv()函数的格式：

[d, r] =deconv (c, a)

r → 余数多项式

d → 商多项式

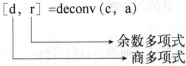

其中，d 为商多项式，r 为余数多项式，表示 c=conv(d,a)+r；当仅指定一个变量接收返回值时，函数只返回 d。

对于多项式除运算只作为一项功能进行了解，不做具体操作要求。

【例 3-3-4】求下列多项式的反卷积。

解：程序及运行结果如下。

```
》 a=[1 2 3];
》 c=[4.00  13.00  28.00   27.00  18.00];      %多项式 a,c 的系数
》 d=deconv(c,a)                               %求多项式的反卷积
d=4.00          5.00          6.00
```

3.3.4 多项式微分

MATLAB 提供了 polyder()函数来实现多项式的微分，命令格式：

➢ b=polyder(p)　　%求 p 的微分，即 b=p';

➢ b=polyder(a,b)　%求多项式 a,b 乘积的微分，即 b=(conv(a,b))'。

【例 3-3-5】求下列多项式的微分。

解：程序及运行结果如下。

```
》 a=[1 2 3 4 5];       %多项式 a 的系数
》 poly2str(a,'x')     %以 x 为变量表示向量 a 代表的方程
ans = x^4 + 2 x^3 + 3 x^2 + 4 x + 5
》 b=polyder(a)        %多项式微分
b = 4     6     6     4
》 poly2str(b,'x')     %以 x 为变量表示向量 b 代表的方程
ans =4 x^3 + 6 x^2 + 6 x + 4
```

3.4 多项式曲线拟合

下面主要介绍 MATLAB 中多项式曲线拟合的方法，可参考视频“02-多项式曲线拟合”，视频二维码如右。

曲线拟合是常用的实验方法，使用实验中观测的离散数据，通过寻找符合要求的曲线，使得这些离散数据点都在该曲线上，并得到能够描述曲线的函数。

曲线拟合在两组已知数据间建立一种函数关系，使得通过这种函数关系得到的数据和实际数据在最大程度上吻合。

MATLAB 提供了 polyfit()函数来实现多项式的曲线拟合，命令格式：

➢ p=polyfit(x,y,n)　　%返回一个 n 阶多项式的系数数组 p。其中，x，y 是待拟合的数据（尺寸必须相同），n 是希望拟合得到的多项式阶数，阶数越高精度越高。

➢ y=ployval(p,x)　　%返回一组数据 y 且满足下式：

$$y = p_1 x^n + p_2 x^{n-1} + p_i \ldots + p_n x + p_{n+1}$$

其中，p_i 是多项式 p 的系数，x 是输入数据。

【例 3-4-1】多项式曲线拟合实例。

解：通过以下操作步骤学习多项式曲线拟合的方法。

（1）创建 x，y 作为实验数据，x 由 0:0.5:20 的形式创建，y 使用 y=polyval(p,x)函数创建，其中，选择一个已知的多项式 p=3x^3+5x^2+x+2（可以自行选择），并增加随机数作为干扰。

注意：此处的 x，y 是为了展示函数使用方式自行创建的，实际实验时应采用直接得到的数据。

（2）分别选择不同的阶数 n，使用 p=polyfit(x,y,n)函数得到选择不同阶数 n 情况下的多项式系数向量 p1、p2、p3，定义的多项式即是需要求解的曲线函数。

为了能够利用图形的形式直观地观察效果，使用分别所求的 p1，p2，p3，再次使用 y=polyval(p,x)，求得对应的 y1，y2，y3，再使用绘图函数 plot 展示拟合的效果。

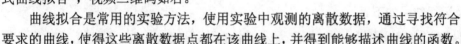

程序如下：

```
x=0:0.5:20;                                    %创建变量 x
y=polyval([3,5,1,2],x)+randn(size(x));         %计算已知函数并加入随机误差
p1=polyfit(x,y,1)                              %进行 1 阶拟合
y1=polyval(p1,x);                              %求出 1 阶拟合后由 p1 得到的值 y1
p2=polyfit(x,y,2)                              %进行 2 阶拟合
y2=polyval(p2,x);                              %求出 2 阶拟合后由 p2 得到的值 y2
p3=polyfit(x,y,3)                              %进行 3 阶拟合
y3=polyval(p3,x);                              %求出 3 阶拟合后由 p3 得到的值 y3
plot(x,y,'.',x,y1,'-.',x,y2,'--',x,y3,'-')     %标出带有误差的数据点，用不同线型
```

画出的拟合曲线如图 3-1 所示，可以看出随着拟合阶数的提高，3 阶时已经达到基本拟合的效果。

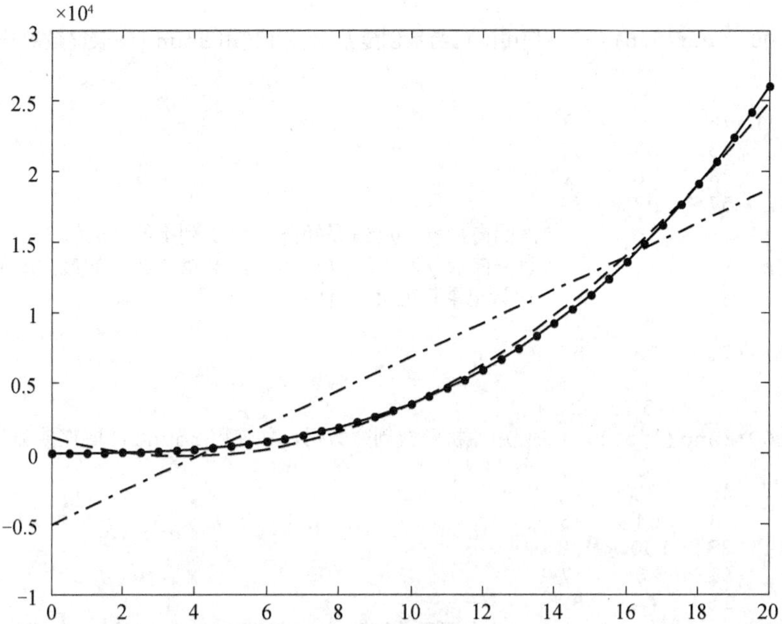

图 3-1 画出的拟合曲线

3.5 数据统计

MATLAB 中的数据统计函数，对应变量是矩阵，并对其元素进行操作，最大值、最小值、对应元素比较见表 3-2，求和、积、平均值、排序见表 3-3。

表 3-2 最大值、最小值、对应元素比较

函数格式	功 能
y=max(X);y=min(X)	返回向量 y，y(i)是矩阵 X 第 i 列上的最大或最小值
[y,I]=max(X)	返回向量 y 和 I，y(i)是矩阵 X 第 i 列上的最大值，I 向量记录每列最大值的行号
U=max(A,B);U=min(A,B)	A,B 为同尺寸矩阵，返回矩阵 U，U(i)是 A,B 对应元素较大或较小者的数值
U=max(A,n);U=min(A,n)	n 为标量，返回矩阵 U，U(i)为 A(i)与 n 比较后得出的较大或较小的元素值

表 3-3　求和、积、平均值、排序

函数格式	功　能
y=sum(X)	返回向量 y，y(i)是矩阵 X 第 i 列的各元素和
y=prod(X)	返回向量 y，y(i)是矩阵 X 第 i 列的各元素乘积
y=mean(A)	返回向量 y，y(i)是矩阵 A 第 i 列的算术平均值
sort(X)	返回一个对向量 X 重新按照升序进行排列的新向量
[Y,I]=sort(A,dim)	返回矩阵 Y 和 I，Y 是排序后的矩阵，I 记录 Y 中元素在原矩阵 A 中的位置，而 dim=1 表示按照列排序，dim=2 则表示按照行排序

【例 3-5-1】数据统计函数最大值、对应元素比较。

解：程序及运行结果如下。

```
>>a=round(100*rand(5,5))      %使用随机函数创建数据，并使用 round()取整数部分
a =
    35    35    29     8    13
    20    83    76     5    57
    25    59    75    53    47
    62    55    38    78     1
    47    92    57    93    34
>>y=max(a)                    %返回向量 y，y(i)是矩阵 X 第 i 列上的最大值
>> [y,I]=max(a)               %返回向量 y 和 I，y(i)是矩阵 X 第 i 列上的最大或最小值，
                              I 向量记录每列最大值的行号
y =
    62    92    76    93    57
I =
     4     5     2     5     2
>>b=round(100*rand(5,5))      %使用随机函数创建数据，并使用 round()取整数部分
b =
    16    60    45    83    11
    79    26     8    54    96
    31    65    23   100     0
    53    69    91     8    77
    17    75    15    44    82
>>U=max(a,b)                  %A,B 为同尺寸矩阵，返回矩阵 U，U(i)是 A,B 对应元素较大的数值
U =
    35    60    45    83    13
    79    83    76    54    96
    31    65    75   100    47
    62    69    91    78    77
    47    92    57    93    82
```

【例 3-5-2】数据统计函数示例（1）。

解：程序及运行结果如下。

```
>> B=[2 5 8 9 6 5 7 8 5 9 8 9 2 3];      %创建矩阵 B
>> y1=sum(B)                              %返回向量 y1，y1 是矩阵 B 各元素的和
y1 =
    86
>> mean(B)                                %输出为矩阵 B 的算术平均值
ans =
    6.1429
>> sort(B)                                %返回一个对向量重新进行升序排列的新向量
ans =
2    2    3    5    5    5    6    7    8    8    8    9    9    9
```

【例 3-5-3】数据统计函数示例（2）。

解：程序及运行结果如下。

```
A=rand(4)          %使用随机函数创建数据
A =
   0.1210    0.2731    0.8049    0.0498
   0.4508    0.2548    0.9084    0.0784
   0.7159    0.8656    0.2319    0.6408
   0.8928    0.2324    0.2393    0.1909
[Y,I]=sort(A,1) %返回矩阵 Y 和 I，Y 是排序后的矩阵，I 记录 Y 中元素在原矩阵 A 中的位置，dim=1，
                按照列排序
Y =
   0.1210    0.2324    0.2319    0.0498
   0.4508    0.2548    0.2393    0.0784
   0.7159    0.2731    0.8049    0.1909
   0.8928    0.8656    0.9084    0.6408
I =
     1     4     3     1
     2     2     4     2
     3     1     1     4
     4     3     2     3
```

对于数据统计，MATLAB 提供了一个图形用户交互工具，可以方便地得到数据集的统计量特征，并可视化地显示，可参考视频“03-数据统计图形用户交互工具”，视频二维码如右：

操作：① 单击图形窗口主菜单→“tools”→“data statistics”选项；

② 使用“save to workspace”功能将统计结果保存到工作区中。

【例 3-5-4】数据统计图形用户界面示例。

```
A=rand(20,3);                             %产生 3 列随机数据，每列 20 行
plot(A,'.')                               %在图像窗口以实心点显示这些数据
legend('data1','data2','data3')           %对 3 列数据添加标注
%MATLAB 数据统计工具显示已保存在工作区的变量值
xstats
ystats
```

例题解析：

☞　选择图形窗口中“工具”→“数据统计信息”选项，“数据统计信息-1”窗口如图 3-2 所示，默认统计信息为 data1→data2→data3，在下拉列表中可以选择使用。

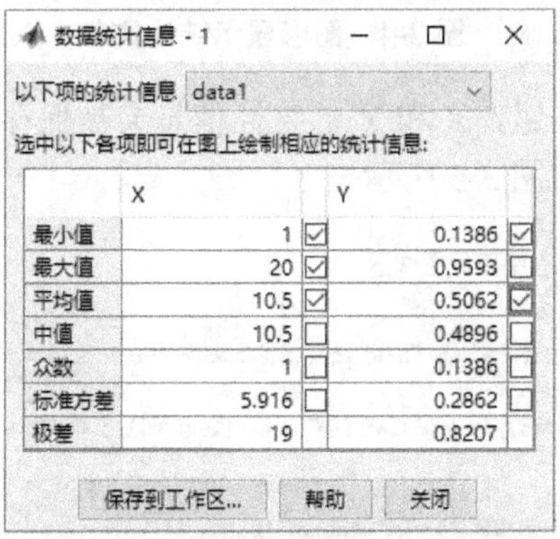

图 3-2　“数据统计信息-1”窗口

☞ 选择相应的统计目的，包括最小值、最大值、平均值、中值、众数、标准方差、极差。如 X 轴选择“最小值”“最大值”“平均值”，Y 选择“最小值”和“平均值”，数据统计信息-1 如图 3-3 所示，会在对应的图形上显示，图形显示统计信息如图 3-4 所示。

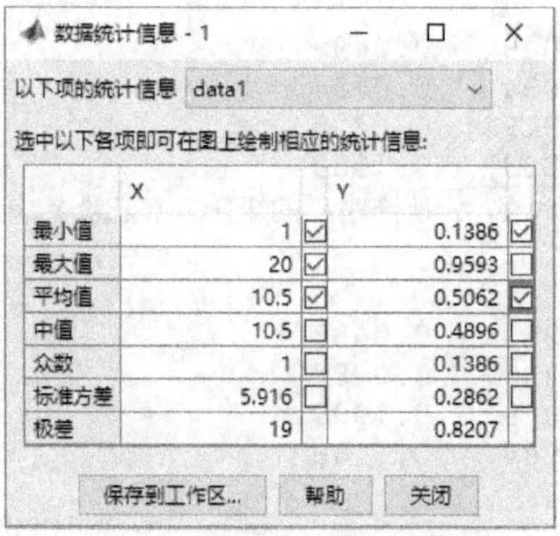

图 3-3 数据统计信息-1

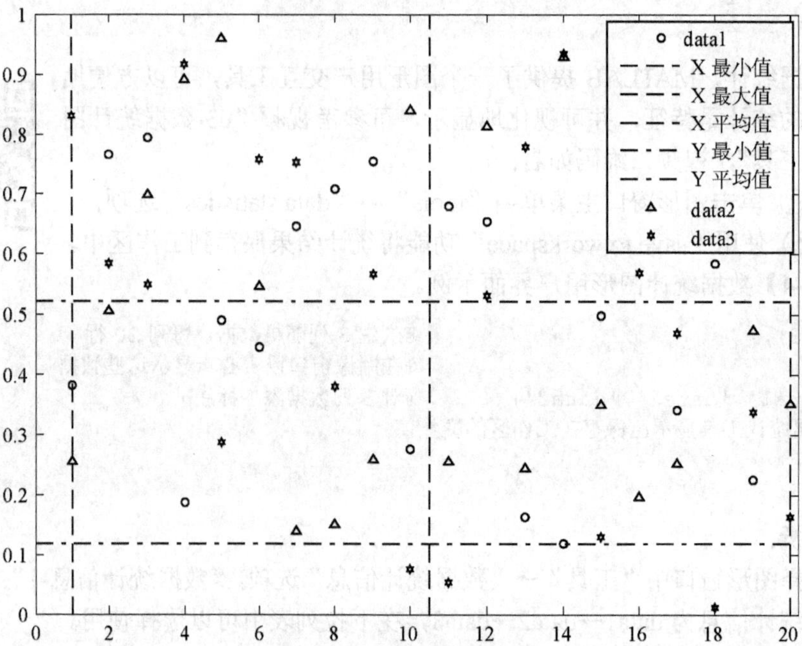

图 3-4 图形显示统计信息

单击“保存到工作区”按钮，X 和 Y 的统计信息会被保存，以便其他程序或函数调用，保存统计信息到工作区中，如图 3-5 所示。

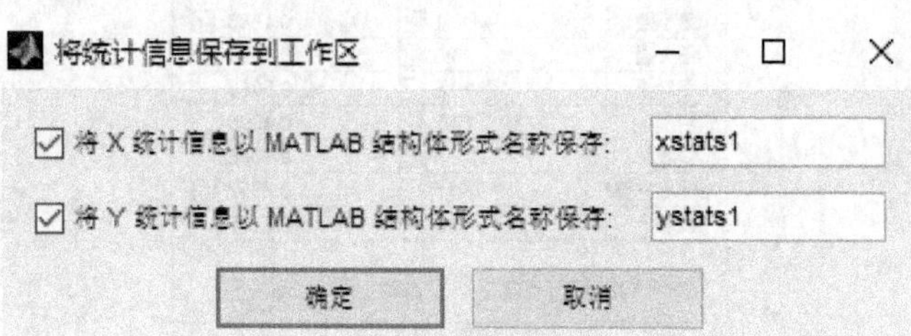

图 3-5 保存统计信息到工作区

☞ 选择“基本拟合”选项，默认对数据组 data1 给出进一步的选择内容，“基本拟合-1”窗口如图 3-6 所示。

① 左侧是“绘制拟合图”菜单，如选择其中的“7 阶多项式”选项，则针对数据 data1 在图形上给出拟合的曲线结果。

② 右侧是数值结果的输出，以 y 函数方程的形式显示，并给出系数。

③ 右下有“保存到工作区”按钮，则可以选择将拟合后的数据结果保存到工作区变量中，以便在其他程序或函数中调用。

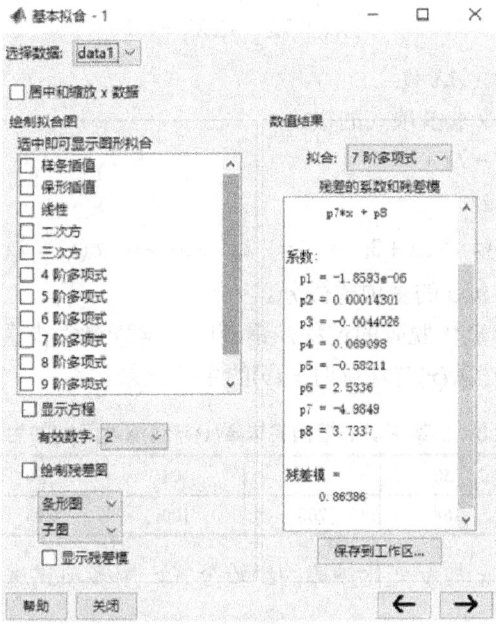

图 3-6　“基本拟合-1”窗口

拟合的曲线图形如图 3-7 所示。

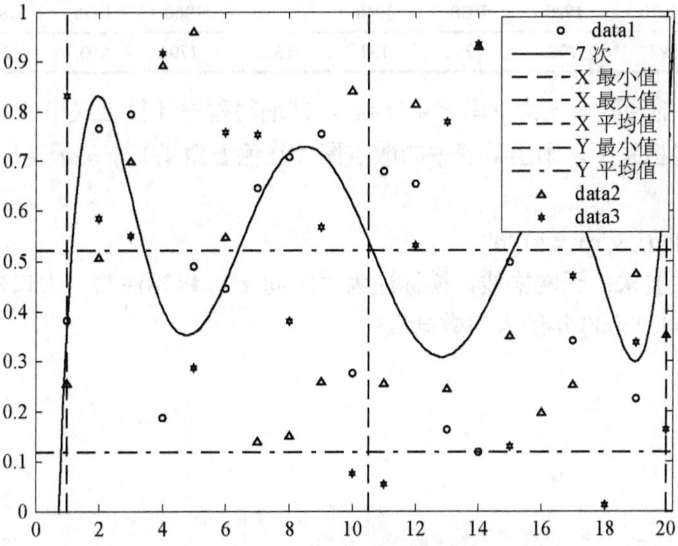

图 3-7　拟合的曲线图形

课后习题3

3-1　A 为 magic（5）矩阵行列式，求矩阵的特征值、特征向量、转置矩阵和逆矩阵。

3-2　已知方程组为

$$\begin{cases} 2X_1+3X_2-X_3=4 \\ 3X_1-2X_2+3X_3=7 \\ X_1+3X_2-2X_3=-1 \end{cases}$$

至少用两种方法求解方程组 $AX=b$。

3-3　用 MATLAB 命令求多项式的根。

（1）$p(x)=4x^4+12x^3-7x+9$

（2）$p(x)=x^5-4x^2-2$

3-4　已知 $a(x)=x^3-4x^2+2x+3$；$b(x)=-2x^2+5x+6$；$c(x)=7x^2-13x+1$，计算：abc。

3-5　计算习题 3-4 中 abc 的多项式微分。

3-6　炼钢过程是一个氧化脱碳的过程，钢液中原含碳量多少直接影响冶炼时间的长短，表 3-4 是某平炉的熔钢完毕碳(x)与精炼时间(y)的生产记录。

表 3-4　某平炉的熔钢完毕碳(x)与精炼时间(y)的生产记录

x/0.01%	134	150	180	104	190	163	200
y/min	135	168	200	100	215	175	200

从上表的数据中找出 x 与 y 变化规律的经验公式，用多项式进行 2 阶曲线拟合，并给出相应的曲线。

3-7　表 3-5 中的数据是美国 1900～2000 年人口的近似值（单位：百万）。

表 3-5　美国 1900～2000 年人口的近似值

时间/t	1900	1910	1920	1930	1940	1950	1960	1970	1980	1990	2000
人口/y	76	92	106	123	132	151	179	203	227	250	281

（1）若 y 与 t 的经验公式为 $y=at^2+bt+c$，试编写程序计算上式中的 a，b，c 值；

（2）在一个坐标系下，画出数表中的散点图（红色五角星）$y=at^2+bt+c$ 中拟合曲线图（蓝色实心线）。

参考程序：plot(x,y,'rp',x,y1,'b')

（3）图形标注要求：无网格线，横标注为“时间 t”，纵标注为“人口数（百万）”，图形标题为“美国 1900～2000 年的人口数据”。

第 4 章 M 文件与 MATLAB 编程基础

第 4 章 M 文件与
MATLAB 编程基础 PPT

本章要点

本章学习内容包含两部分，一是 M 文件的创建、调试和使用 M 文件（函数）进行参数传递；二是 MATLAB 程序设计中重要的控制语句，包括分支控制和循环控制语句。具体内容如下。

1. M **文件的创建**

通过完成以下习题，学习 M 文件的创建方法：
（1）创建一个 M 文件，链接输入的两个字符串，并练习在命令行中调用；
（2）编辑窗口调试程序实例——找出 10～1000 内的所有素数，进行调试练习。

2. MATLAB **控制语句**

利用 break()函数建立 while 循环，求两个数，使其和为 100，且第一个数被 2 整除的商与第二个数被 4 整除的商的和为 36。（学习 ceil, fix, floor 的使用方法）

4.1 MATLAB 的 M 文件

所有包含 MATLAB 语言的代码文件称为 M 文件，其后缀均为.m。

M 文件可分为命令集和 M 函数（或称为脚本 M 文件和函数 M 文件）。

① 脚本的效用和将命令逐一输入并执行一样，在脚本 M 文件中可以使用工作空间的变量。在 M 文件中设定的变量可以在工作空间查找到。

② 函数则需要用参数来传递信息，其功能和 C 语言中的函数一样。

注意：针对参数和变量的操作，脚本文件（程序）和函数虽然在形式上都是 M 文件，但创建和使用方法需要特别区分，脚本文件和函数针对参数和变量的操作区别见表 4-1。

表 4-1 脚本文件和函数针对参数和变量的操作区别

脚本 M 文件	函数 M 文件
不接受参数输入，也不能返回参数	接受参数输入并可以返回参数
可以操作工作空间的变量	可以操作全局或局部变量
重复执行一系列指令	扩展 MATLAB 语言的应用

1. **对参数的使用**

① 脚本文件类似于C中的main()函数，是主程序，不接受外部参数的输入。程序执行过程中变量的数值变化会在工作空间中显示，可以查看结果。

② 函数的定义和调用与C语言等类似，但其丰富的输入/输出参数设计是MATLAB与其他高级编程语言不同的地方，本节后面的内容将介绍一些基本的设计和使用方法。

2. **对变量的不同操作方式**

① 脚本文件可以直接使用工作空间中的变量。由于MATLAB可以不先定义变量而直接进行使用，如果在工作空间中已经存在某个变量并且已经有数值，则会对实际程序执行的结果产生影响。通常情况下，我们在程序开始时都使用clear命令，对目前工作空间中的变量进行清除。

② 函数仅可以对已经定义的全局变量和函数内部的变量进行操作。全局变量的内容本节后面给出了基本定义和使用示例。

4.1.1 M文件的创建和编辑

打开MATLAB R2014a软件，单击“新建脚本”选项，新建脚本（1）如图4-1所示，进入M文件编辑区。

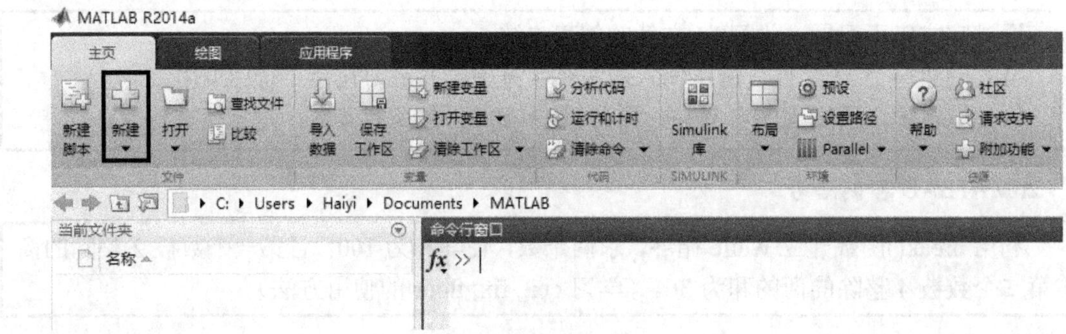

图4-1 新建脚本（1）

也可以先单击“新建”选项，再在下拉选项中选择“脚本”选项，进入M文件编辑区，新建脚本（2）如图4-2所示。

图4-2 新建脚本（2）

文件默认名为“Untitled”，即文件是未命名的。在编辑区窗口定义要创建的函数，编辑区窗口如图 4-3 所示。

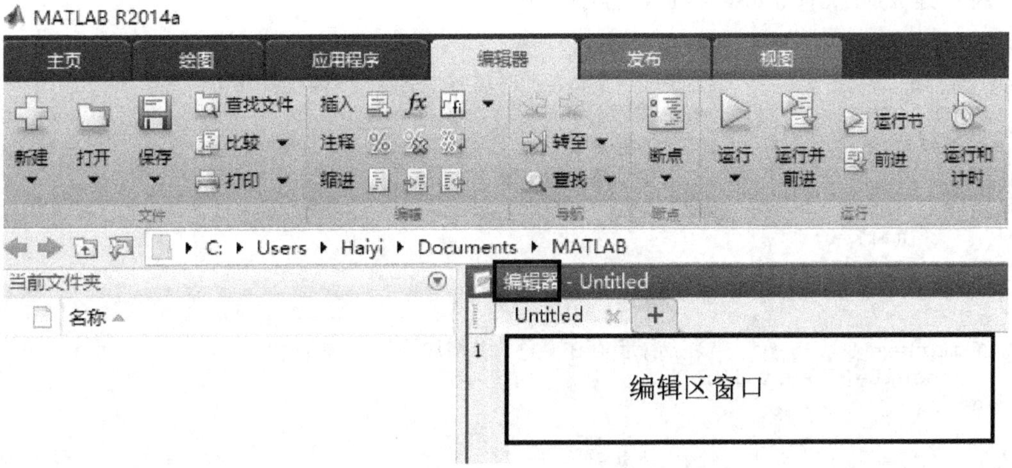

图 4-3　编辑区窗口

注意： 文件创建的路径和命名规范。

❖ 创建文件的路径应在指定路径中，并添加在 MATLAB 的路径列表中。较高版本会进行确定并自行添加。

❖ 文件名应以英文字母开头，避免使用系统中已经存在的文件或函数名称。

❖ 不支持以数字命名的文件名，其执行结果为数值。

4.1.2　编辑器窗口说明

编辑器窗口如图 4-4 所示，功能如下：

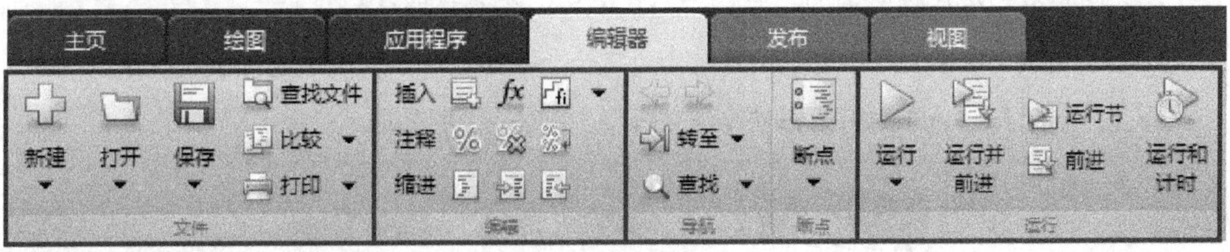

图 4-4　编辑器窗口

① 在管理文件功能区中，可以新建、打开、保存脚本文件，同时可以实现文件的查找、比较和打印功能；

② 在编辑文件功能区中，可以插入节、函数等，可以实现添加、取消、注释换行等，同时包含命令行缩进功能；

③ 在导航及断点功能区中，可以进行对行和断点的操作；

④ 在运行程序功能区中，可以进行程序运行，包括运行全部程序、单步运行程序、测量程序运行时间等。

下面以示例 4-1-1 为例来演示如何使用编辑器窗口调试程序，包括创建 M 文件、保存并编写、调试程序，可参考视频“04-使用编辑窗口调试程序”，视频二维码如右：

【例 4-1-1】使用编辑器窗口调试程序实例：找出 10～1000 内的所有素数。

解：建立 M 文件“test4-1-1”，程序如下。

```
clear                          %清空工作空间
result=[];                     %定义输出变量，此时需要赋空值，明确数据类型
for i=10:1000                  %for 循环
   mark=1;                     %定义过程变量
for j=2:i-1                    %检查变量是否为素数
      if mod(i,j)==0           %检查是否可以整除，即 i 除以 j 的结果是否为 0
         mark=0;
         break
      end
   end
   if mark==1                  %将结果保存在变量中并增加该数
      result=[result i];
   end
end
result                         %输出结果
```

注意：

❖ 结果 result 的定义，赋值的表示方法。

❖ 过程变量 mark 的定义和使用方法。

❖ 判断是否可以整除的函数 mod。

4.2 MATLAB 控制语句

4.2.1 分支控制语句

分支控制语句是使程序中的一些代码只在满足一定条件时才执行。

1. if, else 和 elseif

分支控制语句 if-end 的简要语法形式如下，[ ]部分为可选项。

```
%if 结构的语法形式
if 逻辑表达式
  程序代码
[elseif  逻辑表达式]
[程序代码]
[else]
[程序代码]
end
```

【例 4-2-1】分支控制语句 if-end 的使用。

解：建立 M 文件“test1”，程序如下。

```
clear                          %清除工作区变量
a=7;                           %a 的初始值
```

```
if rem(a,2)==0                              %a 可以被 2 整除
   disp(strcat(num2str(a), '是偶数'));      %strcat(a,b)把 a 和 b 连接起来
                                            %num2str(a)把数字 a 转换为字符串
else
   disp(strcat(num2str(a), '是奇数'));      %显示结果
end
```

保存并运行 M 文件“test1”，运行结果如下：

```
7 是奇数
```

注意：if 结构的嵌套，是以 end 作为结构的结束标志。

2. switch, case 和 otherwise

多分支控制语句 switch 的简要语法形式如下：

```
switch 表达式  %变量文字列均可得到具体的数值
case 值 1
  处理部分 1  %可以是函数等
case 值 2
  处理部分 2  %可以是函数等
otherwise
  处理部分 n  %此部分多设为异常处理等
end
```

对于多分支控制语句，需要注意的是：

- 与 if-end 不同，只有一个表达式在 switch 部分进行操作，而判断是在每个 case 部分。
- case 部分的判断是具体的数值、字符等，可以单独判断一个或多个数据。

【例 4-2-2】多分支控制语句 switch 的应用（1）。

解：建立 M 文件“test2”，程序如下。

```
clear                                   %清除工作区变量
a=7;                                    %a 的初始值
switch rem(a,2)                         %判断 a 能否被 2 整除
 case 0                                 %为 0 时，结果为偶数
   disp(strcat(num2str(a), '是偶数'));
 case 1                                 %为 1 时，结果为奇数
  disp(strcat(num2str(a), '是奇数'));
end
```

保存并运行 M 文件“test2”，运行结果如下：

```
7 是奇数
```

【例 4-2-3】多分支控制语句 switch 的应用（2）。

解：建立 M 文件“test3”，程序如下。

```
a=7;                                    %a 的初始值
switch a                                %判断 a 的取值
 case 1                                 %为 1 时，结果为 1
```

```
    disp('a=1');                         %小于 4，结果为 2,3,4
     case {2,3,4}
   disp('a=2 or 3 or 4');               %其他情况，结果为没有匹配的数值
  ot herwise
   disp('没有匹配的数值')
end
```

保存并运行 M 文件“test3”，运行结果如下：

```
没有匹配的数值
```

3. for 循环——已知循环次数情况下的使用

for 循环的简要语法形式如下：

```
for 变量=开始值：步长：终止值
    处理部分
end
```

【例 4-2-4】for 循环的应用。

解：建立 M 文件“test4”，程序如下。

```
%一个 for 循环的例子
result=0;           %初始值为 0
 for i=1:100        %for 循环 100 次
    result=result+i;
 end
result              %输出结果
```

保存并运行 M 文件“test4”，运行结果如下：

```
result =
          5050
```

4. while 循环

while 循环在已知循环退出条件的情况下使用，简要语法形式如下：

```
while 表达式
    处理部分
 end
```

与 C 语言的循环语句类似，for-end 是确定循环次数的操作，while-end 是在一定判断要求内不确定循环次数的操作。

【例 4-2-5】while 循环的应用。

解：建立 M 文件“test5”，程序如下。

```
%一个 while 循环的例子
clear
 k=0;
 result=1;            %设定初始值
 while result<30      %设定 while 循环条件和处理内容
```

```
    k=k+1;
    result=k*result;
 end
result              %输出结果
```

保存并运行 M 文件“test5”，运行结果如下：

```
result =
   120
```

4.2.2 循环控制语句

由于 MATLAB 注重程序的执行效率，提供与模块化结构程序不同的循环控制命令 continue, break 和 return，用于在确定前提下结束循环，节省操作时间。

- continue　在循环中不再继续执行，直接进入下一次循环；
- break　直接退出本次循环；
- return　直接退出程序。

【例 4-2-6】清除给定字符串中非字母的部分，并输出结果。

解：建立 M 文件“test6”，程序如下。

```
% continue 的使用例
str = ' MATLAB  R14.3 ### version'      %给定字符串
result=[];
for i=1:length(str)
  if ( isletter(str(i))==1 )            %判断是否是字符
   result=strcat(result, str(i));       %保存字符
    continue;
  else                                  %如果不是字符，显示非字符
   disp(str(i));
  end
end
result
```

保存并运行 M 文件“test6”，运行结果如下：

```
1
4
.
3

#
#
#

result =
MATLABRversion
```

例题解析：

☞ 先定义了一个空向量 result，用于保存程序执行的结果。其原因是程序的第 5 行需要使用上一次的结果，并将本次执行的结果追加在其后。由于未定义的变量系统不能确定其数据结构，直接使用时会出现执行错误。

☞ 注意第 5 行的操作方法，使用连接函数，将字符保存在变量 result 已有的元素后。

☞ 程序第4行给出了判断是否为字符。MATLAB提供较为丰富的操作函数，这里不一一给出示例，需要时使用帮助文档查表后使用。

【例4-2-7】break的使用实例——查找2维矩阵每行中第一个0元素的列位置。

解：建立M文件“test7”，程序如下。

```
% break的使用实例——查找2维矩阵每行中第一个0元素的列位置
m=3;n=4;
a=rand(m,n)<0.7                 %对随机产生的元素和0.7比较，根据结果赋值0或1
result=zeros(m,1);              %创建保存结果的变量
for i=1:m                       %第一层循环，矩阵行数
  for j=1:n                     %第二层循环，矩阵列数
     if ~a(i,j)                 %判断元素是否为0
        result(i)=j;            %保存该元素的列
        break;                  %退出第二层循环
      end
   end
     if result(i)==0            %该行没有为0的元素
        result(i)=Inf;          %设置结果为Inf
     end
end
result                          %输出结果
保存并运行M文件"test7"，运行结果如下：
a =
     0     0     1     0
     0     1     1     1
     1     1     0     0
result =
     1
     1
     3
```

例题解析：

☞ 示例使用for-end语句建立两层循环关系，对一个2维矩阵中元素为0的位置进行判断，并给出位置信息。

☞ 第2行是先执行等号右侧的内容，将rand函数生成的数据与给定的数值进行比较，满足该表达式的结果赋值给变量a。此处的赋值规则是满足表达式则在对应的位置赋值为1，不满足赋值为0。

☞ a(i,j)使用了与、或判断标志，判断表达式的数值是否为0。

☞ break是在执行完本次if-end程序后直接退出第二个for-end。

课后习题4

4-1 M文件和函数的创建。

（1）创建一个计算阶乘的函数；

（2）创建一个M文件，并用它调用（1）中所创建的函数进行阶乘计算；

（3）创建一个能读取外部数据的函数，并使用它进行所设定的计算。

4-2 编写M文件，要求写出100～200中不能被3整除同时也不能被7整除的数，显示

程序运行结果。

4-3 编写 M 文件输出“水仙花数”（它是一个 3 位数，其各位数字的立方和等于该数本身）。

4-4 MATLAB 的程序设计。

程序示例：

```
clear                          %清除工作区变量
a=7;
if rem(a,2)==0                 %a 可以被 2 整除
   disp(strcat(num2str(a), '是偶数'));
else
   disp(strcat(num2str(a), '是奇数'));
end
```

（1）简要说明 disp，strcat，num2str 的含义和使用方法。

（2）把上面的程序改写为可调用的函数，其中，数字“2”使用参数传递。例如，输入数字“11”时，根据 a 的取值输出可以设置为“可以被 11 整除”或“不能被 11 整除”。

第5章　函数与外部数据操作

本章要点

第5章　函数与外部数据操作 PPT

本章重点学习函数的创建方法、参数的设计和使用方法，如何打开外部文件、读取文件中数据和针对数据进行操作。具体内容如下。

1. MATLAB 函数

通过完成以下习题，学习函数的创建方法、参数的设计和使用方法： 创建一个函数，当输入参数个数为1时，求参数的平方；当输入参数个数为2时，返回两参数的和。

2. MATLAB 的外部数据操作

通过完成以下习题，学习 MATLAB 的外部数据操作： （1）自行创建一组数据，并练习使用 MATLAB 的导入外部数据功能； （2）使用 MATLAB 的日期时间函数，计算上题的运行时间。

5.1　M 文件（函数）

5.1.1　函数类型

1. 函数的组成

MATLAB 函数由3部分组成：函数定义、注释、函数体。函数定义的格式如下：

function［输出参数表］= 函数名（输入参数表）

函数的注释：通常在函数体的首行加上对函数整体功能的解释。

注意：

❖　函数定义由 function 指定，函数名自行设定，但不应与系统已有的函数名重名，并以字母开头。

❖ 输入参数表和输出参数表都以{}大括号设定，表示可以省略，就是可以没有输入或输出参数，也可以同时没有输入和输出参数，仅执行函数中的程序。

❖ 定义输入和输出参数的形式，输出部分仅为一个参数时直接使用变量定义，如例 5-1-1；多个参数时使用[]定义。输入与输出的定义类似，但使用()进行定义。

函数的命名：一般与函数名一致，必须以字母开头，其余部分可以是字母、数字和下画线的组合。如果文件名与函数名不同则必须使用文件名而不是程序内部定义的函数名（系统默认）。

【例 5-1-1】建立一个计算阶乘的函数。

解：新建函数，其函数文件命名为 jc.m，程序如下。

```
%一个计算阶乘的函数
function p = jc(x)
 p = 1;                    %定义变量 p 并赋值
  for i = 1 : x            %定义循环变量
   p = p * i ;             %对变量 p 进行计算
  end                      %结束循环
 p                         %输出变量 p 的计算结果
%在命令行窗口调用阶乘函数
>>jc(5)
```

运行结果：

```
p =
   120
```

2. 函数体定义的主要方式

函数体定义的主要方式见表 5-1。由表 5-1 可以看出函数输入/输出形式的多样性，这种定义和程序的执行特性正是 MATLAB 的特点。

表 5-1　函数体定义的主要方式

函数体	注　释
function y=average(x)	%单输入单输出
function [a,b,c]=average(x,y,z)	%多输入多输出
function average(x)	%有输入无输出
function []=average(x)	%有输入无输出
function [a,b]=average()	%无输入有输出

注意：传递给函数的变量不必和函数定义行中的参数同名。

3. 函数的注意问题

MATLAB 函数需要注意的问题：函数名识别、函数参数传递、函数工作空间。

（1）函数名识别

函数可以在命令行中执行，也可以在其他 M 文件中调用。如果一个函数名被调用，则系统通过一定的过程来确定使用哪个函数。

① 检查是否有同名变量；

② 检查是否为子函数；

③ 检查是否是私有目录中的函数；

④ 是否在搜索对象路径中。

（2）函数参数传递

MATLAB 通过内存的引用来传递参数。

（3）函数工作空间

函数在执行时都拥有自己的内存空间，可以访问工作空间的变量和其他函数工作空间中的变量。

4. 函数的变量

（1）变量创建的特点

① 不需要声明变量的类型与大小，用表达式右侧的确定值来定义；

② 对变量赋值即创建变量，对已存在的变量改写变量值；

③ 变量的定义和文件名相同，在 32 字符范围内有效。

（2）全局变量和局部变量的定义

① 各函数都定义自己的局部变量，即使同名变量也相互独立；

② 如果在函数及基本工作空间中都声明了全局变量，则都可以访问；

③ 基本工作空间中不单独声明全局变量的情况，则不可以访问。

全局变量定义的格式：global 变量名，变量名通常使用大写予以区别。

注意：在 M 文件中定义全局变量时，如果当前工作空间已经存在同名变量，则出现错误。

【例 5-1-2】建立一个使用全局变量的函数。

解：新建函数，其函数文件命名为 test.m，程序如下。

```
%一个使用全局变量的函数
function test(x)
    global global_T                    %在函数中定义一个全局变量
    global_T =0.3                      %全局变量赋初始值
    myprocess(pi/2)                    %调用 myprocess 函数
    exp(global_T)*sin(pi/2)            %具体计算
    global_T                           %输出全局变量的具体数值

function y=myprocess(x)
    global global_T                    %使用时也需用 global 声明
    global_T = global_T *2;            %变量 T 重新赋值
    y=exp(global_T)*sin(x);            %计算函数输出值
```

在命令行窗口调用阶乘函数：

```
test(5)
```

运行结果如下：

```
global_T =
    0.3000
ans =
    1.8221
ans =
    1.8221
global_T =
    0.6000
```

例题解析：

☞ 函数的定义方法，如在函数 test 中使用了其他自定义的函数 myprocess()，通常我们将该函数 myprocess()放在主要函数 test()同一 M 文件 test.m 中。

☞ 如果其他程序如主程序或其他函数也需要调用本函数的情况，则需要单独为该函数定义函数文件 myprocess.m。

☞ 全局变量的使用方法，需要在主程序、函数等需要调用的位置前进行定义。

5.1.2　参数传递

前一小节介绍了函数定义时具有丰富的形式，其原因是 MATLAB 具有自主识别输入和输出参数个数的功能，可以方便地提供用户自定义函数语法形式的手段。如例 5-1-3，在函数程序部分可以不经定义直接使用两个系统变量——nargin 和 nargout，分别代表函数本次操作时有几个输入和输出。

【例 5-1-3】参数传递实例。

解：新建函数，其函数文件命名为 mytestnio.m，程序如下。

```
function [y1,y2]=mytestnio(x1,x2)
if nargin==1                          %确定输入参数个数是否为 1(唯一)
   y1=x1;                             %设定输出 y1 为输入 x1
   if nargout==2                      %确定输出参数个数是否为 2
      y2=x1;                          %设定输出 y2 也为输入 x1
   end
else
   if nargout==1                      %输入个数为 2，输出个数为 1
      y1=x1+x2;                       %输出唯一时求输入的和
   else                               %输入个数为 2，输出个数为 2
      y1=x1;                          %各自赋值后输出
      y2=x2;
   end
end
```

在命令行窗口中调用阶乘函数，并观察结果如下：

```
>> x=mytestnio(5)
x =
    5
>> [x,y]=mytestnio(5)
x =
    5
y =
    5
>>mytestnio(5)
ans =
    5
>> x=mytestnio(5,7)
x =
   12
>> [x,y]=mytestnio(5,7)
x =
    5
y =
    7
>>mytestnio(5,7)
```

```
ans =
    5
```

例题解析：

☞ 函数程序中首先对输入/输出参数个数进行判断，然后根据具体的要求定义执行部分，以达到一个函数同时具备多种语法形式的目的。

☞ 注意该定义方法的调用，可以对应多种形式。我们可以使用其中几种进行调用，并使用 M 文件编辑窗口中调试的功能，跟踪观察调用后各参数变量的情况。

☞ 参数中变量传递的个数：以 varargin 或 varargout 作为输入或输出参数，表示可以具有多个输入或输出参数。

【例 5-1-4】创建一个可变数目的参数传递函数。

解：新建函数，其函数文件命名为 mytestvario.m，程序如下。

```
function y=mytestvario(varargin)
    temp=0; a=length(varargin)                  %设定变量 temp
    for i=1:length(varargin)                    %确定循环次数
        b=mean(varargin{i}(:));                 %求向量各元素平均值
        temp=temp+mean(varargin{i}(:));         %求平均值之和
    end
    y=temp/length(varargin);                    %求平均值
```

在命令行窗口调用阶乘函数，并观察结果：

```
>>mytestvario(1,2,3,4,5,6)
a =
    6
ans =
   3.5000
>>mytestvario([1 2 3 4 5 6])
a =
    1
ans =
   3.5000
>>mytestvario([1 2 3 4],[4 5 6])
a =
    2
ans =
   3.7500
```

例题解析：

☞ 例 5-1-4 是一种可变数目的参数传递函数定义方法。在我们不知道输入参数的个数时可以使用该方法进行定义。输入部分使用系统定义变量 varargin，示例函数的程序中，首先求解变量 varargin 的长度，获得变量中所包含元素的个数，然后针对变量的元素进行操作。由于我们没有定义变量的数据结构形式，所以以此方式获得的变量为元胞数组。

☞ 使用访问元胞数组元素的方式，即利用{ }大括号进行访问操作。

5.2 外部数据操作

MATLAB 的外部数据操作，包括如何打开外部文件、读取文件中数据和针对数据进行操作。

5.2.1　MATLAB 的外部数据操作

我们在做实验时经常会遇到一些由其他方式得到的数据，如何对这些数据进行读取，并编制程序进行计算或操作呢？

操作时，首先准备数据并保存到文件中，此时需要注意保存路径应当在当前工作路径下。如果需要保存到其他路径，则需要给出具体路径，在读取文件内容时相应地也需要指定文件所在的路径。

➢　fin= fopen(filename,permission)　%打开 filename 指定的文件，permission 指定打开方式，r 为读，w 为写，t 是使用文本文件形式打开。

➢　fprintf(fid, format, variables)　%写入文件内容，format 用来指定数据输出时采用的格式。数据格式有：

① 整数；

② 实数（科学计算法形式）；

③ 实数（小数形式）；

④ 由系统自动选取上述两种格式之一；

⑤ 输出字符串。

➢　A=fscanf(fid,format,size)　%将指定的句柄 fid 中的内容按照 format 的格式读取到变量 A 中，读取的数量由 size 指定。format 的格式与 fprintf 函数的格式相同。

【例 5-2-1】使用已经准备的数据（或由 C/C++程序等运行得到一组数据），并将这些数据用空格分隔开，保存在文件名为“exp1.txt”的文件中。注意，这个文件应放在当前工作路径的文件夹中，否则需要同时给出文件路径。

解：新建 M 文件，编写程序如下。

```
Fid=fopen('exp1.txt','rt');          %以只读的形式打开文件 exp1.txt，并将文件句柄赋值给
                                     变量 Fid
r=fscanf(Fid,'%f',inf);              %使用 fscanf 函数读取 Fid 中的内容并以格式赋值给变
                                     量 r，inf 表示读到文件末尾，如可以换为 1050 表示读
                                     取的数值个数
fclose(Fid);                         %使用文件句柄关闭当前打开的文件
plot(r);                             %使用曲线描绘函数 plot(),为了验证外部数据的读取，
                                     我们自行创建一组数据并将该数据保存在 exp1.txt 文件中
%exp1.txt                            %准备数据，并保存到文件中，注意保存路径
x = 0:0.01:20;                       %定义 x 的取值范围
y = 0.8*exp(-0.5*x).*sin(10*x);      %定义曲线 y 的数值
Fid = fopen('exp1.txt','wt');        %打开文件 exp1.txt
fprintf(Fid,'%6.2f ',y);             %写数据占 6 个位置，小数点保留 2 位
fclose(Fid);                         %关闭文件
```

保存并运行 M 文件，例 5-2-1 程序结果如图 5-1 所示。

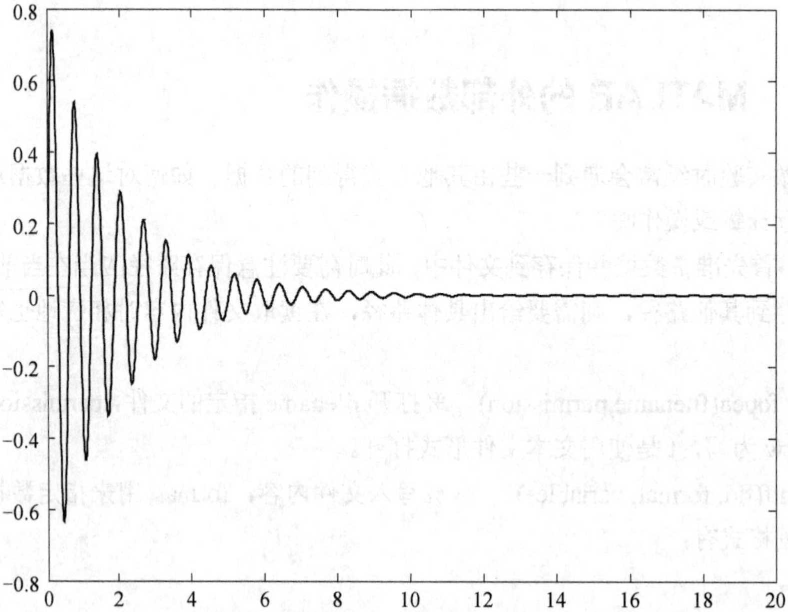

图 5-1　例 5-2-1 程序运行结果

5.2.2　使用窗口操作实现文件数据读取

下面介绍如何使用系统给出的图形用户界面读取外部数据并操作，该方法更简单。

【例 5-2-2】使用例 5-2-1 的程序准备数据，并保存在 exp1.txt 文件中。尝试参考下面的图示，使用窗口操作完成对外部文件数据的读取并完成相应的操作过程。

解： 使用 MATLAB 中的导入数据功能，单击功能项完成数据读取和描绘功能。主要步骤：

① 在左侧窗口找到要打开的文件，右击，在弹出的快捷菜单中选择“导入数据…”选项，如图 5-2 所示。

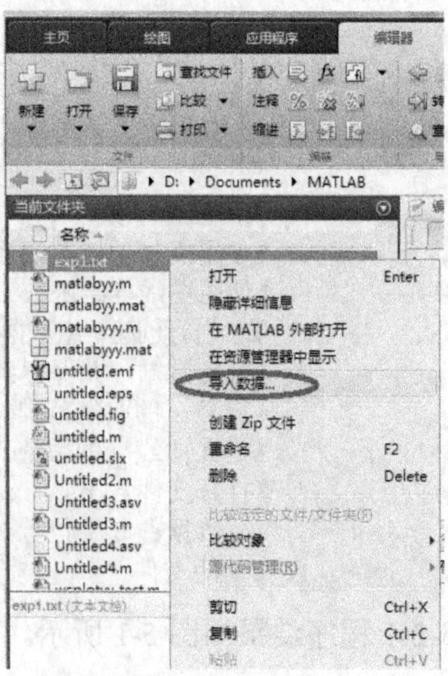

图 5-2　选择“导入数据…”选项

② 使用导入数据窗口，分别指定被读取的文件采用何种分隔方式、需要读取的范围和所导入的数据格式。本例中分别设定“列分隔符”为“空格”，“范围”为默认值，“导入数据格式”为“矩阵”，然后单击“导入所选的内容”图标，导入数据窗口如图 5-3 所示。

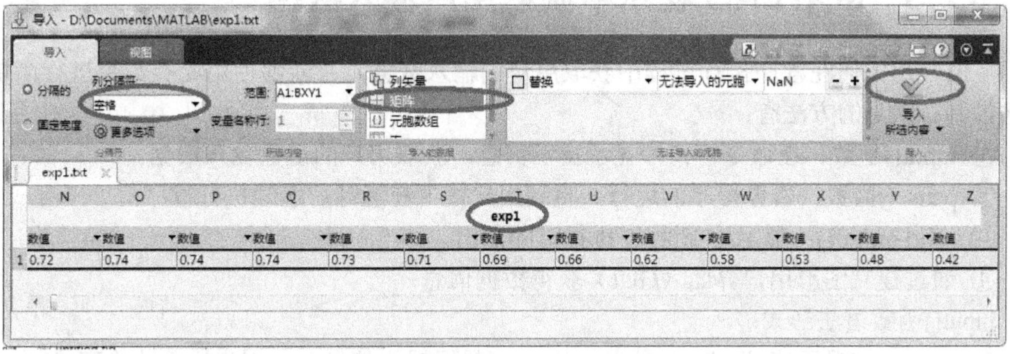

图 5-3　导入数据窗口

③ 此时已将文件中的内容保存在与文件同名的变量中，可以在工作区中找到已经导入的变量并查看内容，例如，“exp1”默认与文件名一致，工作区中显示 exp1 文件如图 5-4 所示。

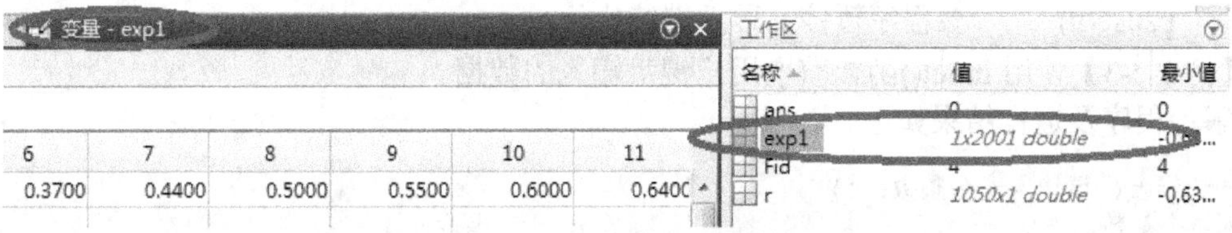

图 5-4　工作区中显示 exp1 文件

④ 选择工作区中该变量，右击，在弹出的快捷菜单中单击“plot(exp1)”命令，生成由变量 exp1 描绘的图形，如图 5-5 所示。

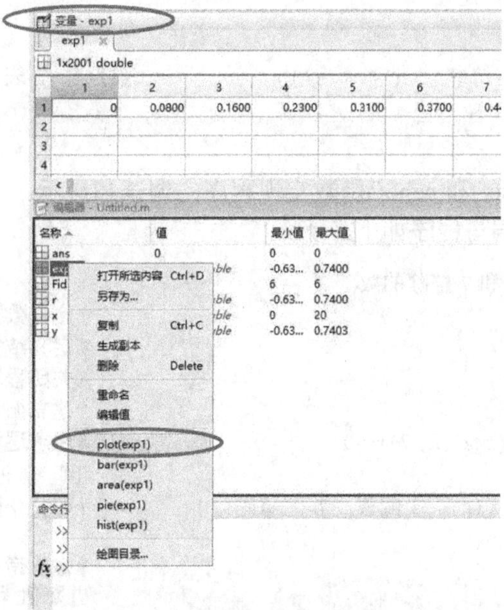

图 5-5　由变量 exp1 描绘的图形

按照上述步骤操作后同样得到使用 exp1.txt 文件中数据描绘的图形。此外，可以观察到系统还提供了其他常见的绘图命令。

5.2.3 MATLAB 程序中获取用户输入数据

下面介绍如何在程序执行过程中获取用户的输入数据，并能够使用此类命令进行简单的程序控制。常见的方法有：

① input()函数：在命令窗口中显示提示信息，获取用户的键盘输入数据。

② pause()函数：暂停程序的运行，直到用户按下任意键后继续执行程序。

③ echo on/off()：显示/关闭程序执行时的输出。

④ 通过建立图形用户界面（GUI）获得数据信息。

input()函数语法形式：

- n=input('提示信息：')　　　　　　%显示提示信息，将用户输入传给变量 n；
- n=input('输入字符串提示信息：',' s')　%指定输入一个字符串。

pause()函数语法形式：

- pause　　　　%程序暂停，等待任意键的输入；
- pause(n)　　　%程序暂停 n 秒后继续执行。

【例 5-2-3】使用 input()函数获取用户键盘输入的数据。

解：程序及运行结果如下。

```
>> n=input('请输入一个整数：')
请输入一个整数：_                                    %输入 4
n=4
>>n=input('请输入一个整数：')
请输入一个整数：5*8-9                                %输入若为表达式则先计算
n=31
>> s=input('请输入一个字符串：', ' s')
请输入一个字符串：_
s=This is MATALB
>> s=input('请输入一个字符串：\n', ' s');            %结尾加\n 表示换行输入
请输入一个字符串：
_
```

【例 5-2-4】使用 pause()和 echo()函数实现程序的调试和显示。

解：新建 M 文件，编写程序如下。

```
%编写 100～200 中不能被 3 和 7 整除的数
n=100;m=200;                                    %定义数据范围
result=[];                                      %定义结果保存变量
echo off                                        %关闭程序过程中的输出
while n<=m                                      %建立循环
  if (mod(n,3)==0) & (mod(n,7)==0)              %注意逻辑判断方法&表示"与"，|为
                                                "或"，~为"非"
    disp(strcat(num2str(n), '能被 3 和 7 整除'));  %在命令窗口中显示相关信息
  else
    result=[result,n];                          %将数据添加到变量 result 后
                                                并赋值保存
    disp(strcat(num2str(n), '是程序要找的数'));    %在命令窗口中显示找到的数据
  end
```

```
pause(1)                %在此处暂停，以便观察上面显示的数据，按任意键后程序继续执行
n=n+1;
end
result                  %最终结果保存在变量中并输出
```

5.2.4 MATLAB 程序中日期和时间的使用

本节介绍 MATLAB 中获取和使用日期及时间的基本方法。

1. **日期和时间的表示格式**

常用的 3 种日期和时间数据格式（字符串、数值和向量形式）见表 5-2。

表 5-2　常用的 3 种日期和时间数据格式

日期和时间格式	举　例
日期字符串（date）	13-Jan-2008
连续的日期数值（now）	732691
日期向量（clock）	2008 9 17 16 01 11.512

2. **获取当前日期和时间的函数**

对应表 5-2，通过调用不同的函数获取当前系统日期和时间。

- date()函数　按照日期字符串格式返回当前系统日期；
- now()函数　按照连续日期数值格式返回当前系统时间；
- clock()函数　按照日期向量格式返回当前系统时间。

3. **日期格式的转换**

系统提供日期和时间的格式转换函数，详细介绍见表 5-3 和表 5-4。

- datestr(D,F)函数　将任意格式的日期和时间 D 按照指定的输出形式 F，转换为字符串形式；
- datenum(D)函数　将任意格式的日期和时间 D 转换为数值格式；
- datevec(D)函数　将任意格式的日期和时间 D 转换为向量格式。

表 5-3　日期的格式转换函数

转换函数	输入格式	转换后的格式
datestr（D,F）函数	将任意一种日期、时间格式 D 转换为指定格式，F 定义参考表 5-4	字符串格式：13-Jan-2008
datenum（D）函数		数值格式：732691
datevec（D）函数		向量格式：2008 9 17 16 01 11.512

表 5-4　时间的格式转换函数

F（数字）	F（字符串格式）	举　例
0	'dd-mmm-yyyy HH:MM:SS'	13-Jan-2008 15:40:19
6	'mm/dd'	09/17
10	'yyyy'	2008
14	'HH:MM:SS PM'	15:40:19 PM
26	'yyyy/mm/dd'	2008/09/17

4. 程序中的计时函数

- cputime()函数　　返回 MATLAB 启动以来的 CPU 时间；
- tic/toc()函数　　分别放置在程序的首尾，返回程序执行的总时间；
- etime(t1,t2)函数　计算两个日期时间向量的时间差（结合 clock 函数）。

课后习题5

5-1　编写函数 M 文件，求 $\sum_{i=1}^{n} i$ 的值，函数名为 sum，输入参数为 n，并计算当 n=100 时的值。

5-2　编写函数 M 文件，利用 for 循环或 while 循环完成计算函数 y=sum(n)= $\sum_{k=1}^{n} k^k$ 的任务，并利用该函数计算 n=20 时的和。

5-3　编写函数：判断一个点与三角形的位置关系，能够给出点在三角形内部、在三角形边上，还是在三角形外部的信息。(可选误差为 1.0e−3)

参考：海伦公式，三角形面积计算方法。

S=sqrt(p*(p−a)*(p−b)*(p−c));　　p=（x+y+z）/2;　　a,b,c 为三边长

S=abs(x1*y2+x2*y3+x3y1−x2y1−x3y2−x1*y3)/2

注意：输入可以为 1～4 个数值。

例：test(a,b,c,d); test(a)　; test(a,b); test(a,b,c)

其中，第 1 个数一定是要判断的点；第 2～4 个数分别是构成三角形的 3 个点；输入数的个数少于 4 个时返回错误信息。

第 6 章 MATLAB 的绘图及图像处理

本章要点

第 6 章 MATLAB 的绘图及图像处理 PPT

本章主要学习如何利用 MATLAB 绘制二维平面图形和三维立体图形，实现数据可视化的方法，具体内容如下。

1. **二维平面图形的绘制**

通过完成以下习题，学习利用 MATLAB 绘制二维平面图形的方法：

（1）创建一组数据，并使用 plot()，subplot()，pie()，bar()，scatter()函数练习绘制二维图形；

（2）选择上题中绘制的图形，练习使用 hold on/off()，title()，xlabel()，ylabel()，axis on/off()，box on/off()，grid on/off()等绘图属性控制函数。

2. **三维立体图形的绘制**

通过完成以下习题，学习利用 MATLAB 绘制三维立体图形的方法：

创建数据，使用 plot3()，meshgrid()，mesh()，bar3()，pie3()等函数练习绘制三维图形。

6.1 MATLAB 的绘图

本节的重点是学习常用的绘图命令，通过实验环节进行演练，达到不用查阅资料就能绘制基本图形的要求；难点是绘图函数的参数通常较多、组合形式比较复杂，应以掌握常用形式为主，了解其他形式，使用在线帮助功能查阅其他绘图方法。具体学习内容如下：

- 学习 MATLAB 图形窗口提供的基本功能，熟悉图形显示和处理环境；
- 学习 MATLAB 中基本绘图函数、图形标注函数和一些常用的特殊绘图函数；
- 学习图形窗口的一些高级应用。

MATLAB 的图形窗口和大部分的 Windows 窗口类似，由标题栏、菜单栏、工具条和图形区组成。

- 菜单栏：包括文件、编辑、视图、插入、工具、桌面、窗口、帮助菜单；

➢ 工具条：通常包括新建、打开、保存、打印文件，图形编辑模式开关，放大、缩小、平移、旋转，数据点标记、颜色条、图例、绘图工具显示开关；

➢ 图形区：显示利用绘图函数或工具绘制的目标图形。

图形窗口如图 6-1 所示。

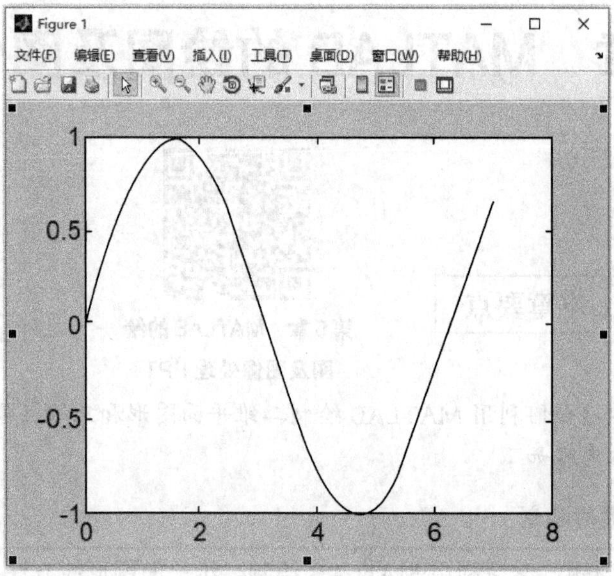

图 6-1 图形窗口

利用“文件”菜单创建 M 文件项，可以将绘制的图形保存为 MATLAB 的函数代码。

新版 MATLAB 软件中很多图形不需要编写程序，使用绘图窗口，指定变量就可以单击相应图标进行绘制，具体绘图过程如下：

① 在命令行窗口中定义 x 的取值范围和曲线 y 的表达式，如图 6-2 所示。

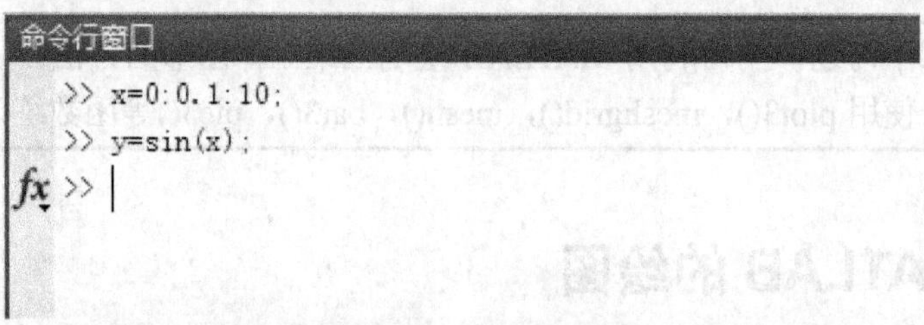

图 6-2 在命令行窗口中定义 x 的取值范围和曲线 y 的表达式

② 在工作区指定变量 y，如图 6-3 所示。

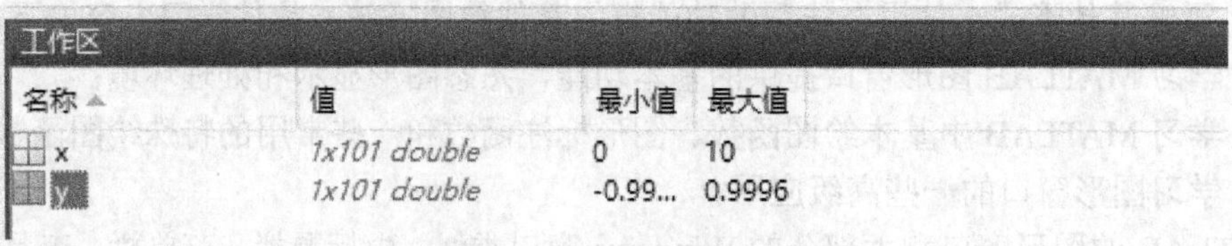

图 6-3 在工作区指定变量 y

③ 选择工具栏中的“plot”绘图命令，如图 6-4 所示。

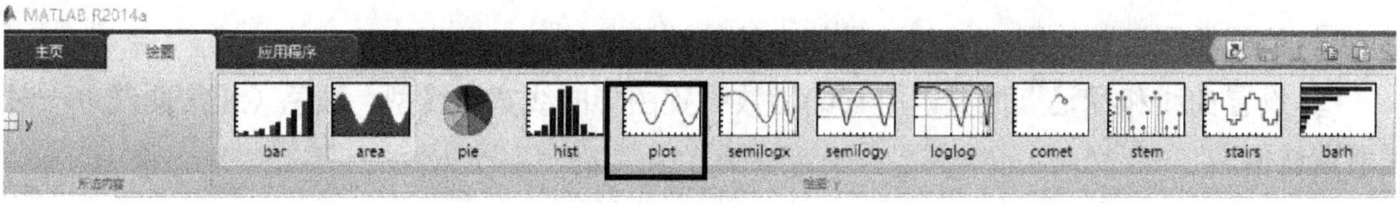

图 6-4 选择工具栏中的“plot”绘图命令

④ 在命令行窗口中显示 plot(y)指令，如图 6-5 所示。

命令行窗口

```
>> x=0:0.1:10;
>> y=sin(x);
>> plot(y)
fx >>
```

图 6-5 在命令行窗口中显示 plot(y)指令

⑤ 弹出绘图窗口“Figure 1”，图形绘制成功，绘制图形如图 6-6 所示。

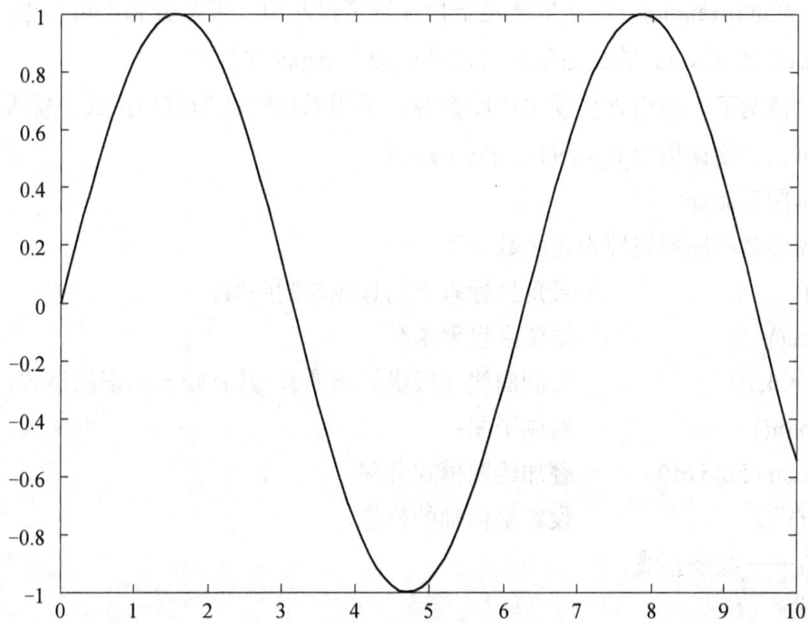

图 6-6 绘制图形

6.1.1 二维图形

1. 绘图流程和基本图形命令

（1）绘图的基本流程

基本流程包括 7 部分，其中①、③是必需项目，其他是可选项目。

① 数据准备：准备绘制图形所需的变量数据 x，y。

② 设置当前绘图区 figure：可以在指定的区域创建新的绘图窗口，设置绘图区域。

③ 使用绘图函数绘图：例如，最基本的绘图函数 plot()。

④ 设置曲线和标记点位置：用 set()函数设置图形的线宽、线型、颜色（通常曲线单一时采取默认值）。

⑤ 设置坐标轴和网格属性：确定坐标轴的标度等。

⑥ 标注图形：标注图形的标题、坐标等信息。

⑦ 保存和导出图形：按指定文件格式保存或导出图形。

注意：数据准备需要遵守一些约定，如绘制平面图形时要求 x 和 y 具有相同尺寸，表示平面中点对应的 x 和 y 轴的数值。同理，在三维图形中 x，y，z 也需要相同尺寸。

【例 6-1-1】在指定的区域创建新的绘图窗口并设置绘图区域。

解：程序如下。

```
% Create figure
figure1 = figure('Name','示例图形窗口','Position',[300 200 600 600]);
```

例题解析：

☞ 示例语句中指定了窗口名“Name”，窗口位置“Position”，代表图像在屏幕中的位置：[Left,Bottom,Width,Height]，即从屏幕左下角计算窗口左边起点位置和下边位置，窗口宽度、高度，选取 Left 和 Bottom 的合适值就可以使图像在 paper 中居中。

☞ 通常情况下，我们直接使用绘图命令，采用系统默认的窗口形式。需要多个窗口显示信息时，可以多次调用如 figure(1)，figure(2)等。

（2）基本图形命令

二维绘图函数和图形属性设定函数如下：

- line()　　直角坐标系下的直线绘制函数；
- figure()　　绘图区设置函数；
- plot/polar()　　绘制曲线（极坐标绘图），具有较多的语法格式；
- subplot()　　绘制子图；
- hold on / hold off()　　叠加绘图模式开关；
- axis()　　设置坐标轴的标志。

① line()——绘制直线。

基本格式：

line(x,y)　%x,y 为同维数组，将 x(i)y(i)代表的各点用线段依次连接起来。

【例 6-1-2】使用 line()函数绘制线段。

解：程序如下。

```
x=0:0.4*pi:2*pi;          %定义 x 轴取值范围
y=sin(x);                 %定义曲线 y
line(x,y)                 %使用 line 函数绘制直线
```

例 6-1-2 程序运行结果如图 6-7 所示。

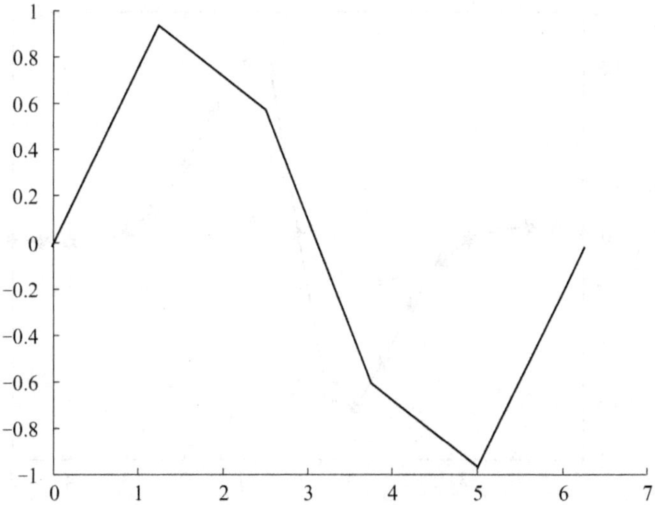

图 6-7　例 6-1-2 程序运行结果

例题解析：

☞　先准备需要绘制的图形数据 x,y，再使用 line()函数绘制。其他属性都采用默认参数。

☞　一个图形的绘制只要准备数据，仅需要调用一次绘制函数即可描绘所需要的图形。

② plot/polar()——绘制曲线。

➢　plot(x,y,s)，x，y 为同维数组，s 为曲线格式。常用绘图曲线格式见表 6-1。

表 6-1　常用绘图曲线格式

y	黄	.	点	v	三角形（上）
m	洋红	o	圆	^	三角形（下）
c	青	x	x 号	<	三角形（左）
r	红	+	+号	>	三角形（右）
m	紫	*	星形	-	实线
g	绿	s	正方形	:	点线
b	蓝	d	菱形	-.	锁线
w	白	p	五角形	--	破线
k	黑	h	六角形		

【例 6-1-3】绘制曲线 $y = 5e^{-|x|}\sin(x)$ 的图形。

解：程序如下。

```
x=-5:0.5:5;                                   %定义 x 轴曲线范围
y=5.*exp(-abs(x)).*sin(x);                    %按照给定的公式定义曲线 y
plot(x,y,'--hr','LineWidth',1.5,...
'MarkerEdgeColor','b','MarkerFaceColor','m','MarkerSize',10)
%'--hr'—破线，六角形，红色；%'LineWidth',1.5—线宽（数值）
%'MarkerEdgeColor', 'b'—标记点边框线条颜色'g' , 'k'等
%'MarkerFaceColor','m'—标记点内部区域填充色
%'MarkerSize',10—标记点大小（数值）
```

例 6-1-3 程序运行结果如图 6-8 所示。

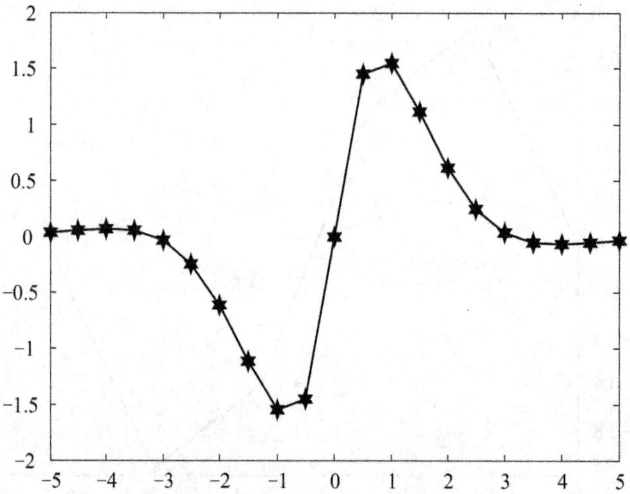

图 6-8 例 6-1-3 程序运行结果

【例 6-1-4】使用 plot()函数绘制图形。

解：程序如下。

```
x=0:0.4*pi:2*pi;                        %定义 x 轴曲线范围
y1=sin(x);y2=cos(x);%定义曲线 y1, y2
y3=sin(x-0.1*pi);y4=cos(x+0.1*pi);      %定义曲线 y3, y4
%使用 plot 绘制图形，注意不同之处
plot(y1)                                %图 1
plot(x,y1)                              %图 2
plot(x,[y1;y2;y3;y4])                   %图 3
plot(x,y1,x,y2,x,y3,x,y4)               %图 4
legend('图 1', '图 2' ,'图 3' ,'图 4')     %在图形上添加图例
```

例 6-1-4 程序运行结果如图 6-9 所示。

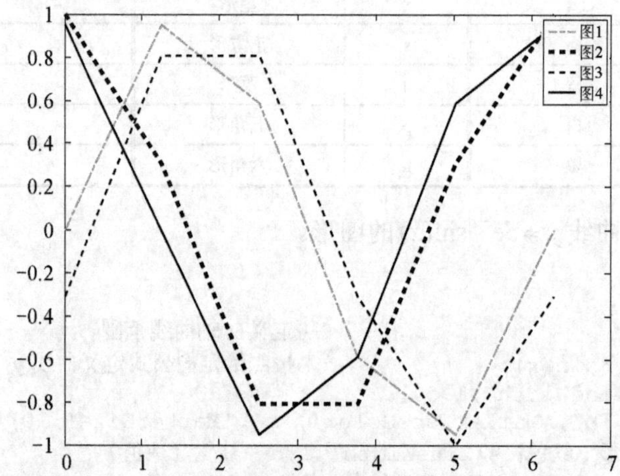

图 6-9 例 6-1-4 程序运行结果

下面以例 6-1-5 为例来演示 MATLAB 曲线绘制及其属性的设置，包括曲线格式和标记点类型设置，可参考视频“05-plot 曲线绘制及其属性的设置”，视频二维码如下。

【例 6-1-5】曲线格式和标记点类型设置。

解：程序如下。

```
x=0:0.1*pi:2*pi;                              %定义 x 轴曲线范围
y1=sin(x);y2=cos(3*x);y3=sin(x).*cos(3*x);    %定义曲线 y1, y2, y3
plot(x,y1,'ob',x,y2,'--dc',x,y3,':vr')        %第一组数据只标记数据点
```

例 6-1-5 程序运行结果如图 6-10 所示。

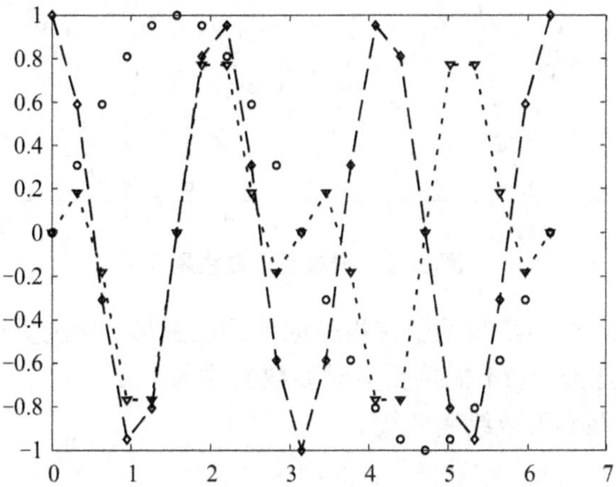

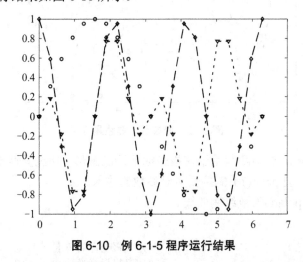

图 6-10　例 6-1-5 程序运行结果

设置曲线的属性：单击 图标，选择对象曲线，右击，在弹出的快捷菜单中选择相应命令可以修改、设置线宽、颜色等，设置曲线的属性如图 6-11 所示。

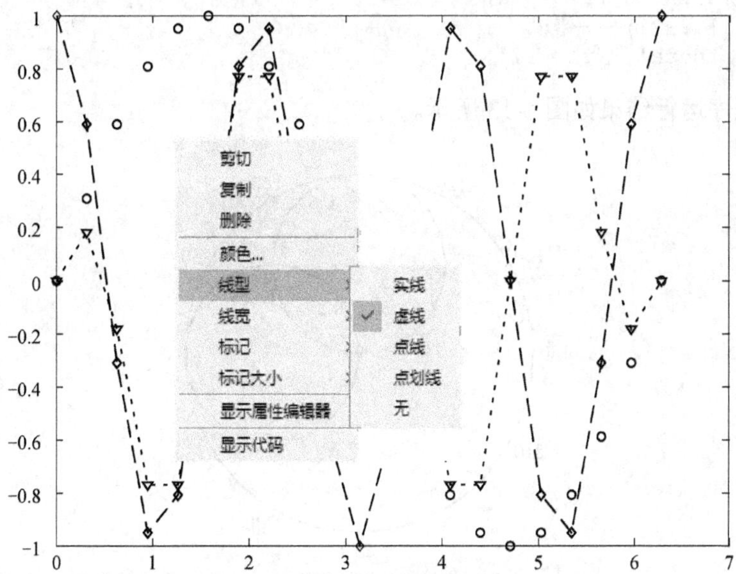

图 6-11　设置曲线的属性

使用这种方法将例 6-1-5 中的曲线属性改为如图 6-12 所示修改后的曲线属性，即将曲线 y2 改为红色、点线，线宽为 5。

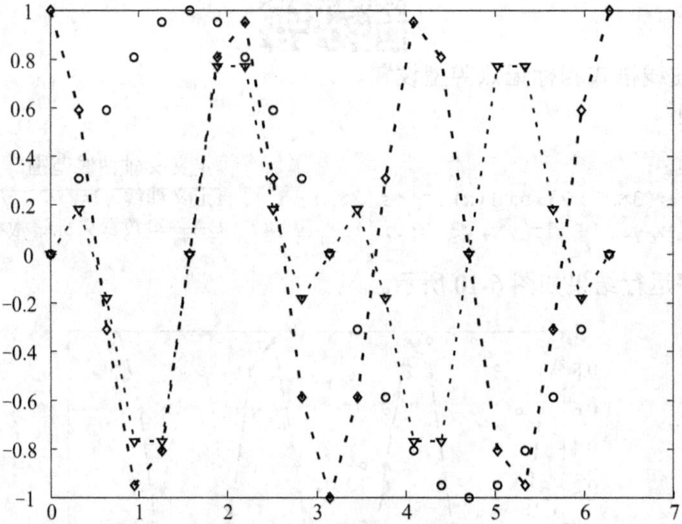

图 6-12　修改后的曲线属性

➢　polar(theta,rho)　%该函数用于在极坐标下绘制图形，功能类似于 plot()函数，theta 和 rho 可以是二维数组，但 polar()不能接受多对参数的输入。

【例 6-1-6】使用 polar()函数绘制曲线。

解：程序如下。

```
theta=0:0.05*pi:2*pi;                        %定义极坐标的角度
r1=sin(theta);r2=cos(theta);                 %定义极坐标半径 r1, r2
%使用 polar()函数绘制曲线，注意 polar 命令的错误用法
polar(theta,r1)
%polar(theta,r1,theta,r2)——错误
%polar(theta,[r1;r2])——错误
polar([theta' theta'],[r1' r2'])
```

例 6-1-6 程序运行结果如图 6-13 所示。

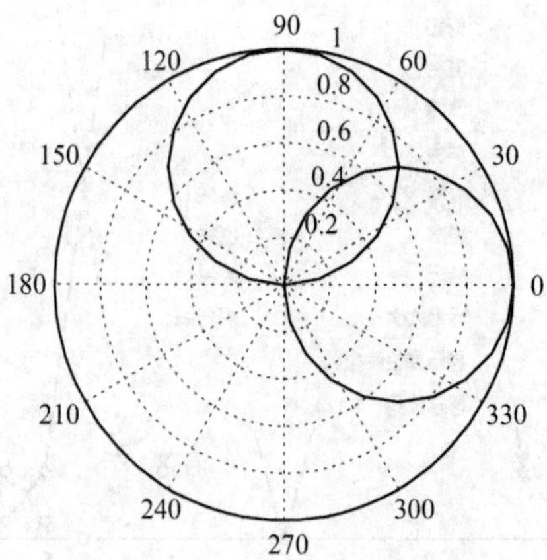

图 6-13　例 6-1-6 程序运行结果

2. 设置曲线格式和标记点格式

【例 6-1-7】1990 年到 2000 年某地区平均年降水量见表 6-2，绘制该地区这 10 年平均降水量曲线。

表 6-2　1990 年到 2000 某地区平均年降水量　（单位：mm）

年份	1990	1992	1994	1996	1998	2000
年降水量	1.25	0.81	2.16	2.73	0.06	0.55

解：程序如下。

```
%坐标轴标签
x=[1990:2:2000];y=[1.25 0.81 2.16 2.73 0.06 0.55];xin=1990:0.2:2000;
yin=spline(x,y,xin);                                %补间函数样条插值法
plot(x,y,'ob',xin,yin,'-.r')                        %绘制曲线
title('1990 年到 2000 年某地区年平均降水量图')          %添加标题
xlabel('\it 年份','FontSize',15)                     %标记横坐标
ylabel('降雨量','FontSize',8)                        %标记纵坐标
```

例 6-1-7 程序运行结果如图 6-14 所示。

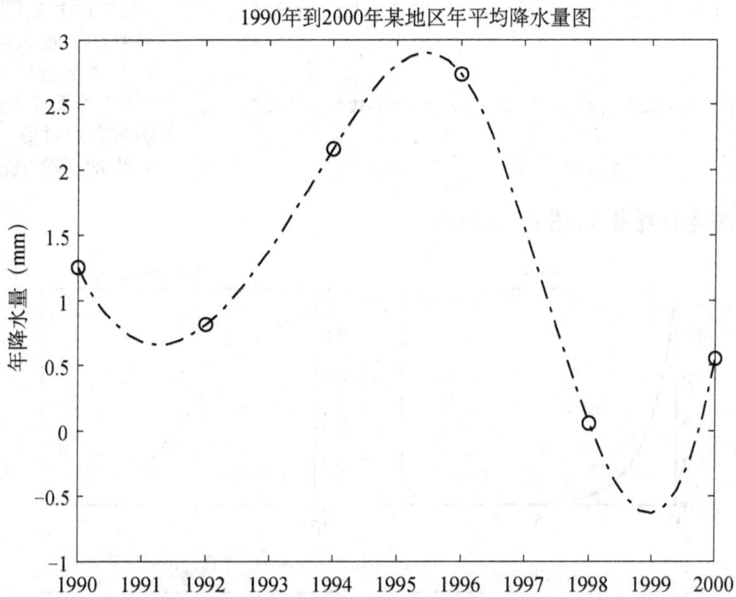

图 6-14　例 6-1-7 程序运行结果

例题解析：

☞　示例是由一些离散的实验数据通过使用补间函数，采用样条插值的方法绘制光滑曲线的。准备的数据是 6 个离散的采样点，但仅使用几个离散的点不能展示整个过程中的变化趋势。

☞　补间函数 spline() 的使用方法，x 和 y 是已知的离散数据，xin 是希望补间的数据点在 x 轴的位置，给出对应的 y 轴数值。

☞　使用 plot ()函数绘制补间后的数据，并将原已知的离散数据在曲线中明确标注。

3. 子图和图形标记的设定

subplot　子图功能，用于在同一个绘图窗口中建立多个子绘图区。

基本格式：

subplot(m,n,i)　%在绘图区中建立 m 行 n 列个子绘图区，并在第 i 个区域中建立坐标系，在该区域中绘图。i 为窗口号。

子图功能是将一类需要对比的数据进行图形化，并在同一窗口中展示，方便我们观察数据之间的关系。

【例 6-1-8】使用 4 组函数 plot()，semilogx()，semilogy()，loglog()绘制曲线 x 在区间［0,10］内，$y=e^{-x}$ 的曲线。

解：程序如下。

```
x=0:0.1:10;  y=exp(-x);                              %定义 x 轴范围和曲线 y
subplot(2,2,1);plot(x,y,'r');title('plot')           %第 1 行第 1 列使用 plot()函数
                                                     绘制曲线，添加标题'plot'
subplot(2,2,2); semilogx(x,y,'--k')                  %第 1 行第 2 列使用 semilogx
                                                     函数对 X 轴求对数
title('semilogx')                                    %添加标题'semilogx'
subplot(2,2,3); semilogy(x,y,'-.g','LineWidth',1.5)  %第 2 行第 1 列使用 semilogy
                                                     函数对 Y 轴求对数
title('semilogy')                                    % 添加标题'semilogy'
subplot(2,2,4); loglog(x,y,':b','LineWidth',0.5')    %第 2 行第 2 列使用 loglog
                                                     函数取双对数
title('loglog')                                      % 添加标题'loglog'
```

例 6-1-8 程序运行结果如图 6-15 所示。

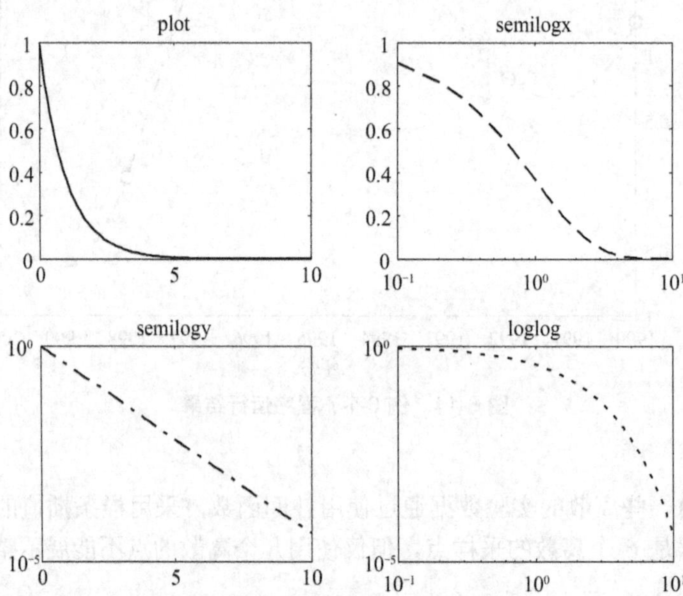

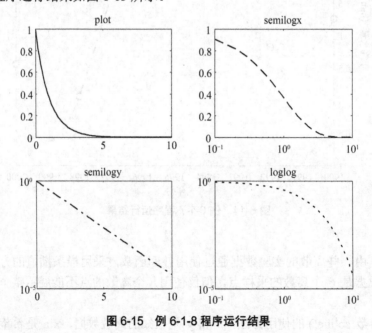

图 6-15　例 6-1-8 程序运行结果

4. 绘图窗口开关控制

- axis on / axis off　%显示或隐藏当前坐标轴、标签和刻度；

➢ box on / box off %显示或隐藏当前坐标轴的边界线；

➢ grid on / grid off %显示或隐藏当前坐标轴下的网格线。

【例 6-1-9】绘图窗口开关控制实例。

解：程序如下。

```
%Ex23-13 axis/box/grid on-off switch
x=0:0.1:5;y=10*exp(-x).*x.^2;                                    %定义 x 轴范围和曲线 y
subplot(4,2,1);plot(x,y); axis on; title('axis on')      %显示当前坐标轴
subplot(4,2,2);plot(x,y); axis off; title('axis off')    %关闭当前坐标轴
subplot(4,2,3);plot(x,y); box on; title('box on')        %显示当前坐标轴的边界线
subplot(4,2,4);plot(x,y); box off; title('box off')      %关闭当前坐标轴的边界线
subplot(2,1,2);plot(x,y); grid on; title('grid on')      %显示当前坐标轴下的网格线
```

例 6-1-9 程序运行结果如图 6-16 所示。

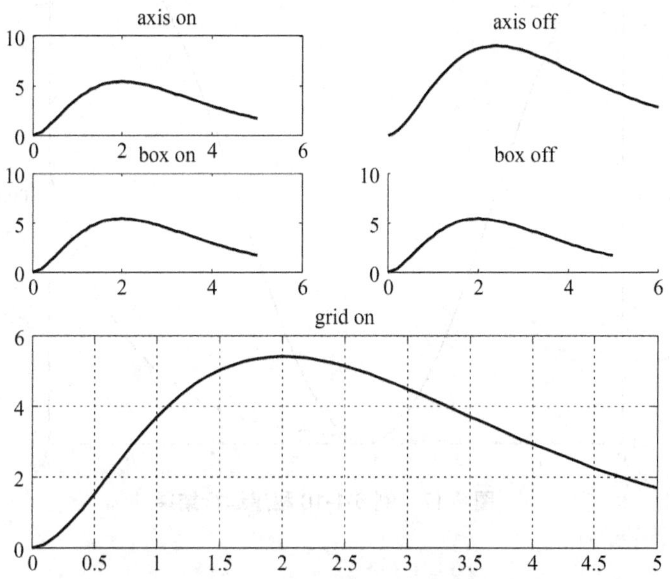

图 6-16 例 6-1-9 程序运行结果

例题解析：

☞ 示例介绍子图功能 subplot 更丰富的用法。注意，先将绘图窗口进行分割，再分别指定位置绘制的方法。例如，subplot(4,2,1)是将整个窗口界面分成 4 行 2 列，再指定第一个子图为当前绘图位置。

☞ 焦点的概念，每次绘制前使用 subplot()函数指定位置，同时也指定了操作的焦点。其他设置函数都针对该焦点位置进行操作。

☞ 绘图窗口中开关函数的使用方法，仅能够对当前的焦点窗口位置进行操作。

5. 双纵轴坐标绘图

针对函数值变化范围较大的两组数据，使用双纵轴坐标绘图可以很方便地辨识函数值变化较小的一组数据的细节变化。

基本格式：

plotyy(X1,Y1,X2,Y2,'function1','function2') %表示用 function(X1,Y1)对第一组数据作图，用 function2(X2,Y2)对第二组数据作图。

双纵轴坐标绘图是在同一绘图窗口中绘制具有不同纵坐标的图形，并且这两个图形可以指定使用不同的绘图函数绘制，系统默认的绘图函数为 plot()。

【例 6-1-10】使用双纵轴坐标绘图。

解：程序如下。

```
t=0:0.02*pi:7;x=cos(t);y=exp(t);        %定义 t 的范围和曲线 x(t)和 y(t)
plotyy(t,x,t,y)                          %使用双纵轴坐标绘图
%plotyy(x,y1,x,y2,@plot,@semilogy)       %plotyy 不使用两个 plot，而是一条曲线用 plot，一条
                                         用 semilogy
%[AX,H1,H2]=plotyy(x,y1,x,y2,'plot')
```

例 6-1-10 程序运行结果如图 6-17 所示。

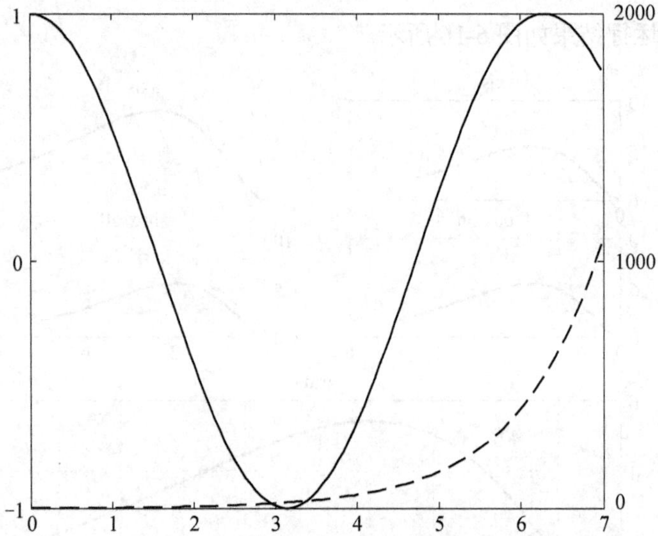

图 6-17 例 6-1-10 程序运行结果

例题解析：

☞ [AX,H1,H2]=plotyy（x,y1,x,y2,'FUN1','FUN2'） %函数左侧的输出是指定句柄。AX：左右两侧纵坐标对象的赋值变量，使用时 AX(1)代表左侧纵坐标，AX(2)代表右侧纵坐标。H1：由 FUN1 函数绘制的图形变量；H2：由 FUN2 函数绘制的图形变量。将这些数据信息统一赋值给一个变量，称该变量为句柄。

【例 6-1-11】使用双纵坐标绘制曲线。

解：程序如下。

```
x = 0:0.01:20;                                %定义 x 的取值范围
y1 = 200*exp(-0.05*x).*sin(x);                %定义曲线 y1
y2 = 0.8*exp(-0.5*x).*sin(10*x);              %定义曲线 y2
[AX,H1,H2] = plotyy(x,y1,x,y2,'plot');        %绘制曲线，并定义对象句柄
set(AX(1),'XColor','k','YColor','b');         %设置左侧纵坐标属性，横坐标为黑色 k，纵坐标
                                              为蓝色 b
set(AX(2),'XColor','k','YColor','r');         %设置右侧纵坐标属性，横坐标为黑色 k，纵坐标
                                              为红色 r
HH1=get(AX(1),'Ylabel');                      %get 是取得 AX(1)左侧坐标——Ylable 纵坐标
                                              的标志属性，将取得的数据信息赋值给 HH1 句柄
set(HH1,'String','Left Y-axis');              %设置 HH1 上面语句得到句柄的标志属性，标注
```

```
                                          为 Left Y-axis
set(HH1,'color','b');                     %将 HH1 的颜色设置为蓝色 b
HH2=get(AX(2),'Ylabel');                  %get 是取得 AX(2)右侧坐标——Ylable 纵坐标
                                          的标志属性
set(HH2,'String','Right Y-axis');         %设置 HH2 上面语句得到句柄的标志属性，标注
                                          为 Right Y-axis
set(HH2,'color','r');                     %将 HH2 的颜色设置为红色 r
set(H1,'LineStyle','-');                  %设置 H1 曲线的形式
set(H1,'color','b');                      %设置 H1 曲线为蓝色
set(H2,'LineStyle',':');                  %设置 H2 曲线的形式
set(H2,'color','r');                      %设置 H2 曲线为红色
legend([H1,H2],{'y1=200*exp(-0.05*x).*sin(x)';'y2=0.8*exp(-0.5*x).*sin(10*x)'});
                                          %设置图形的标注
xlabel('Zero to 20 musec.')               %设置 x 坐标文字注释
title('Labeling plotyy');                 %设置图形标题文字注释
```

例 6-1-11 程序运行结果如图 6-18 所示。

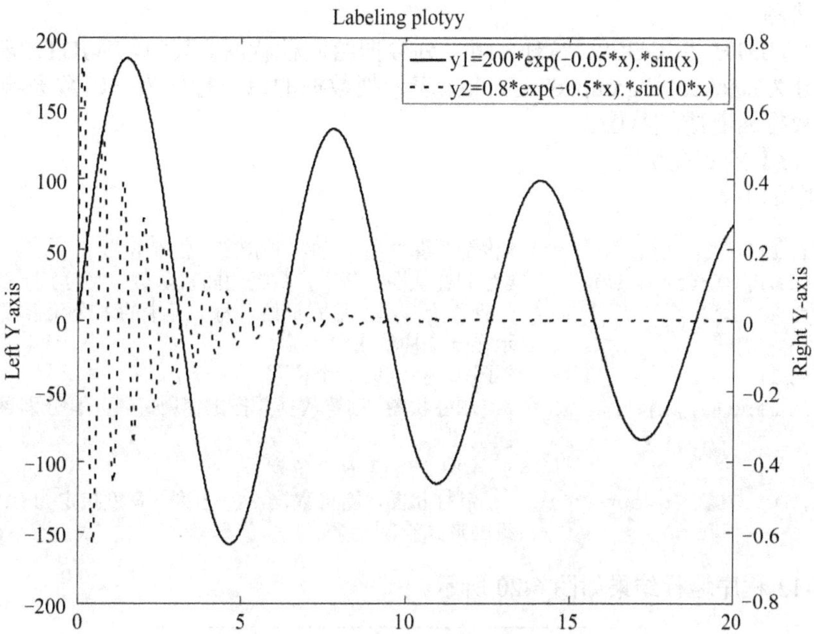

图 6-18 例 6-1-11 程序运行结果

6. 特殊图形绘制

（1）饼图

➢ pie(x) %使用 x 的数据绘制饼图，x 的总和大于 1 时计算并显示每个数据所占比例；

➢ pie(x,y) %绘制饼图，输入变量 x 为绘制对象数据，y 为可选项，表示该部分是否与本体分离来显示。

【例 6-1-12】绘制饼图。

解：程序如下。

```
x=rand(1,5);y=[0 1 1 1 0]    %5 项元素中第 2, 3, 4 项从本体中分离显示
pie(x,y)
```

例 6-1-12 程序运行结果如图 6-19 所示。

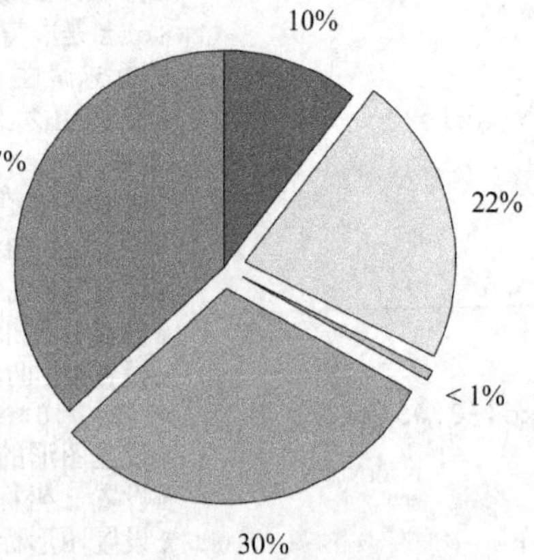

图 6-19 例 6-1-12 程序运行结果

（2）柱状图

bar(x,y, 'WIDTH', 'MODE') %对 x 组 y 列数据绘制柱状图。其中，'WIDTH'表示柱状的宽度；'MODE'分为'stacked'和'grouped'，'stacked'表示把数据的每一行作为一组数据绘图，'grouped'表示把一组数据绘制成柱状图。

【例 6-1-13】绘制柱状图。

解：程序如下。

```
subplot(3,1,1)                    %设置子图 3 行 1 列，并指定第 1 个位置
bar(rand(10,5), 'stacked')        %绘制柱状图，其中，数据由随机函数定义 10 行 5 列，采用将每
                                  一行作为一组的形式描绘，每一行中的 5 个元素根据占比不同显
                                  示在一个柱状图中
subplot(3,1,2)                    %子图，指定第 2 个位置
bar(0:.25:1,rand(5),1)            %绘制柱状图，创建数据并指定使用每组元素分别显示的形式绘制
                                  柱状图
subplot(3,1,3)                    %子图，指定第 3 个位置
bar(rand(2,3),.75, 'grouped')     %绘制柱状图，随机数据 2 行 3 列，宽度指定为 0.75，并按照每
                                  组的形式绘制
```

例 6-1-13 程序运行结果如图 6-20 所示。

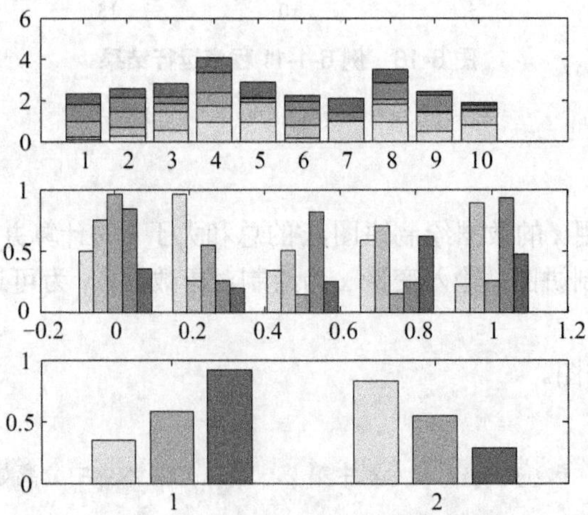

图 6-20 例 6-1-13 程序运行结果

（3）散点图和彗星图

【例 6-1-14】绘制散点图和彗星图。

解：程序如下。

```
x=rand(1,5);y=rand(1,5)                  %定义 x 和 y 的取值范围
subplot(2,1,1); scatter(x,y)             %设置子图 2 行 1 列，并指定第 1 个位置绘制散点图
title('散点图')                           %添加标题
subplot(2,1,2); comet(x,y)               %子图，指定第 2 个位置绘制彗星图
title('彗星图')                           %添加标题
```

例 6-1-14 程序运行结果如图 6-21 所示。

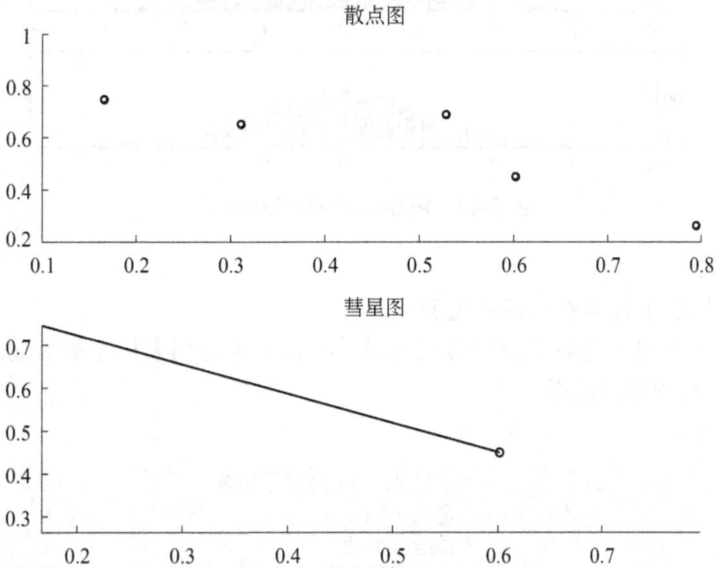

图 6-21 例 6-1-14 程序运行结果

（4）频数直方图

频数直方图，显示已知数据集的分布情况，图中每个柱条代表数据点数。

hist(x,n) %使用 x 的数据绘制频数直方图，n 显示分布频度所占比例，默认值为 10。

【例 6-1-15】绘制频数直方图。

解：程序如下。

```
x=randn(1000,1);y=randn(1000,3);     %定义 x 和 y 的取值范围
subplot(4,1,1);hist(x)               %设置子图 4 行 1 列，指定第 1 个位置绘制数据为 x，频数
                                     为 10 的频数直方图
subplot(4,1,2);hist(x,50)            %子图，指定第 2 个位置绘制数据为 x，频数为 50 的频数直
                                     方图
subplot(4,1,3);hist(x,25)            %子图，指定第 3 个位置绘制数据为 x，频数为 25 的频数直
                                     方图
subplot(4,1,4);hist(y,25)            %子图，指定第 4 个位置绘制数据为 y，频数为 25 的频数直
                                     方图
```

例 6-1-15 程序运行结果如图 6-22 所示。

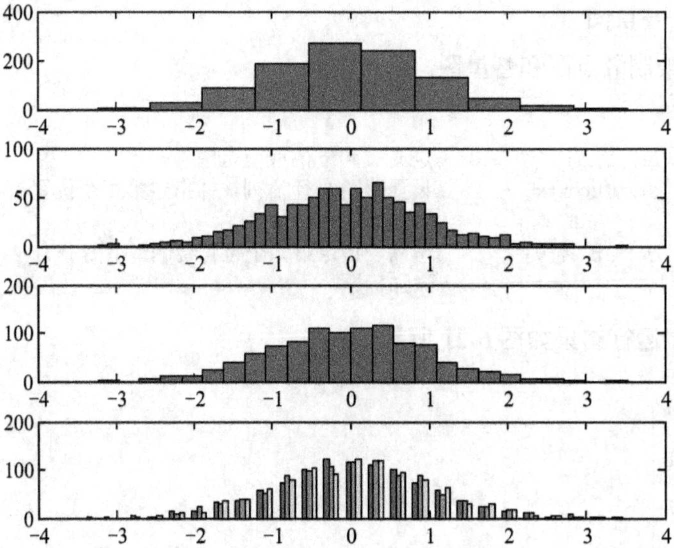

图 6-22　例 6-1-15 程序运行结果

（5）等高线图

等高线图，显示多元函数的函数值变化趋势。

contour(x)　%使用 x 的数据绘制等高线图，clable()函数用来标注等高线。

【例 6-1-16】绘制等高线图。

解：程序如下。

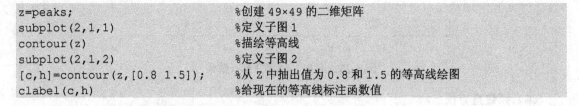

```
z=peaks;                              %创建 49×49 的二维矩阵
subplot(2,1,1)                        %定义子图 1
contour(z)                            %描绘等高线
subplot(2,1,2)                        %定义子图 2
[c,h]=contour(z,[0.8 1.5]);           %从 Z 中抽出值为 0.8 和 1.5 的等高线绘图
clabel(c,h)                           %给现在的等高线标注函数值
```

例 6-1-16 程序运行结果如图 6-23 所示。

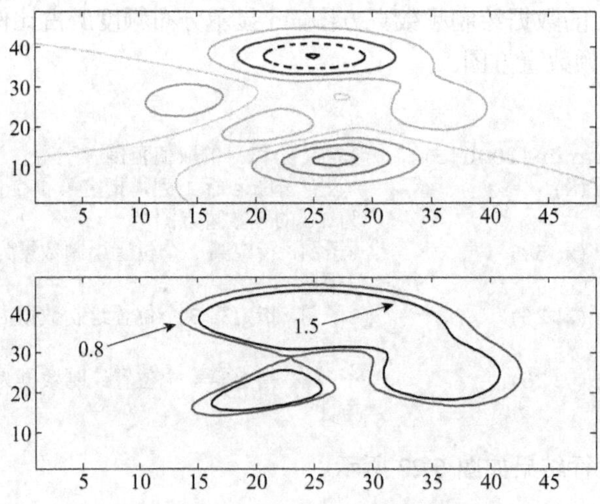

图 6-23　例 6-1-16 程序运行结果

6.1.2 三维图形

三维曲面图形绘制方法如下。

（1）先绘制网格

[X,Y]=meshgrid(x,y) %在一维数组 x,y 的每个交差点上创建网格，而每个对应的（X,Y）为网格点。

（2）绘制网线

mesh(X,Y,Z) %给相应的网格点赋予 Z 值，并用 mesh()函数把相邻的点连起来。

（3）绘制表面图

surf(X,Y,Z) %为每个网格区域填充颜色，X，Y，Z 的含义和 mesh()函数中参数相同。

surfc(X,Y,Z) %在 x-y 平面上增加等值线。

【例 6-1-17】绘制三维曲线。

解：程序如下。

```
close all;clear %关闭所有的图形窗口，并清除工作空间变量
[X,Y] = meshgrid(-3:.5:3); subplot(2,2,1);plot(X,Y,'o');title('meshgrid')
      %在 2 行 2 列的第 1 个子图，使用 meshgrid()函数绘制圆形网格，并添加标题
Z = 2*X.^2-3*Y.^2;                          %定义曲线 Z
subplot(2,2,2);mesh(X,Y,Z);title('mesh')    %子图，在第 2 个位置使用 mesh()函数绘制网线，并添加标题
subplot(2,2,3);surf(X,Y,Z);title('surf')    %子图，在第 3 个位置使用 surf()函数绘制表面图，并添加标题
subplot(2,2,4);surfc(X,Y,Z);title('surfc')  %子图，在第 4 个位置使用 surfc()函数在平面上增加等值线，并添加标题
```

例 6-1-17 程序运行结果如图 6-24 所示。

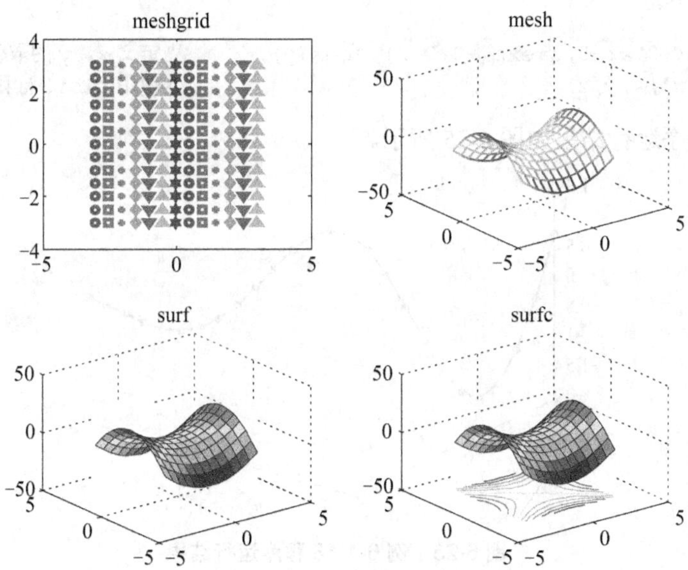

图 6-24 例 6-1-17 程序运行结果

例题解析：

本节学习三维曲面的绘制方法，其特点是分步骤完成。

☞ 首先，需要使用 meshgrid()函数绘制网格，即使用已准备数据中的 x,y 在平面上绘制网格。其中，网格的交叉点的位置即对应的(x,y)信息，如例 6-1-17 运行结果图左上角显示的情况。这里需要注意的是，不仅需要绘制图形，还要将绘制的网格信息以函数输出的形式传递出来，即示例中的[X,Y]。

☞ 其次，利用三维绘图函数 mesh()，将 meshgrid()输出的 X，Y（注意不是原始数据 x,y）和 Z 坐标的数值变量 Z 作为输入，绘制曲面网格。如示例图右上显示的情况，此时网格为中空的形式。

☞ 最后，需要将绘制的三维网格填充颜色，使用 surf()函数，其使用的输入参数与 mesh()的一样。

此外，常用的三维曲面函数还有 surfl()，用手绘制带有亮度的曲面图；waterfall()用于绘制无交叉线的网格图等。

1. 三维曲线绘图指令

下面以例 6-1-18 为例来演示 MATLAB 三维曲线绘制及其属性的设置，包括如何使用绘图窗口中的 plot3 指令绘制三维曲线，如何使用图形窗口中的功能修改图形属性，可参考视频“06-plot3 三维曲线绘制及其属性的设置”，视频二维码如右：

plot3(x,y,z)　%绘制三维曲线图，x,y,z 为尺寸相同的数组，曲线颜色、宽度的定义和 plot()相同。

plot3()函数与 plot()函数的使用方法非常类似，主要区别是增加了 Z 坐标方向的数据，形成了空间点 x,y,z 的位置信息，再通过绘图函数进行绘制。

【例 6-1-18】使用 plot3()函数绘制三维曲线。

解：程序如下。

```
x=-5:0.4:5;y=5:-0.4:-5;z=exp(-0.2*x).*cos(y);        %定义x，y的取值范围和曲线z
plot3(x,y,z,'or',x,y,z)                               %使用plot3()函数绘制三维曲线
```

例 6-1-18 程序运行结果如图 6-25 所示。

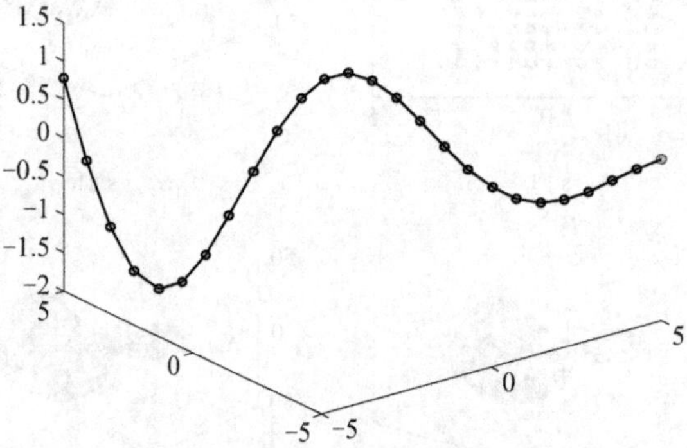

图 6-25　例 6-1-18 程序运行结果

2. 三维柱状图绘图指令

bar3()和 bar3h()函数用于绘制三维柱状图，其使用方法和二维图形绘制函数类似。

【例 6-1-19】绘制三维柱状图。

解：程序如下。

```
x=rand(3,10);                          %使用随机函数创建 3×10 矩阵
subplot(2,2,1)                         %使用子图功能创建 2 行 2 列窗口
bar(x)                                 %绘制三维柱状图
title('bar')                           %添加标题
subplot(2,2,2)                         %指定绘图焦点位置
barh(x,'stack')                        %绘制水平柱状图
title('barh-stack')                    %添加标题
subplot(2,2,3)                         %指定绘图焦点位置
bar3(x)                                %绘制三维立体柱状图
title('bar3')                          %添加标题
subplot(2,2,4)                         %指定绘图焦点位置
bar3h(x,'stack')                       %绘制水平三维柱状图，按组绘制
title('bar3h-stack')                   %添加标题
```

例 6-1-19 程序运行结果如图 6-26 所示。

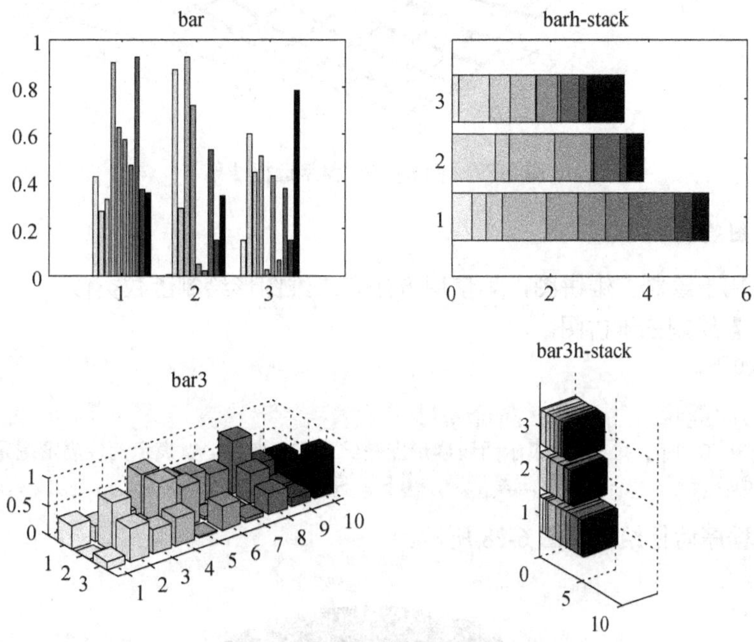

图 6-26　例 6-1-19 程序运行结果

3. 三维散点图绘图指令

scatter3()函数用于绘制三维散点图，其使用方法和二维图形绘制函数类似。

【例 6-1-20】绘制三维散点图。

解：程序如下。

```
x=rand(1,10);                          %创建 x 坐标数据
y=rand(1,10);                          %创建 y 坐标数据
z=x.^2+y.^2;                           %创建 z 坐标数据
scatter3(x,y,z,'ro')                   %绘制三维空间数据点
hold on                                %保持窗口内信息
```

```
[x,y]=meshgrid(0:0.1:1);        %绘制网格
z=x.^2+y.^2;                    %z 坐标数据
mesh(x,y,z)                     %绘制网线
hidden off                      %将由 mesh()产生的网线显性化
```

例 6-1-20 程序运行结果如图 6-27 所示。

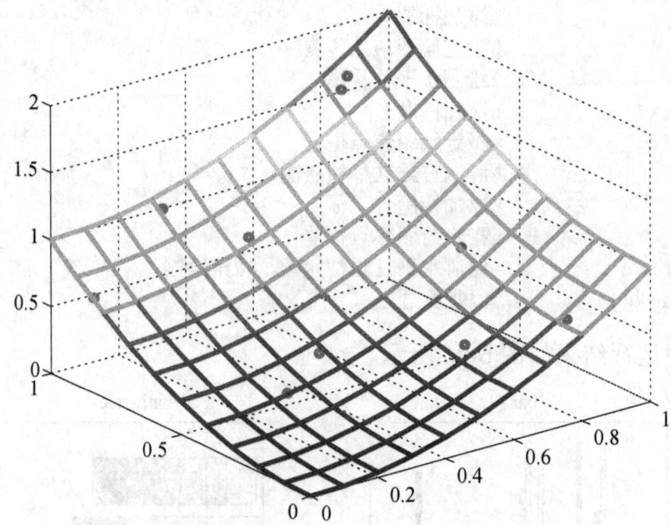

图 6-27　例 6-1-20 程序运行结果

4. **三维饼图绘图指令**

pie3()函数用于绘制三维饼图，其使用方法和二维图形绘制函数类似。

【例 6-1-21】绘制三维饼图。

解：程序如下。

```
x=[32 45 11 76 56];          %定义 x 的取值
explode=[0 0 1 0 1];         % 0 表示两块扇形图是结合在一起的，1 表示两块扇形图是分离的
pie3(x,explode)              %绘制三维饼图，其中，第 3 块和第 5 块分离
```

例 6-1-21 程序运行结果如图 6-28 所示。

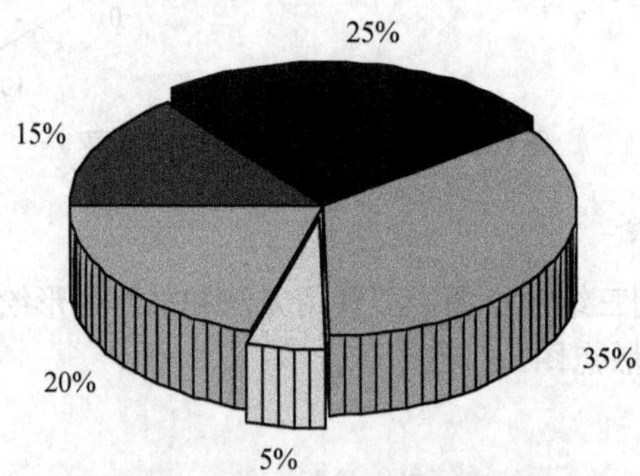

图 6-28　例 6-1-21 程序运行结果

5. **三维火柴杆图绘图指令**

stem3()函数用于绘制三维火柴杆图，其使用方法和二维图形绘制函数 stem()类似。

【例 6-1-22】绘制三维火柴杆图。

解：程序如下。

```
x=rand(1,10);y=rand(1,10);            %定义 x，y 的取值范围
z=x.^2+2*y;                           %定义曲线 z
stem3(x,y,z, 'fill')                  %绘制三维火柴杆图，默认火柴头部分为空，通过设定属性'fill'描绘头部为填充状态
```

例 6-1-22 程序运行结果如图 6-29 所示：

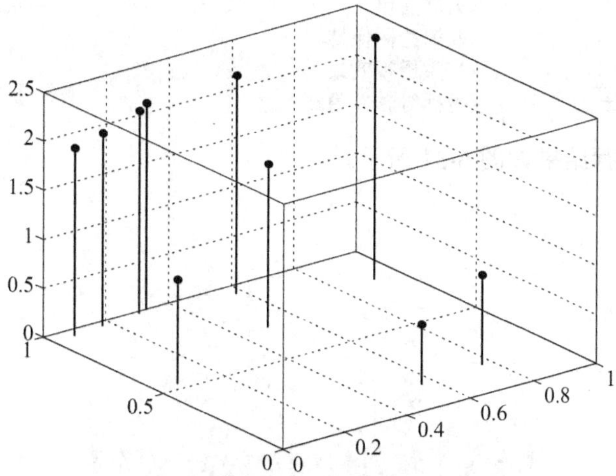

图 6-29 例 6-1-22 程序运行结果

【例 6-1-23】用曲面图表现函数 z = x^2 + y^2。

解：程序如下。

```
x=-4:4;y=x;[X,Y]=meshgrid(x,y);       %绘制网格
z=x.^2+y.^2;                          %定义曲面 z
surf(x,y,z);hold on;colormap(hot)     %绘制三维曲面图，设置曲面颜色
stem3(x,y,z,'bo')                     %绘制三维火柴杆图
```

例 6-1-23 程序运行结果如图 6-30 所示。

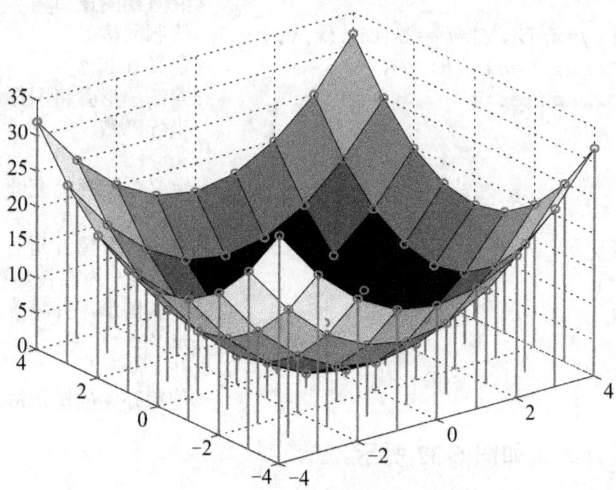

图 6-30 例 6-1-23 程序运行结果

【例 6-1-24】透视演示。

解：程序如下。

```
 [X0,Y0,Z0]=sphere(30);       %产生单位球面的三维图标
X=2*X0;Y=2*Y0;Z=2*Z0;         %产生半径为 2 的球面坐标
surf(X0,Y0,Z0);               %绘制单位球面
shading interp                %将图形显示为过渡模式，对曲面或图形对象的颜色着色，进行色彩的
                              插值处理，使色彩平滑过渡
hold on;mesh(X,Y,Z)           %绘制大球
colormap(hot);                %大球着色
hold off                      %取消绘图保持
hidden off;                   %产生透视效果
axis equal;axis off           %坐标等轴并隐藏
```

例 6-1-24 程序运行结果如图 6-31 所示。

图 6-31　例 6-1-24 程序运行结果

【例 6-1-25】动画绘制示例（1）。

解：程序如下。

```
clf;shg;                                          %清除绘图窗口内容并显示窗口
x=3*pi*(-1:0.05:1);y=x;[X,Y]=meshgrid(x,y);       %绘制网格
R=sqrt(X.^2+Y.^2)+eps; Z=sin(R)./R;               %定义 R 和 Z
h=surf(X,Y,Z);colormap(jet);                      %绘制图形并将图形句柄赋值给变量 h
axis off                                          %坐标隐藏
n=12;
mmm=moviein(n);                                   %定义图形存储空间 n 为帧数
for i=1:n
rotate(h,[0 0 1],25);                             %将图形对象 h 进行旋转，[0,0,1]表示绕
                                                  z 轴，25 为旋转角度
mmm(:,i)=getframe;                                %捕获图形，并将旋转后的图形存储在变量
                                                  mmm 中
end
movie(mmm,5,10)                                   %使用存储的图形演示动画效果
```

例 6-1-25 程序运行结果如图 6-32 所示。

图 6-32 例 6-1-25 程序运行结果

【例 6-1-26】动画绘制示例（2）。

解：程序如下。

```
[X0,Y0,Z0]=sphere(30);                  %产生单位球面的三维坐标
X=2*X0;Y=2*Y0;Z=2*Z0;                   %产生半径为 2 的球面坐标
NN=surf(X0,Y0,Z0);                      %绘制单位球面并将图形句柄赋值给变量 NN
shading interp                          %将图形显示为过渡模式
hold on                                 %绘图保持
WWW=mesh(X,Y,Z),colormap(hot)           %绘制大球并将图形句柄赋值给变量 WWW，定义色表
hold off                                %取消绘图保持
hidden off                              %产生透视效果
axis equal,axis off                     %坐标等轴并隐藏
n=12;mmm=moviein(n);bbb=moviein(n);     %定义图形存储空间 n 为帧数
for i=1:n
rotate(NN,[0 0.5 1],25);                %将小球进行旋转，[0,0.5,1]为绕 y，z 轴旋转，
                                        25 为旋转角度
mmm(:,i)=getframe;                      %捕获图形，并将旋转后的图形存储在变量 mmm 中
rotate(WWW,[0.5 0.5 0],25);             %将大球进行旋转，[0.5,0.5,0]为绕 x，y 轴旋转，
                                        25 为旋转角度
bbb(:,i)=getframe;                      %捕获图形，并将旋转后的图形存储在变量 bbb 中
end
movie(mmm,5,10)                         %使用存储的图形演示小球旋转动画效果
movie(bbb,5,10)                         %使用存储的图形演示大球旋转动画效果
```

例 6-1-26 程序运行结果如图 6-33 所示。

图 6-33 例 6-1-26 程序运行结果

6.2 MATLAB 的图像处理

6.2.1 颜色

MATLAB 的图像着色包括：

① RGB 真彩色着色；

② 使用颜色表着色；

③ 索引着色。

通常情况下，我们使用系统默认的色彩形式，并不对描绘的图形更改颜色。MATLAB 采用颜色表的形式管理绘制对象的色彩效果，采用 colormap 函数对当前焦点窗口的对象定义颜色。

colormap(map)　　%对当前焦点窗口的对象定义颜色。可选用的颜色表(map)：jet，hsv，gray，hot，bone，cool，spring，summer，autumn，winter，copper，pink，lines。

【例 6-2-1】更改图形颜色。

解： 程序如下。

```
subplot(3,1,1);                    %设置子图 3 行 1 列，并指定第 1 个位置
bar(rand(10,5),'stacked')          %随机数据绘制 10 列 5 行直方图，同一组数据描述在一个直方条上
subplot(3,1,2);                    %子图，指定第 2 个位置
bar(0:.25:1,rand(5),1)             %列标号为 0-1 均分五组，随机数据绘制直方条。默认同一组直
                                   方条紧紧靠在一起
subplot(3,1,3);                    %子图，指定第 3 个位置
bar(rand(2,3),.75,'grouped')       %随机数据绘制 2 列 3 行直方图，宽度为 0.75，同一组直方条紧
                                   紧靠在一起
colormap(spring)                   %图形色系为'spring'
```

例 6-2-1 程序运行结果如图 6-34 所示。

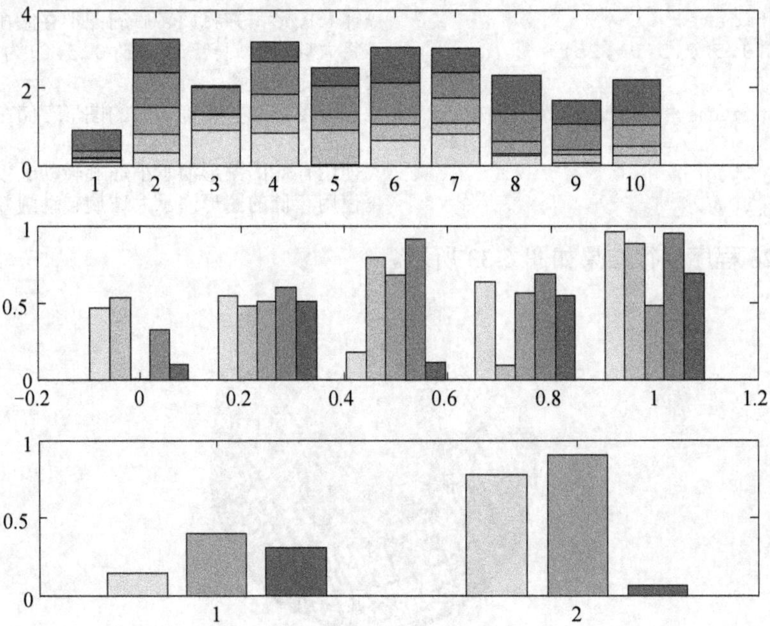

图 6-34　例 6-2-1 程序运行结果

6.2.2 光照效果

更改图形光照效果函数为 LIGHT（Param1，Value1，…，ParamN，ValueN）

【例 6-2-2】更改图形光照效果。

解：程序如下。

```
[x,y]=meshgrid(-1:0.1:1);                          %绘制网格
z=sin(x*pi)+cos(y*pi);                             %定义曲线 z
subplot(2,2,1);                                    %设置子图 2 行 2 列，并指定第 1 个位置
surf(x,y,z);                                       %绘制表面图
title('no light');                                 %标题为'no light'
subplot(2,2,2)                                     %子图，指定第 2 个位置
surf(x,y,z);                                       %绘制表面图
%'Color'表示光的颜色，取 RGB 三元组或相应的颜色字符
%'Style'可取为'infinite'和'local'两个值，分别表示无穷远光和近光
%'Position'去三维坐标点组成的向量形式[x,y,z]：对于远光，它表示光穿过该点射向原点；对于近光，它表示光源所在位置
light('Color','r','Style','infinite','Position',[0 1 2])   %表示红光穿过点[0,1,2]射向原点
title('red infinite light')                        %标题为'red infinite light'
subplot(2,2,3);                                    %子图，指定第 3 个位置
surf(x,y,z)                                        %绘制表面图
light('Color','g','Style','infinite','Position',[0 1 2])   %表示绿光穿过点[0,1,2]射向原点
title('green infinite light')                      %标题为'green infinite light'
subplot(2,2,4);                                    %子图，指定第 4 个位置
surf(x,y,z)                                        %绘制表面图
light('Color','r','Style','local','Position',[0 1 2])      %表示在点[0,1,2]处有一处红色光源
title('red local light')                           %标题为'red local light'
```

例 6-2-2 程序运行结果如图 6-35 所示。

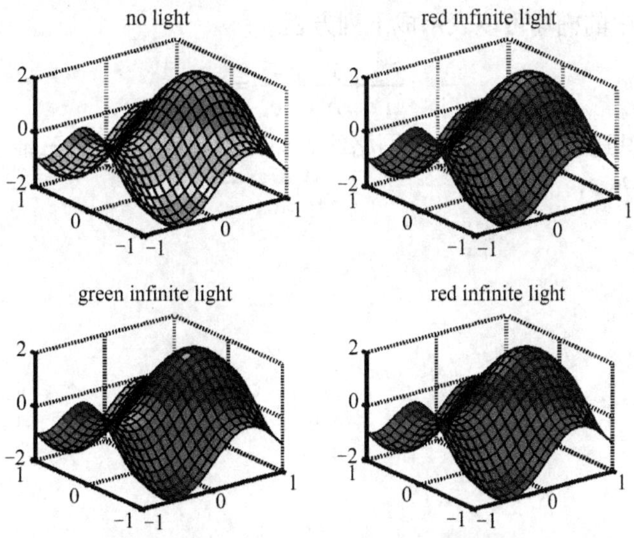

图 6-35 例 6-2-2 程序运行结果

课后习题6

6-1　创建一个向量 **x**，利用子图功能在同一个图上绘出以下函数的图形，要求标注标题、横纵坐标(注意 x 的取值范围)。

$$y_1 = x^2,\ y_2 = x^3,\ y_3 = x^4$$

6-2　在[0，2π]范围内绘制二维曲线图 y=sin(x) * cos($5x$)。

6-3　在同一个图形窗口中按照 x=0.1 的步长间隔分别绘制曲线（1）$y_1 = x^2 e^{-2x}$，$0 \leqslant x < 1$；（2）y_2=sin(x)+cos($3x$)，$1 \leqslant x \leqslant 2$。要求 y_1 曲线为红色虚线，数据点用圆圈标记；y_2 曲线为蓝色点画线；给出图例，并在图形中标记图名为 y_1，y_2。

6-4　绘制 z= sin(x) * cos(y)的三维网格和三维曲面图，x,y 的变化范围均为[0,2π]。

6-5　在 xy 平面内选择区域[−4,4]×[−4,4]，利用 meshgrid()函数绘制曲面网格，同时用 mesh()、surf()和 surfc()函数绘制 $z = \sin\left(\sqrt{x^2 + y^2}\right) / \sqrt{x^2 + y^2}$ 曲线图形。要求用子图在一个图形窗口中绘制。

6-6　假设某校自动化系在 2015、2016 及 2017 年的人员组成见表 6-3。

表 6-3　某校自动化系在 2015、2016 及 2017 年的人员组成

年份	大一人数	大二人数	大三人数	大四人数	硕一人数	硕二人数	博士班人数	教职员人数
2015	10	21	23	14	35	26	13	48
2016	21	32	33	24	35	26	17	48
2017	15	23	23	44	25	34	27	51

（1）请用 bar3 指令画出上述数据的直方图，并加入各种解释和说明文字。

（2）画出依据每年的总人数来切分的立体扇形图，并加入说明文字。

（3）画出依据班级类别的总人数来切分的立体扇形图，并加入说明文字。

6-7　一个空间中的椭球可以表示成下列方程式：

$$\frac{x^2}{a^2} + \frac{y^2}{b^2} + \frac{z^2}{c^2} = 1$$

请使用任何你想到的方法（如加密网格线、加上光照等），画出三维空间中的一个光滑的椭球，其中，a=3，b=4，c=8。

第 7 章　交互式仿真工具 Simulink

第 7 章　交互式仿真工具 Simulink PPT

本章要点

本章通过完成以下习题，主要学习交互式仿真工具 Simulink 的使用方法，具体包括 Simulink 简介，Simulink 的模块库浏览界面，Simulink 建模与仿真，Simulink 仿真参数的设置，仿真结果的运行、观察和调试，Simulink 的自定义功能。

1. Simulink 建模仿真的基本操作过程：使用 Simulink 设计一个简单的模型，将正弦信号输出到示波器上，仿真时间为 0～200s。

2. 使用如图 7-1 给出的模块，自由组合练习。随机选取 3 种考查是否掌握了使用方法。

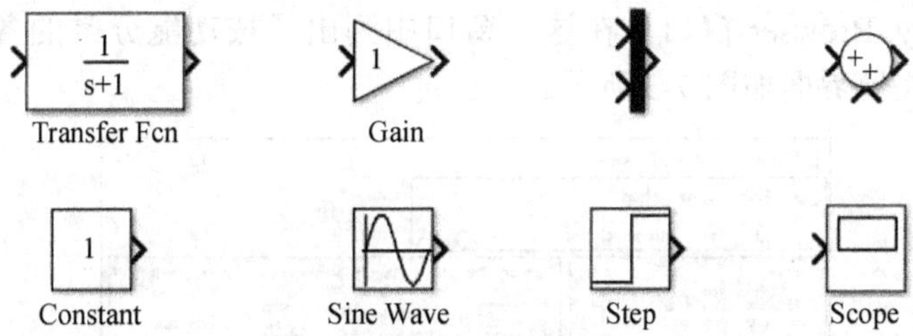

图 7-1　示例模块

3. 已知单轴机械臂控制系统框图如图 7-2 所示，使用 Simulink 给出其阶跃响应曲线。其中，放大器取值范围为 K_a=10～1000；$G(s)=1/(s^3+1020s^2+2000s)$。

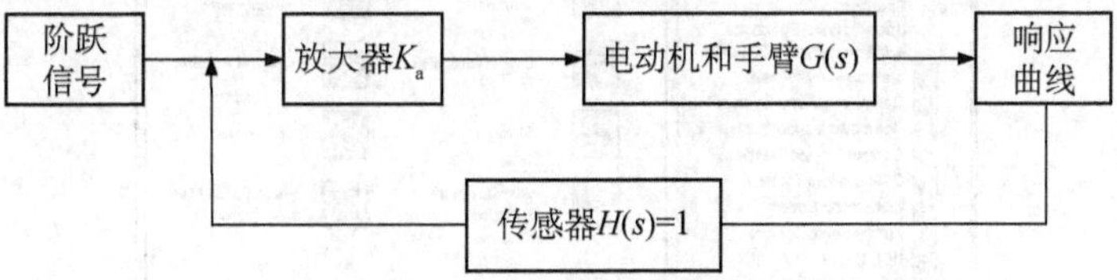

图 7-2　单轴机械臂控制系统框图

7.1　Simulink 简介

本节我们学习 MATLAB 中重要的交互式仿真工具 Simulink，它是系统中提供的采用图形化方式对系统建模和仿真的工具。对于结构复杂的控制系统，要快速地建立系统模型，编制、调试仿真程序，绘制仿真图形，获取特殊位置元素或变量信息等操作是比较困难的，而 Simulink 的操作风格沿用 Windows 的图形编程特色，方便用户快速掌握使用方法。

Simulink 的两个主要功能：Simu（仿真）和 Link（链接）。

利用鼠标在模型窗口上绘制所需要的控制系统模型，使用 Simulink 提供的功能对系统进行仿真和分析。

1. 使用 Simulink 的优点

针对控制系统较为复杂的特点，不使用专用建模软件或仅依靠编程的办法，很难准确地描述并将一个控制系统的复杂模型输入计算机，Simulink 正好可以满足这方面的应用需求。

2. Simulink 的模型化图形输入

它提供了许多按照功能分类的基本系统模块，用户仅需要了解模块的功能、输入和输出，不需要考虑模块内部的实现过程。将基本模块通过链接构成所需的系统模型。

7.2 Simulink 的模块库浏览界面

启动Simulink的方法有两种：一种是启动MATLAB后，双击MATLAB主窗口的图标 

来打开 Simulink Library Browser 窗口；另一种是在 MATLAB 命令行窗口中输入“Simulink”，打开 Simulink Library Browser 窗口，在这个窗口中列出了按功能分类的各种模块的名称。Simulink 的模块库浏览界面如图 7-3 所示。

图 7-3　Simulink 的模块库浏览界面

Simulink 启动后，便可以打开如图 7-4 所示的 Simulink 仿真编辑窗口，用户此时可以开始编辑自己的仿真程序。

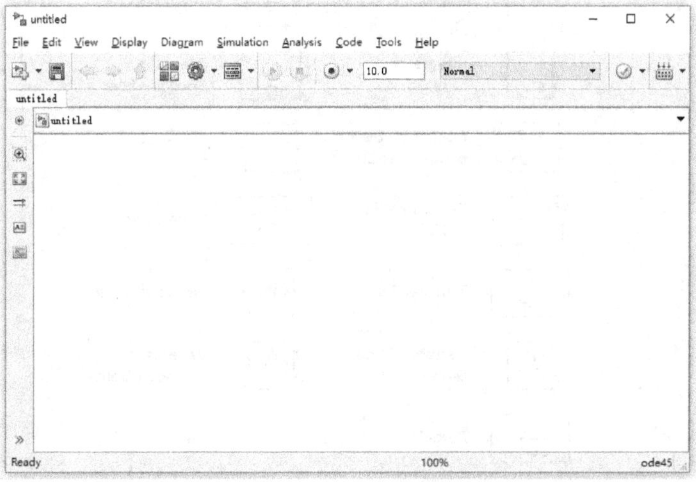

图 7-4 Simulink 仿真编辑窗口

下面展示和介绍 Simulink 中标准模块库的内容，Simulink 的模块库按功能分为 16 种：

- 常用模块库(Commonly Used Blocks)；
- 连续系统模块库(Continuous)；
- 非连续系统模块库(Discontinuties)；
- 离散系统模块库(Discrete)；
- 逻辑和位操作模块库(Logic and Bit Operation)；
- 查表模块库(Lookup Tables)；
- 数学运算模块库(Math Operation)；
- 模块声明库(Model Verifications)；
- 模块扩充功能库(Model-Wide Utilities)；
- 端子和子系统模块库(Ports & Subsystems)；
- 信号属性模块库(Signals Attributes)；
- 信号数据流模块库(Signals Routing)；
- 接收器模块库(Sinks)；
- 信号源模块库(Sources)；
- 用户自定义模块库(User-Defined Functions)；
- 附加数学与离散函数库(Additional Math & Discrete)。

以连续系统模块库为例，如图 7-5 所示，常用的有以下子模块：

- 输入信号微分；
- 输入信号积分；
- PID 控制器、2 自由度 PID 控制器；
- 状态空间系统模型、传递函数模型；
- 固定延时模块（单输入单输出）、可变时间延时模块（双输入单输出）、可变传输延时模块（双输入单输出）；

➢ 零极点模块。

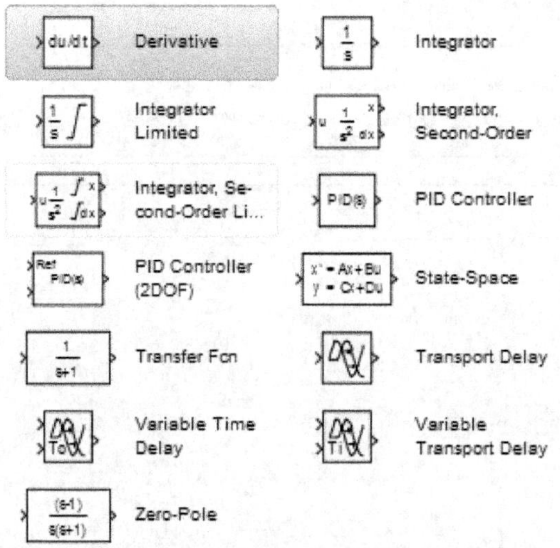

图 7-5 连续系统模块库

在左侧模块库中右击，在弹出的菜单中选择“open XXX library”选项，出现模块库按照功能分类显示的界面，方便查找和使用，连续系统模块库按照功能分类显示如图 7-6 所示。

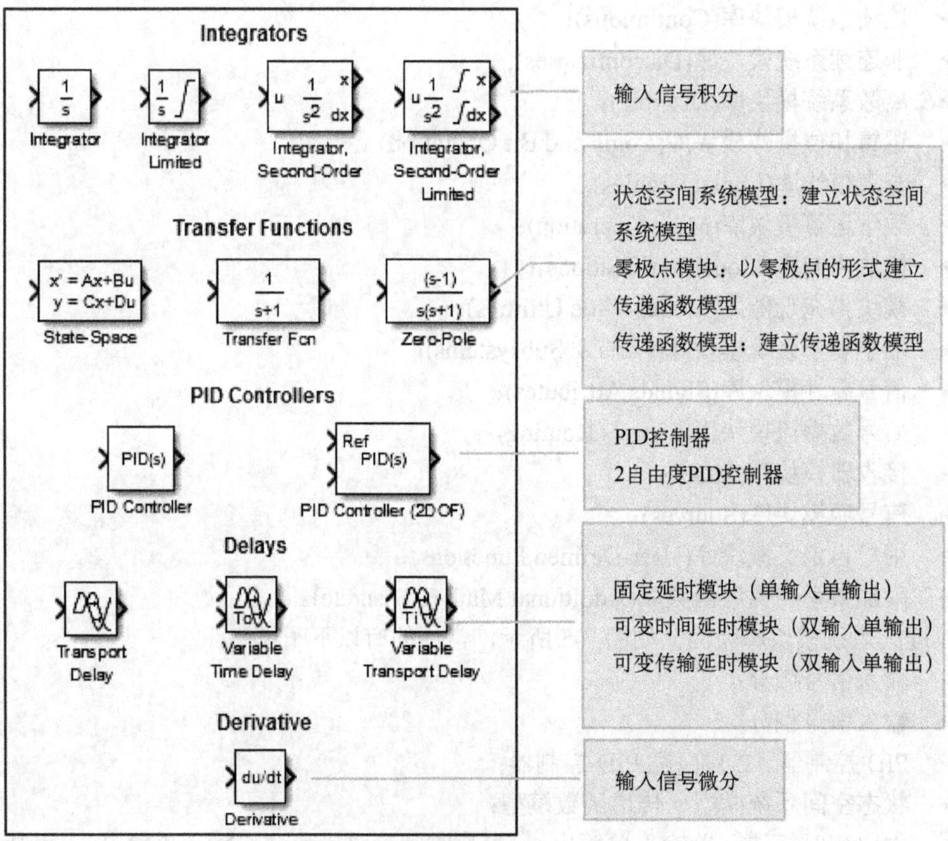

图 7-6 连续系统模块库按照功能分类显示

Simulink 的模块库浏览界面——Simulink 常用模块如图 7-7 所示，包括 4 种常用模块库。

1. **数学运算模块库**(Math Operation)

Gain：将输入数据乘以常数后输出；
Sum：将输入相加、减；
Product：乘或除以标量，或矩阵乘运算；
Abs：取输入数据的绝对值。

2. **信号数据流模块库**(Signals Routing)

Mux：将多组输入信号合并为一个向量后输出；
Demux：提取向量元素分解后分别从信道输出；
Switch：选择开关，当第二个输入端大于临界值时，输出由第一个输入端得来，否则输出由第三个输入端得来（详见例 7-2-1）。

3. **接收器模块库**(Sinks)

Scope：显示仿真信号；
To Workspace：输出数据到工作区变量中；
From Workspace：输入数据为工作区变量。

4. **信号源模块库**(Sources)

Constant：生成常数值；
Sine Wave：使用仿真时间生成正弦波；
Step：生成阶跃信号；
Signal Generator：信号发生器，生成指定波形；
Random Number：生成标准分布的随机数（详见例 7-2-2）。

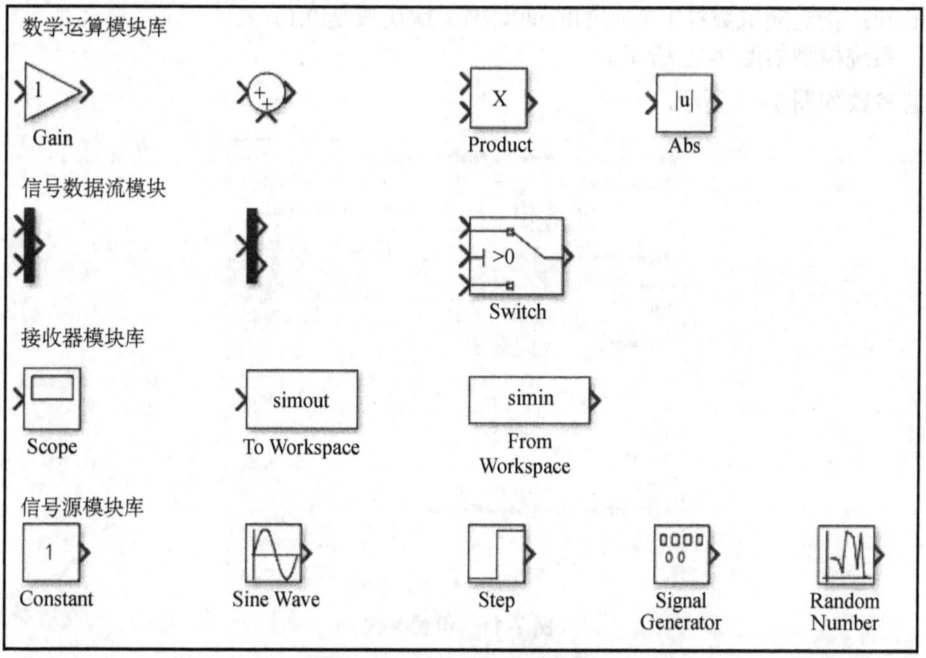

图 7-7　Simulink 常用模块

【例 7-2-1】**Switch**——选择开关，当第二个输入端大于临界值时，输出由第一个输入端得来，否则输出由第三个输入端得来（详见例 7-2-1）。

根据输入正弦波的取值确定，当大于 0 时，输入选择常数 5；小于等于 0 时输入为正弦波（小于等于 0 的部分）。

解：系统模型如图 7-8 所示。

例 7-2-1 仿真结果如图 7-9 所示。

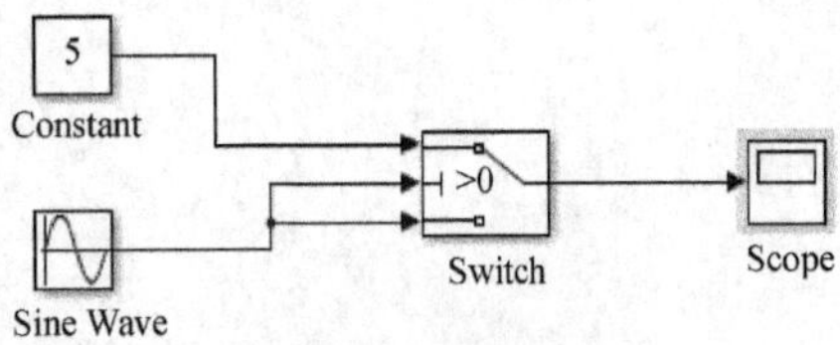

图 7-8 系统模型

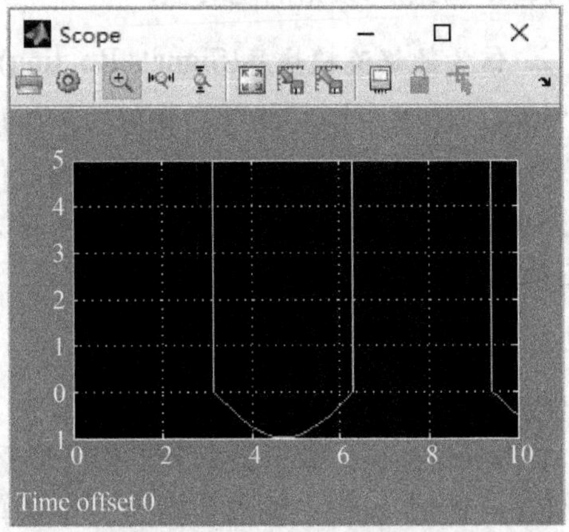

图 7-9 例 7-2-1 仿真结果

【例 7-2-2】**Random Number**——生成标准分布的随机数，双击该图标后设置其参数。Mean：设置平均值，默认值是 0；Variance：方差，默认值是 1（随机数与平均值之间偏差的评价值）；Seed：随机数种子，默认值是 0（0～MAX），MATLAB 通过种子值确定产生随机数值的算法，固定的种子产生固定的随机数；Sample time：指定随机数样本之间的时间间隔，默认值是 0.1。

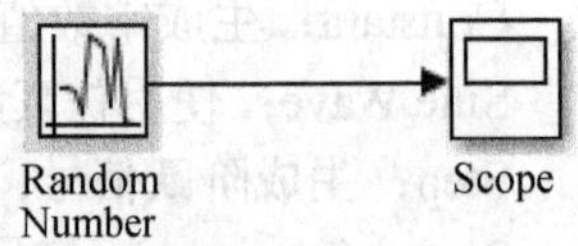

图 7-10 系统模型

解：系统模型如图 7-10 所示。

设置参数如图 7-11 所示。

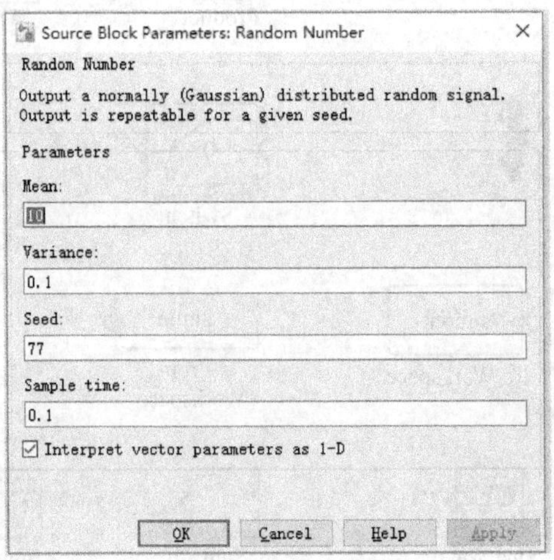

图 7-11 设置参数

例 7-2-2 仿真结果如图 7-12 所示。

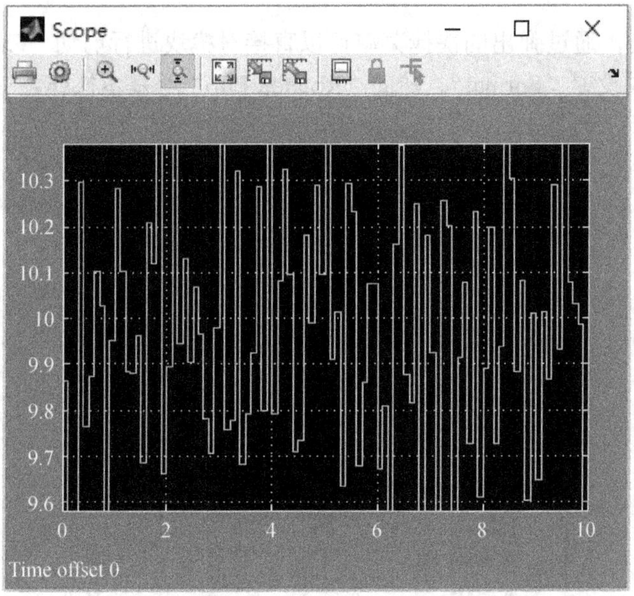

图 7-12　例 7-2-2 仿真结果

7.3　Simulink 建模与仿真

7.3.1　Simulink 建模与仿真的步骤

1. 一般步骤

- ➢ 建立仿真模型，Simulink 模型的基本结构如图 7-13 所示；
- ➢ 仿真参数设置；
- ➢ 仿真结果的运行、测试、修正；
- ➢ 模块的合成和封装；
- ➢ 仿真模型的保存。

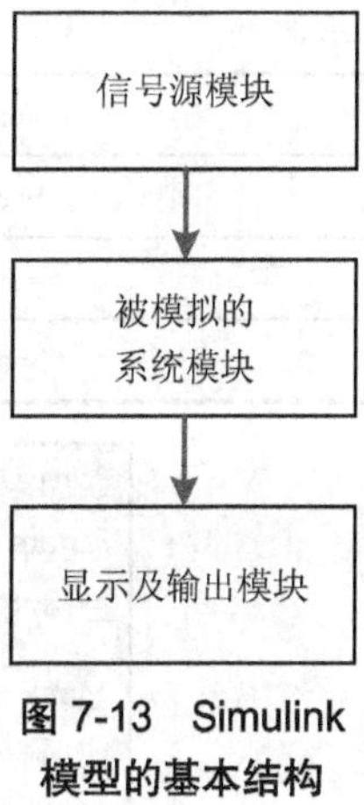

图 7-13　Simulink 模型的基本结构

2. 具体步骤

① 打开一个空白 Simulink 模型窗口；

② 进入 Simulink 浏览库界面，将功能模块由模块库窗口拖曳到模型窗口中；

③ 按照给定的框图修改编辑窗口中模块的参数；

④ 连接功能模块，构成所需的系统仿真模型；

⑤ 对仿真模型进行仿真，随时观察仿真结果，如果发现有不正确的地方，可以停止仿真，对参数进行修订；

⑥ 如果对结果满意，可以保存模型。

7.3.2 Simulink模块的基本操作

选择模块后右击，通过弹出的快捷菜单可以直接对模块进行剪切“Cut”、复制“Copy”、删除“Delete”、格式设置“Format”、转向“Rotate&Flip”等基本操作，Simulink 模块的基本操作如图 7-14 所示。

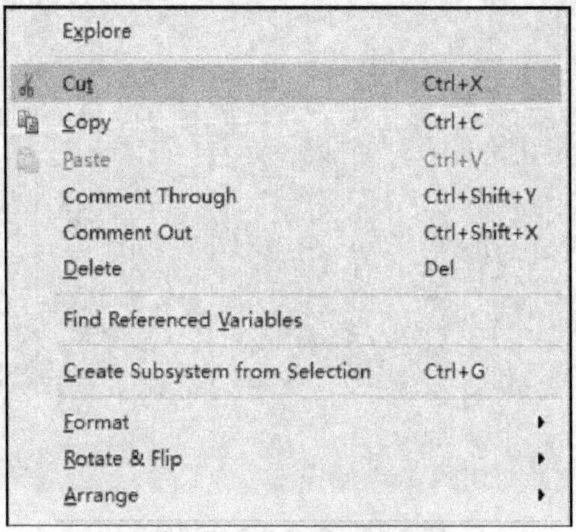

图 7-14 Simulink 模块的基本操作

1. **格式设置**

格式设置参数见表 7-1，格式设置如图 7-15 所示，对模块的字体、颜色、阴影、名称进行修改。

表 7-1 格式设置参数

Font Style	设置模块字体
Foreground Color	设置模块前景颜色
Background Color	设置模块背景颜色
Block Shadow	设置模板阴影
Show Block Name	显示模块名称

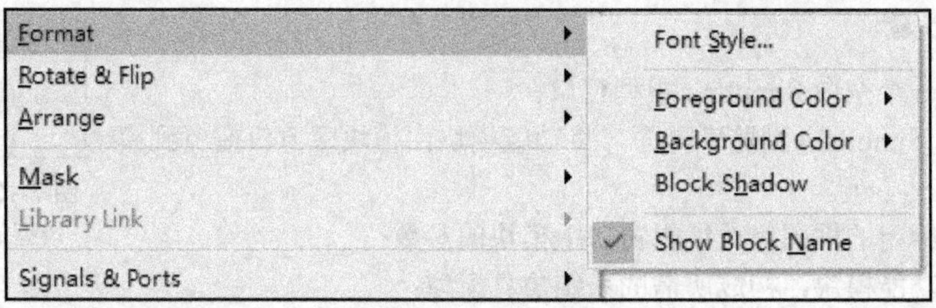

图 7-15 格式设置

2. **转向操作**（Rotate&Flip）

转向操作中常用的有：顺时针旋转“Clockwise”、逆时针旋转“Counterclockwise”、调整输入/输出信号方向“Flip Block”、调整模块名位置“Flip Block Name”，转向操作如图 7-16

所示。

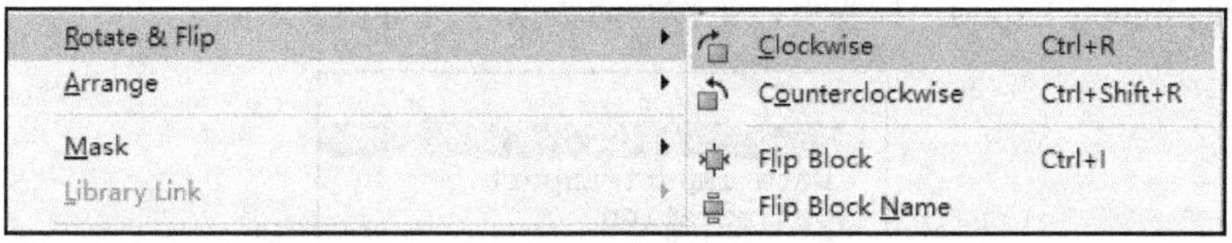

图 7-16　转向操作

【例 7-3-1】使用 Simulink 设计一个简单的模型，将正弦信号输出到示波器上。

解：（1）系统模型如图 7-17 所示。

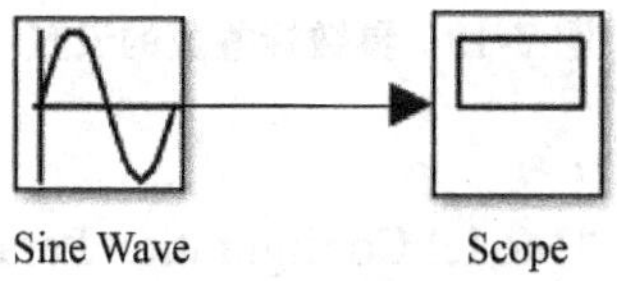

图 7-17　系统模型

（2）示波器仿真结果如图 7-18 所示。

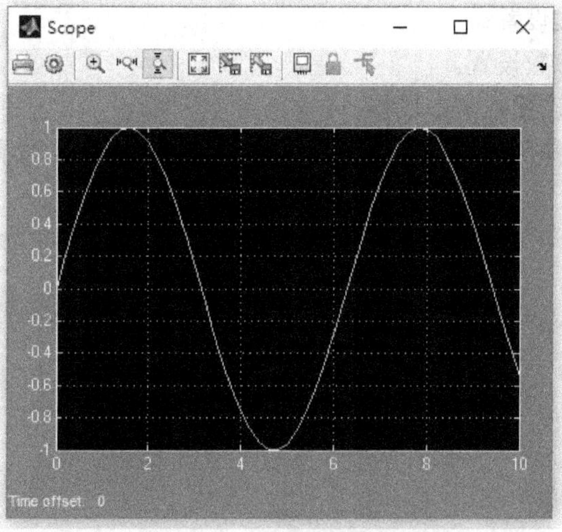

图 7-18　示波器仿真结果

例题解析（基本操作步骤）：

- 单击“New Model”选项，新建一个模型窗口。
- 为模型添加所需的模块。从源模块库（Sources）中拖曳正弦模块（Sine Wave），从输出显示模块（Sinks）拖曳示波器模块（Scope）。
- 链接相关模块，构成所需要的系统模型，保存模块。
- 进行系统仿真，单击模型窗口菜单中的“RUN”选项，仿真执行。
- 观察仿真结果，双击示波器模块，打开 Scope 窗口。

7.3.3　Simulink 仿真参数的设置

参数标签页的设置如图 7-19 所示。

➢ Solver　标签页，仿真器参数设置；

➢ Data Import/Export　标签页，工作空间数据导入/导出。

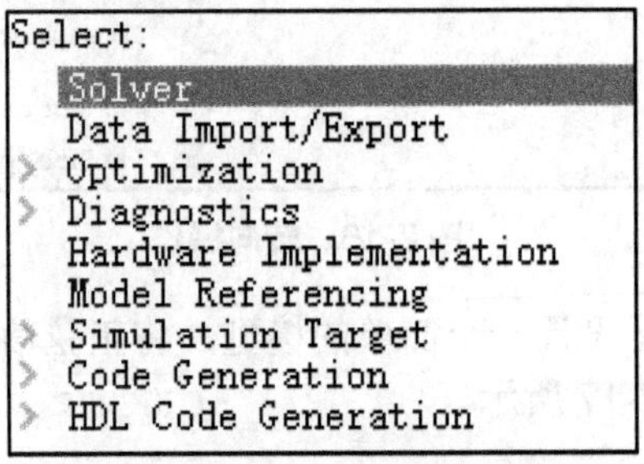

图 7-19　参数标签页的设置

仿真器参数设置具体内容如下：

① 单击 Simulation 菜单下的“Model Configuration Parameters”选项；

② 仿真时间设置；

③ 仿真步长模式设置；

④ 解发器设置；

⑤ 变步长模式参数设置；

⑥ 固定步长模式参数设置。

Simulink 仿真参数设置的基本过程：

（1）根据仿真设计将所有的模块链接后，打开 Simulink 参数设置窗口，如图 7-20 所示

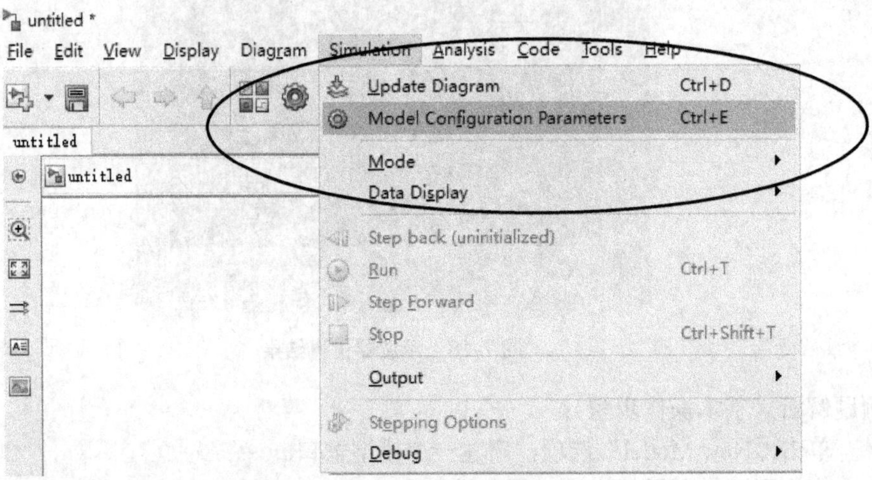

图 7-20　Simulink 参数设置窗口

（2）主要使用的 2 个部分是 Solver 和 Data Import/Export

① 打开 Solver 配置参数窗口，可以看到分为几个部分，如图 7-21 所示。

➢ 1 是 Simulation time 仿真时间范围，设置仿真的起始和终止时间。

➢ 2 是 Solver options 仿真步长，可以设置采用固定步长（系统默认值）或变步长。

➢ 3 是 Max step size 设置最大步长，最大步长=(stoptime−starttime)/50。可以看出由于系统默认设定的分割比例一定，所以使用系统默认的最大步长；若在仿真时间较长时步长变大，

将出现失真的情况，此时需要手动设置 Max step size，如设置为 0.3。减小最大步长将增大仿真次数和系统运行时间。

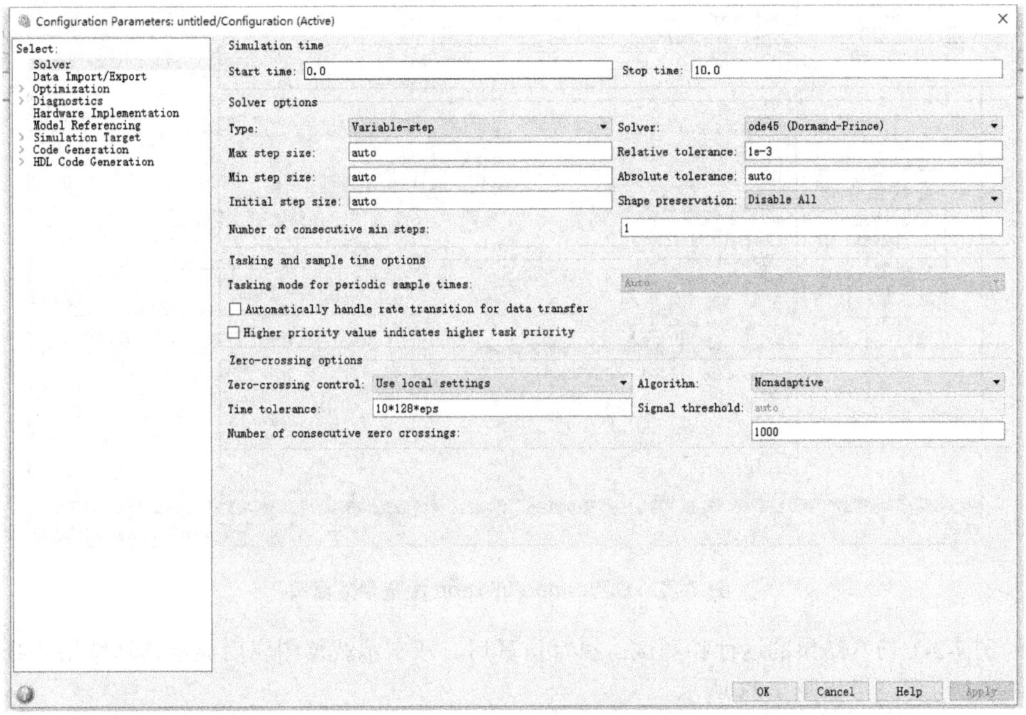

图 7-21　Solver 配置参数窗口

② 打开 Data Import/Export 配置参数窗口，需要设置以下几个部分，如图 7-22 所示。

➢ 当输入数据需要由其他变量给定时，需要在“Load from workspace”中进行设置。通常在“Input”中以“[t,u]”的形式设置，“t”是仿真时间，“u”为输入数据。

➢ 由仿真得到的图形便于我们直观观察结果，实际的数值需要输出到工作区中，方便其他程序调用。Data Import/Export 中对需要输出的数据进行设置，在“Save to workspace”中设置使用什么变量保存输出结果。右侧是存储选项，设置存储数列的上限、进制和数据格式，一般情况下，我们使用系统默认属性即可。

➢ 输出选项：

◆ 自动细化输出，在曲线稀疏处自动增加输出点以细化曲线使曲线更加平滑。细化因子越高曲线越平滑。增大细化因子比减小步长更有效，但仅适用于变步长模式。

◆ 允许用户直接使用指定产生输出的时间点，在“Output”中以向量或表达式的形式指定。

◆ 在用户指定的时间点输出。

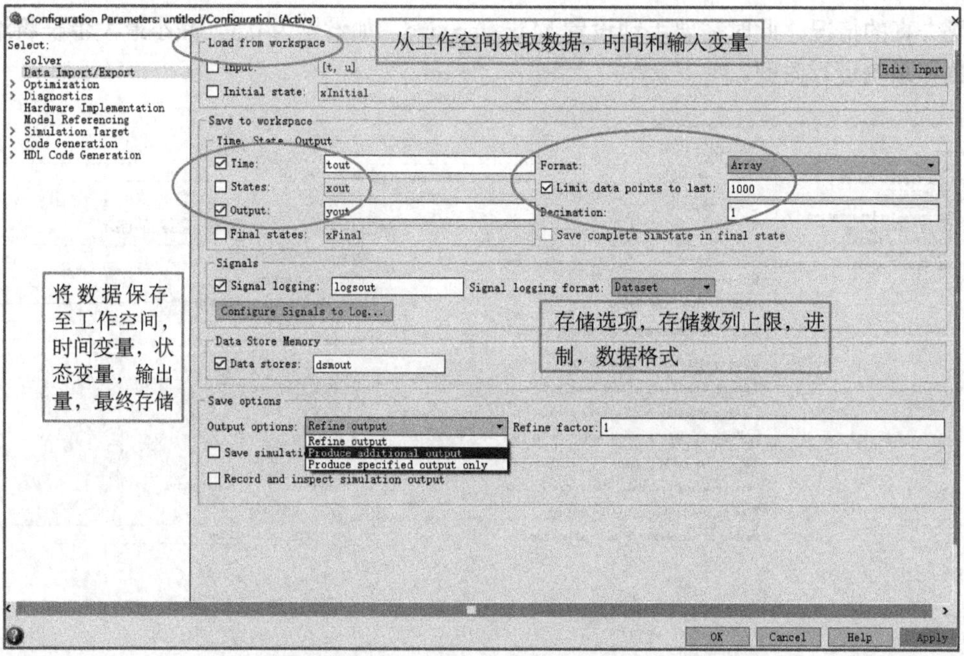

图 7-22　Data Import/Export 配置参数窗口

例 7-3-1 仿真结果的运行和测试：执行仿真后，双击示波器图表后显示仿真结果曲线图，例 7-3-1 仿真结果如图 7-23 所示。

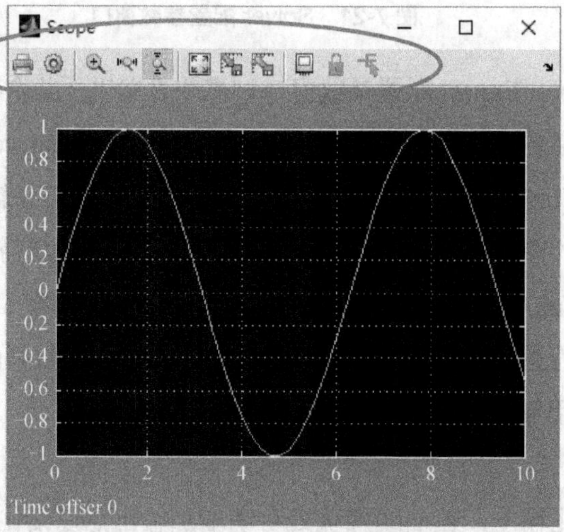

图 7-23　例 7-3-1 仿真结果

常用现图缩放的工具是：视图整体缩放、X 轴缩放、Y 轴缩放、视图自动缩放（恢复初始状态）、恢复坐标设置。右击，在弹出的快捷菜单中可以选择相应菜单命令更改 X、Y 轴坐标属性，调整坐标属性方便我们观察结果变化范围。

下面以例 7-3-2 为例来介绍交互式仿真工具 Simulink，包括 Simulink 库浏览器的操作环境、Simulink 功能模块的基本操作和 Simulink 的使用方法，可参考视频“07-交互式仿真工具 Simulink”，视频二维码如右。

【例 7-3-2】已知单位负反馈二阶系统的开环传递函数如下，绘制单位阶跃响应的实验结构，并使用 Simulink 完成仿真实验。

$$G(s)=\frac{10}{s^2+3s}$$

解：例 7-3-2 的系统模型如图 7-24 所示。

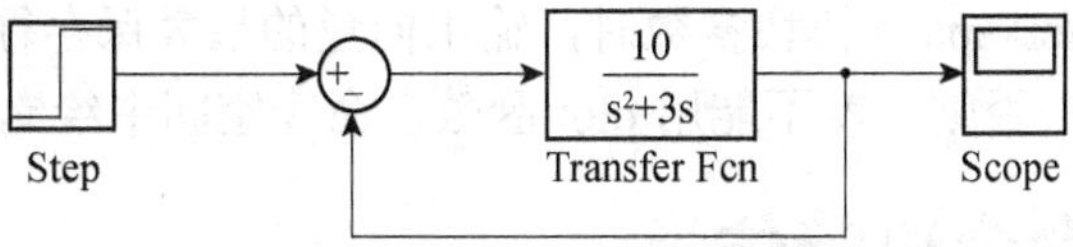

图 7-24 例 7-3-2 的系统模型

例 7-3-2 仿真结果如图 7-25 所示。

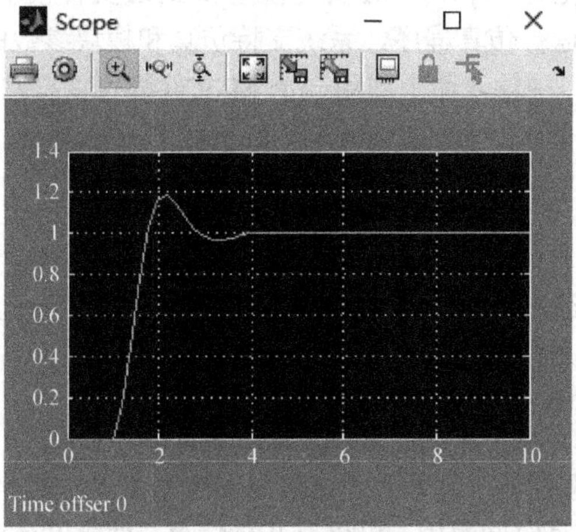

图 7-25 例 7-3-2 仿真结果

例题解析（操作步骤）：

☞ 单击“New Model”选项，新建一个模型窗口；

☞ 分别从信号源模块库（Sourses）、接收器模块库（Sinks）、数学运算模块库（Math Operation）、连续系统模块库（Continuous）中，用鼠标把阶跃信号发生器（Step）、示波器（Scope）、相加器（Sum）和传递函数（Transfer Fcn）4 个标准功能模块选中，并将其拖曳至模型窗口；

☞ 按照要求先将前向通道连接好，然后把相加器（Sum）的另一个端口与传递函数和示波器间的线段相连，形成闭环反馈；

☞ 双击传递函数，打开“模块参数设置”窗口，并将其中的“Numerrator”设置为“[10]”，“Denominator”设置为“[1 3 0]”，同理，将相加器设置为“+−”；

☞ 绘制成功后，命名并保存；

☞ 对模型进行仿真，运行后双击示波器，得到系统的阶跃响应曲线。

7.4 仿真结果的运行、观察和调试

在 Simulink 中可使用菜单和命令两种方式运行仿真。

7.4.1 使用菜单运行仿真

可以直接选择 Simulink 菜单项中的“start”选项运行仿真。在对控制系统进行仿真时，一般需加入时钟信号，以给出仿真时间和便于使用变步长仿真。为了将仿真结果返回工作空间，还应该加上 To Workspace 模块，将输出和时间变量都返回。

注意：在选择 To Workspace 模块参数时，输出向量的最大保存行数一定要与时间变量的最大保存行数保持一致；否则，就不能用 plot 函数在命令空间中绘制曲线。

7.4.2 使用命令进行仿真

虽然使用菜单运行仿真十分简便，但从 MATLAB 命令窗口运行仿真有以下优点：

① 可以与 Simulink 模型一样，对 M 文件模型和 Mex 文件模型进行仿真。

② 在 M 文件中嵌入运行仿真程序，系统支持仿真和模块参数的交互式更改。

在 MATLAB 命令窗口中输入命令或用一个 M 文件都可以自动运行仿真。在命令窗口中运行仿真的主要函数有 4 个，即 sim、simset、simget 和 set_param。

1. sim()函数

sim()函数的作用是运行一个由 Simulink 建立的模型，需要注意的是，用户无法控制其仿真过程（例如，暂停、继续），一旦运行就会直到达到结束条件为止，这一点和通过模型窗口界面运行仿真不同。其调用格式为：

[t, x, y] = sim(modname，timespan，options，ut)

输入参数：

① modname　模型的名字，用单引号括起来（注意不带扩展名.mdl）；

② timespan　指定仿真时间范围，可以有几种情况：标量 tFinal，指定仿真结束时间，这种情况下开始时间为 0；两个元素的向量[tStart tFinal]，同时指定开始时间和结束时间；向量[tStart OutputTimes tFinal]，除起止时间外，还指定输出时间点（通常输出时间 t 会包含更多点，这里指定的点相当于附加的点）。

③ options　指定仿真选项，是一个结构体，该结构体通过 simset 创建，包括模型求解器、误差控制等都可以通过这个参数指定（不修改模型，但使用与模型对话框里设置的不同选择）。

④ ut　指定外部输入，对应根模型的 Import 模块。除第一个输入参数外，其他参数都可以用空矩阵（[]）来表示模型的默认值。

输出参数介绍：

① t　仿真时间向量；

② x　状态矩阵，每行对应一个时刻的状态，连续状态在前，离散状态在后；

③ y　输出矩阵，每行对应一个时刻；每列对应根模型的一个 Outport 模块（如果 Outport 模块的输入是向量，则在 y 中会占用相应的列数）。

2. simset()函数

simset()函数用来为 sim()函数建立或编辑仿真参数或规定算法，并把设置结果保存在一个结构变量中。它有如下 4 种用法：

① options = simset(property，value，…）　%把 property 代表的参数赋值为 value，结果保存在结构 options 中。

② options = simset (old_opstruct， property，value，…）　%把已有的结构 old_opstruct (由 simset 产生）中的参数 property 重新赋值为 value，结果保存在新结构 options 中。

③ options = simset(old_opstruct，new_opstruct)　%用结构 new_opstruct 的值替代已经存在的结构 old_ opstruct 的值。

④ simset　%显示所有的参数名和它们可能的值。

3. simget()函数

simget 函数用来获得模型的参数值。如果参数值是用一个变量名定义的，simget 返回的是该变量的值而不是变量名。如果该变量在工作空间中不存在（即变量未被赋值），则 Simulink 给出一个出错信息。该函数有如下 3 种用法：

① struct = simget(modname)　　%返回指定模型 model 的参数设置的 options 结构。

② value = simget(modname，property)　　%返回指定模型 model 的参数 property 的值。

③ value = simget(options，property)　　%获取 options 结构中的参数 property 的值。如果在该结构中未指定该参数，则返回一个空值。

用户只需输入能够唯一识别它的那个参数名称的前几个字符即可，对参数名称中字母的大小写不做区别。

4. set_param()函数

set_param()函数的功能很多，这里只介绍如何用 set_param()函数设置 Simulink 仿真参数，以及如何开始、暂停、终止仿真进程或者更新显示一个仿真模型。

（1）设置仿真参数

调用格式为：

set_param (modname，property，value，…）

其中，modname 为设置的模型名，property 为要设置的参数，value 是设置值。这里设置的参数可以有很多种，而且和用 simset 设置的内容大多相同，相关参数的设置可以参考有关资料。

（2）控制仿真进程

调用格式为：

set_param(modname，　'SimulationCommand'，' cmd')

其中，modname 为仿真模型名称，而 cmd 是控制仿真进程的各个命令，包括 start、stop、pause、continue 和 update。

在使用 set_param()函数的时候，需要注意必须先把模型打开。

【例 7-4-1】利用命令方式对图 7-26 所示模型进行仿真。

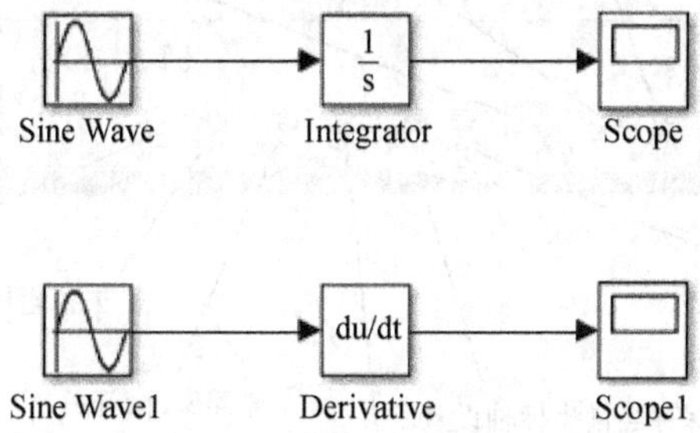

图 7-26　正弦信号的微分积分运算

解：依据图 7-26 建立模型文件 t3506，然后输入如下命令。

```
[t,x,y]=sim('t3506');                         %运行 Simulink 模型 t3506
[t,x,y]=sim('t3506',[1,8]);                   %运行 Simulink 模型 t3506，指定开始时间为
                                              1 和结束时间为 8
[t,x,y]=sim('t3506',[2,4,6,8]);               %运行 Simulink 模型 t3506，指定开始时间为
                                              2 和结束时间为 8，输出时间点为 4,6
option1=simset('outputvariables','xy','outputpoints','all');   %创建仿真选项 option1,
                                              输出变量为'xy',输出全部
                                              时间点
[t,x,y]=sim('t3506',[2,4,6,8],option1);       %运行 Simulink 模型 t3506，指定开始时间、
                                              结束时间和输出时间点，指定参数 option1
struct=simget('t3506')                        %返回模型 t3506 的参数设置的 options1 结构
set_param('t3506','starttime','10','stoptime','30')   %设置模型 t3506 的开始时
                                              间为 10，结束时间为 30
set_param('t3506','SimulationCommand','start')        %设置模型 t3506 的控制仿
                                              真进程为 start
```

7.4.3 观察并分析仿真结果

在 Sinks 接收器模块库中，提供了多种观察输出信号的方法，大致可分为以下 3 种：

① 将信号输出到显示模块中；

② 将输出数据写到返回变量中，并使用 MATLAB 的命令显示图形；

③ 使用 To Workspace 模块将输出数据写到工作空间中，并使用 MATLAB 显示图形的命令显示波形。

1. 将信号输出到显示模块中

（1）示波器 Scope 显示

Scope 模块将信号显示在其独立窗口中，是一个用途非常广泛的显示模块，它以图形的方式直接显示指定的信号，在很多情况下，无须对输出结果进行定量分析，便可以从其仿真输出曲线中获知系统的运行规律。Scope 模块给用户提供了很多控制手段，可以将数据保存到工作空间中，可以使用户对模块的输出曲线进行控制调整，以便用户观测和分析输出结果。

Scope 模块的工具栏按钮如图 7-27 所示。

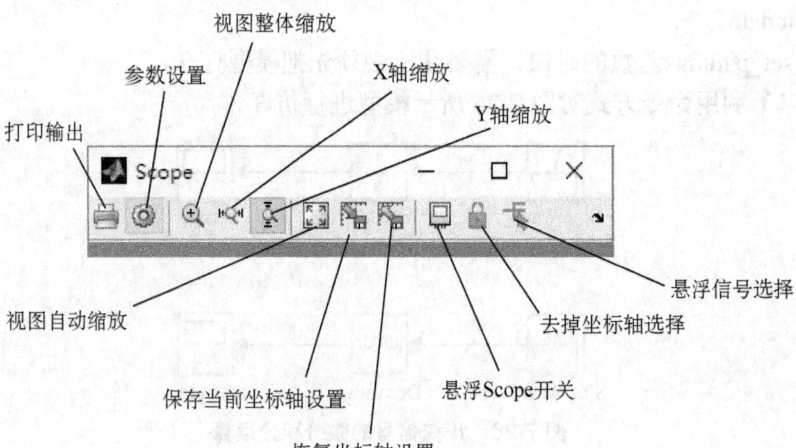

图 7-27　Scope 模块的工具栏按钮

此外，还可以使用 Floating Scope 模块来观察仿真结果。在系统仿真分析中，用户往往需要利用多个输出信号进行观察分析。如果将每个信号与一个 Scope 模块相连接，则系统模型必定会存在多个 Scope 模块，使系统模型图不够简洁，而且难以对不同 Scope 模块中显示的信号进行直观比较。Sinks 模块库中的 Floating Scope 模块可以很好地解决这一问题。

Floating Scope 模块具有如下的特征：模块没有任何输入与输出端口，不需要和任何信号线连接。Floating Scope 模块可以在仿真过程中显示任何选定的信号，而无须修改系统模型。Floating Scope 模块与普通 Scope 模块的区别在于：Floating Scope 模块可以选定所要显示的信号，而普通 Scope 模块只能显示与之相连的信号。另外，Floating Scope 模块可以通过坐标系周围的蓝色框来标记。Display 模块也可以设置为悬浮模式，只需选择它的参数对话框中的“Floating display”复选框即可。

使用 Floating Scope 模块的方法有如下两种：

① 直接将 Scope 模块库中的 Floating Scope 模块拖曳到指定的系统模型中，然后选择需要显示的信号并进行适当设置，最后进行系统仿真并显示系统中指定的信号。

② 设置普通的 Scope 模块为 Floating Scope 模块。用户只需选择如图 7-28 所示 Scope 模块的参数设置窗口中的“Floating Scope”复选框即可。

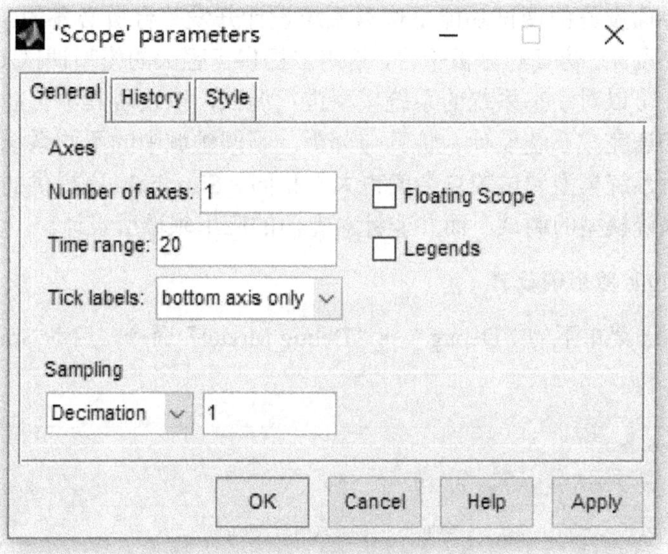

图 7-28　Scope 模块的参数设置窗口

（2）XY 图形显示

在 MATLAB 图形窗口绘制二维图形，显示时显示器有两个输入端，上面的输入作为 X，下面的输入作为 Y。XY Graph 模块还可以显示两个波形的关系。

（3）Display 数字显示

将结果以数字形式显示。数字显示模块没有独立的显示窗口，只是在模块的显示框中直接滚动显示数据结果。当数据是标量时，显示模块中的一个窗口；当数据是行向量、列向量或矩阵时，显示模块在右下角显示一个或同时显示向右或向下的小箭头，将模块向右或向下展开可显示多个窗口。

2. **将结果通过输出端口返回到MATLAB命令窗口**

在Sinks接收器模块库中有一个名为outl的模块，将数据输入到这个模块中，该模块就会将数据输出到命令窗口中，并用yout的变量保存，同时还将时间数据用tout保存。存储在工作空间中的结果可以用相应的命令在工作空间中做进一步的分析。例如，plot (tout, yout)。

3. **将仿真结果存储到工作空间中**

存储方式有3种：

① 通过示波器模块向工作空间存储数据。在使用示波器观察数据时，默认情况下会将一个名为Scope Data的数据结构和名为tout的数组存储在工作空间中。也可通过Scope窗口工具栏中“Parameters”按钮，打开一个窗口，对“Data History”进行设置即可。

② 选择To Workspace模块，只要将数据输入到这个模块内，就会将数据保存到工作空间中。

③ 通过Simulation菜单选择“Simulation Parameters”菜单项中的“Workspace I/O”命令，根据各个参数来确定。

7.4.4 仿真的调试方法

功能强大、界面友好的调试功能是优秀系统设计开发平台所必备的条件之一。Simulink作为高性能的系统设计、仿真与分析平台，给用户提供了强大的模型调试工具。通过Simulink的调试工具，用户可以对动态系统的系统模型进行调试，以发现其中可能存在的问题，然后进行修改，从而快速完成系统设计、仿真与分析。不同领域中的不同系统模型，其复杂程度往往相差悬殊，对系统模型调试的复杂度也大不相同。Simulink所提供的图形调试器可以满足多数应用领域系统模型的调试，而并非针对专门的应用领域所设计。

1. **启动Simulink图形调试器**

选择Simulation菜单下的“Debug”→“Debug Model”命令，启动Simulink图形调试器，如图7-29所示。

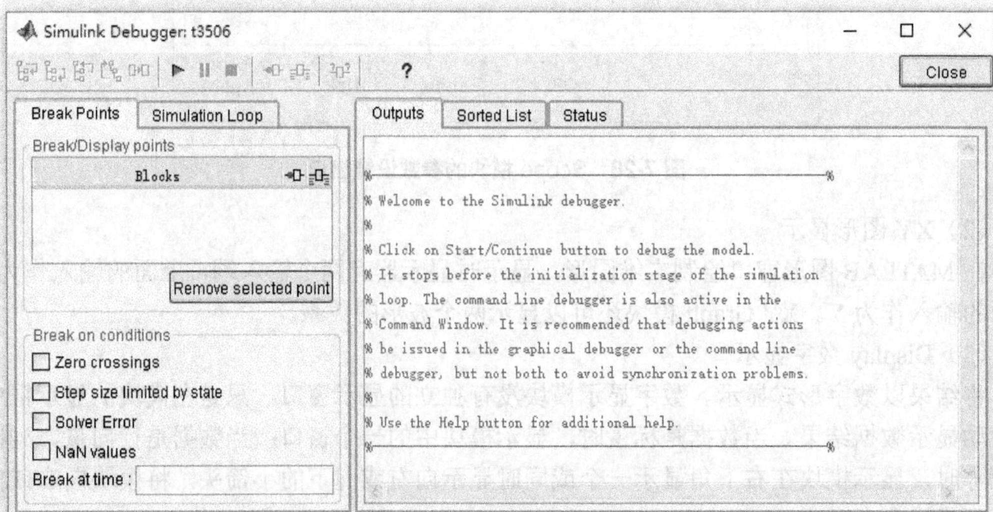

图7-29 Simulink图形调试器

2. 调试器的操作设置与功能

启动 Simulink 调试器，设置合适的调试断点后，便可以对系统模型中指定的模块或信号进行调试。在设置断点进行调试前，首先对 Simulink 图形调试器中的操作设置与功能做一个简单的了解。

（1）Simulink 调试器工具栏

Simulink 调试器工具栏如图 7-30 所示。调试器工具栏上工具图标的功能都比较简单，但有一点需要说明，“跳转到下一个模块方法”与“在下一个仿真时间步跳转到第一个方法”是有区别的。“跳转到下一个模块方法”所需的时间可以大于，也可以小于 Simulink 相邻仿真时刻之间的差值，两者一般并不相等。

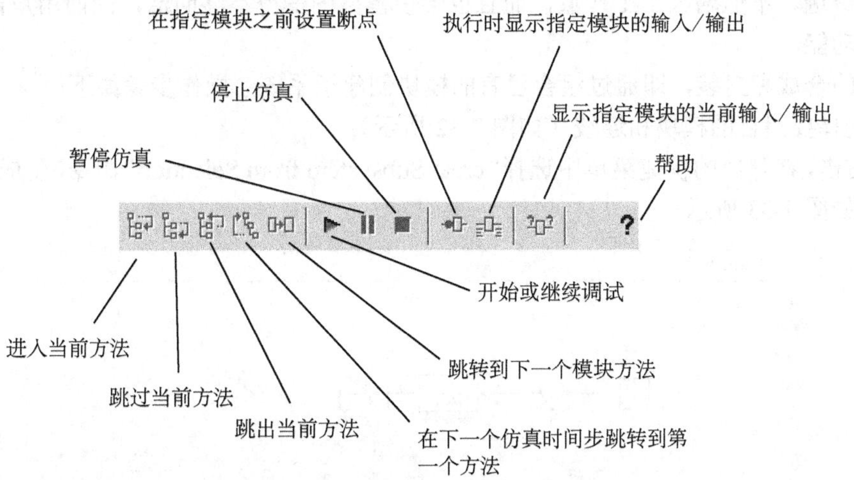

图 7-30　Simulink 调试器工具栏

（2）断点显示及断点条件设置

Simulink 提供了友好的调试界面，用户可以在断点显示框中了解当前断点的信息，如断点位置、断点模块的输入/输出等。一般来说，用户可以在调试操作过程中在指定的模块之前设置断点。但是多数情况下，用户需要在一定的条件下设置系统断点以进行调试。Simulink 调试器提供了 5 种断点设置条件，如图 7-31 所示。

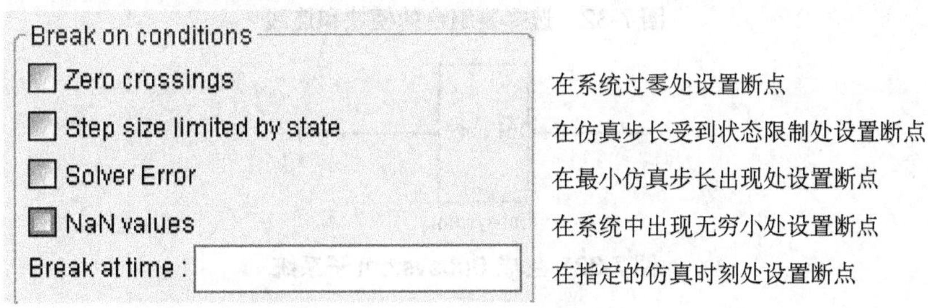

图 7-31　5 种断点设置条件

（3）调试器输出窗口

在对指定的系统模型进行调试时，调试结果均在 Simulink 的输出窗口中显示。主要参数设置有：

➢ Outputs　输出调试结果，如调试时刻、调试的模块，以及输入/输出模块等；

➢ Execution Order　输出调试顺序，即调试过程中各模块的执行顺序；

➢ status　输出调试状态，如当前仿真时间、默认调试命令、调试断点设置，以及断点数等状态信息。

7.5　Simulink的自定义功能模块

在进行复杂的Simulink仿真时，模型图上会摆放很多模型，使模型图的阅读变得很困难。因而，希望能够将一些功能相同的模块合成一个，从而简化模型，这就需要模块的合成功能。同时，对于一些在工程实际中频繁使用的复杂模块，如果每次绘图时都逐一将模块的各个子模块摆放一遍，不但增大了工作量，而且也会使模型图变得不够简洁，因而用户需要使用模块的封装功能。

模块的合成和封装，即通过组合已有的模块创建子系统，操作步骤如下：

① 选择要组合的模块和连线（如图7-32所示）；

② 右击，在弹出的快捷菜单中选择“creat Subsystem from Selection”命令，生成Subsystem子系统，如图7-33所示。

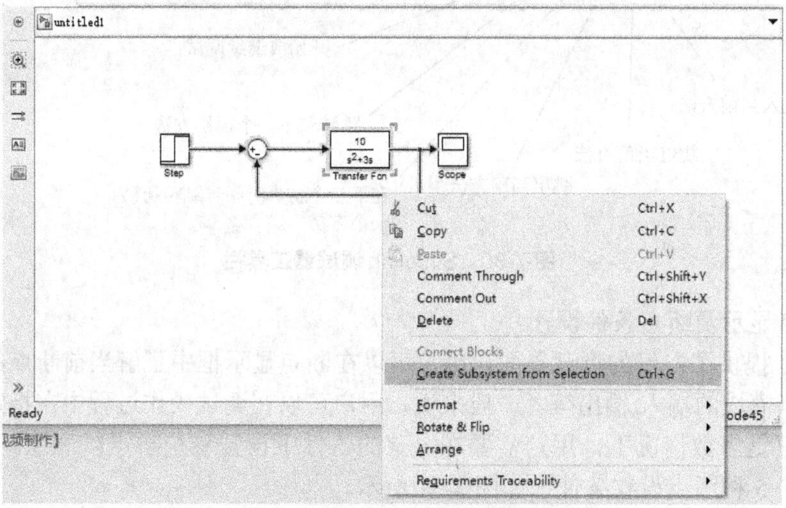

图7-32　选择要组合的模块和连线

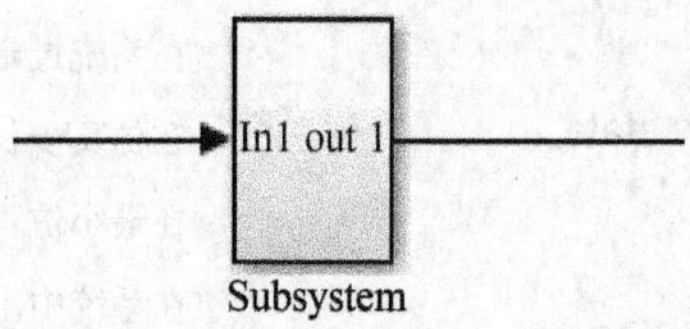

图7-33　生成Subsystem子系统

课后习题7

7-1　在Simulink中如何进行下列操作：

（1）模块翻转；

（2）给模型窗口加标题；

（3）指定仿真时间；

（4）设置示波器的显示刻度。

7-2　为什么要对建立的子系统进行封装?

7-3　大部分现代列车和调度机车都采用电力牵引电机，已知某电力牵引电机控制系统（单位负反馈系统）的开环传递函数如下，利用 Simulink 求系统的单位阶跃响应曲线。

$$G(s)=\frac{2700}{s^2+1.25s}$$

7-4　已知系统框图如图 7-34 所示，试利用 Simulink 实现输入单位正弦信号的响应曲线，要求将原输入信号同时显示。

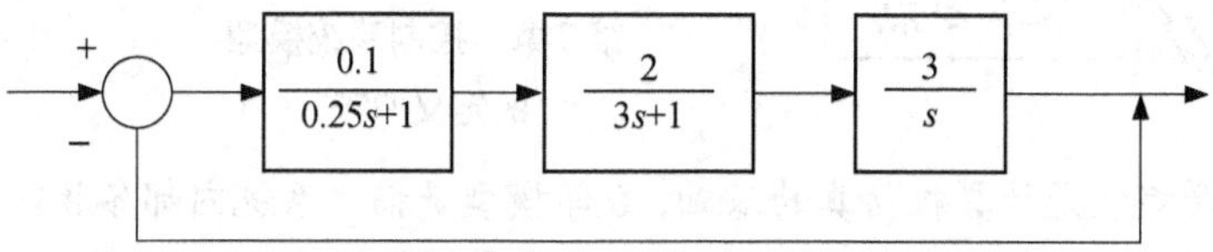

图 7-34　习题 7-4 系统框图

7-5　系统框图如图 7-35 所示，试用 Simulink 进行仿真，并比较在无饱和情况下的系统仿真结果。

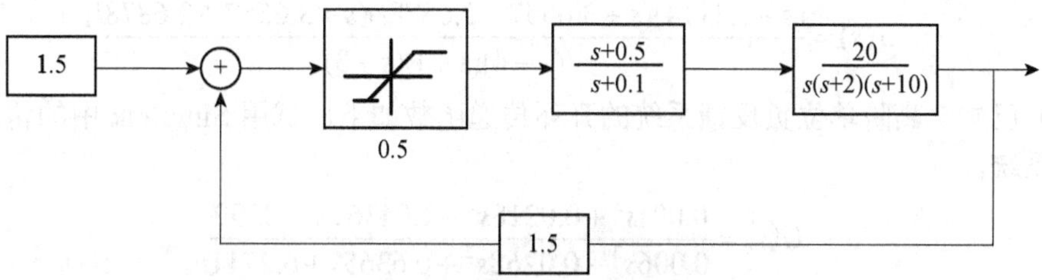

图 7-35　习题 7-5 系统框图

7-6　已知系统框图如图 7-36 所示，其中，系统前向通道的传递函数为

$$G(s)=\frac{s+0.5}{s+0.1}\cdot\frac{20}{s^3+12s^2+20s}$$

而且，前向通道有一个[−0.2,0.5]的限幅环节（表示限幅环节的模块 Saturation 位于 Discontinuties 模块组中），图中用 N 表示，反馈通道的增益为 1.5，系统为负反馈，阶跃输入经 1.5 倍的增益作用到系统。试利用 Simulink 对该闭环系统进行仿真，要求观测其单位阶跃响应曲线。

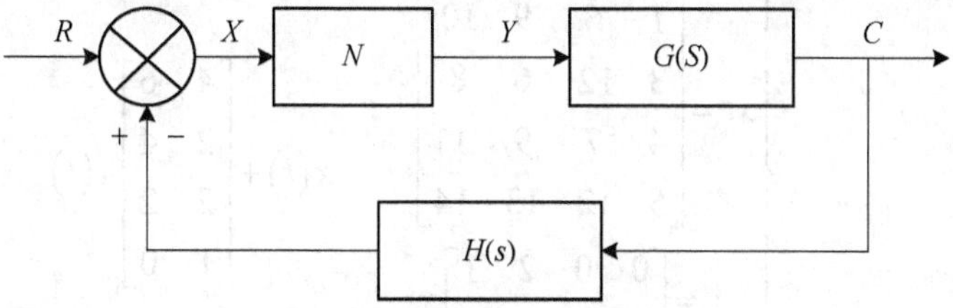

图 7-36　习题 7-6 系统框图

第 8 章　控制系统模型的定义

第 8 章　控制系统模型的定义 PPT

本章要点

建立数学模型是计算机仿真的基础，数学模型是描述系统内部各物理量之间关系的数学表达式。本章学习基于 MATLAB 的控制系统数学模型描述的基本方法，具体内容如下：

1. 系统模型的 MATLAB 描述

（1）已知系统的零极点模型如下，试用 MATLAB 进行描述并封装；

$$G(s)=\frac{(s-1.3114)(s+3.6557-2.6878i)(s+3.6557+2.6878i)}{(s+4)(s+1)(s+3)}$$

（2）已知一高阶单位负反馈系统的开环传递函数如下，试用 Simulink 中的传递函数模块建立系统。

$$G(s)=\frac{0.001s^3+0.0218s^2+1.0436s+9.3599}{0.006s^3+0.0268s^2+0.6365s+6.2711}$$

2. 系统模型的转换和连接

（1）已知两系统的传递函数模型，使用连接函数分别求两系统串联、并联时的传递函数。

$$G_1(s)=\frac{6(s+2)}{(s+1)(s+3)(s+5)},\ G_2(s)=\frac{(s+2.5)}{(s+1)(s+4)}$$

（2）已知某两输入两输出系统的状态方程，用 MATLAB 建立系统的状态空间模型，并求传递函数。考查 ss2tf 函数的使用方法：[b,a] = ss2tf(A,B,C,D,iu)。

$$\begin{cases}\dot{x}t=\begin{bmatrix}1 & 6 & 9 & 10\\3 & 12 & 6 & 8\\4 & 7 & 9 & 11\\5 & 12 & 13 & 14\end{bmatrix}x(t)+\begin{bmatrix}4 & 6\\2 & 4\\2 & 2\\1 & 0\end{bmatrix}u(t)\\ y=\begin{bmatrix}0 & 0 & 2 & 1\\8 & 0 & 2 & 2\end{bmatrix}x\end{cases}$$

（3）已知系统框图如图 8-1 所示，求闭环系统传递函数。其中，$G_1(s)=2/((s+1)(s+8))$，$G_2(s)=1/s$。

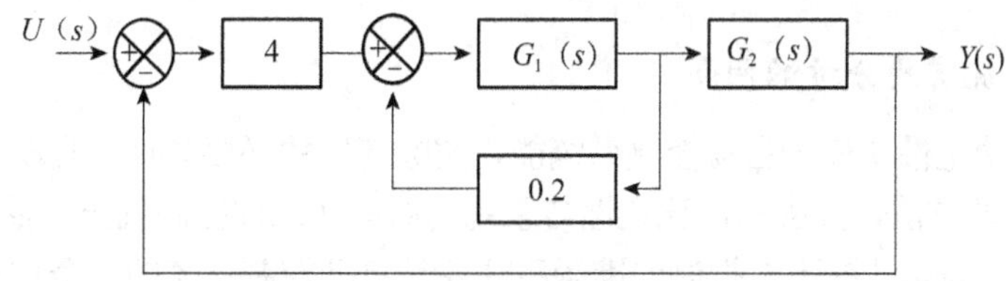

图 8-1 系统框图

8.1 自动控制系统

8.1.1 开环控制与闭环控制

开环控制是一种最简单的控制方式，其特点是，在控制器与被控制对象之间只有正向控制作用而没有反馈控制作用，即系统的输出量对控制量没有影响。开环控制系统的示意框图如图 8-2 所示。

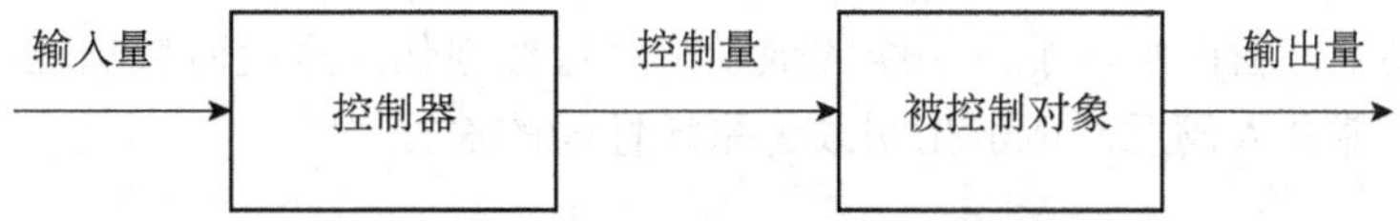

图 8-2 开环控制系统的示意框图

在开环控制系统中，对于每个参考输入量，就有一个与之相对应的工作状态和输出量。系统的精度取决于元件的精度和特性调整的精度。当系统的内扰和外扰影响不大，并且控制精度要求不高时，可采用开环控制方式。

闭环控制的特点是，在控制器与被控制对象之间，不仅存在正向作用，而且存在反馈作用，即系统的输出量对控制量有直接影响。将检测的输出量送回到系统的输入端，并与输入信号比较的过程称为反馈。若反馈信号与输入信号相减，则称为负反馈；反之，若相加，则称为正反馈。输入信号与反馈信号之差，称为偏差信号。偏差信号作用于控制器上，控制器对偏差信号进行某种运算，产生一个控制作用，使系统的输出量趋向于给定的数值。闭环控制的实质，就是利用负反馈的作用来减小系统的误差，因此闭环控制又称为反馈控制，闭环控制系统的示意框图如图 8-3 所示。

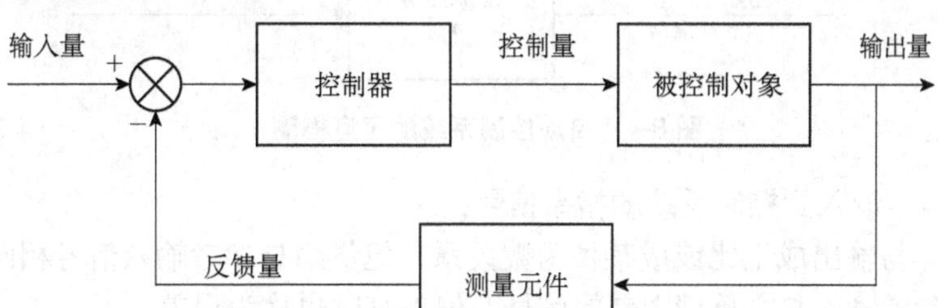

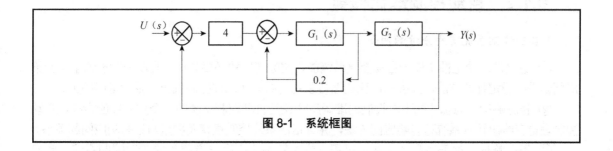

图 8-3 闭环控制系统的示意框图

8.1.2 自动控制理论概要

1.自动控制系统需要分析的问题

① 稳定性：稳定性是任一自动控制系统能否实际应用的必要条件，自动控制理论至少应给出判断系统稳定性的方法，并应指出稳定性与系统的结构（或称控制规律）及参量间的关系。

② 稳态响应：稳态情况下，控制的准确度往往是自动控制系统的一个重要性能指标。自动控制理论应给出计算系统稳态响应的方法，并且指出系统控制规律及参量与稳态响应间的关系。

③ 暂态响应：对于经常处于暂态过程，或对暂态响应有一定要求的自动控制系统，此问题较为重要。自动控制理论需要研究系统的控制规律及参量与暂态响应的关系，并且能提供简捷（但可能不是很精确地）估算暂态响应的方法。

2. 自动控制系统的设计问题

为分析自动控制系统提供理论依据和方法固然重要，但更重要的是，寻求建造一个符合要求的控制系统的思路和方法，或者说有关设计的理论和方法。

当给定一个被控制对象的数学模型、一组要求的性能指标时，希望有一种简捷的方法，解决以下问题：

① 确定一种合适的（也是一定条件下最优的）控制规律及相应的参量。

② 无须求助于方程的解，能从系统的数学模型近似地估计系统时域响应。

③ 若结果不能令人满意，应能指明改善系统性能的途径。

8.1.3 自动控制系统中的术语和定义

如图 8-4 所示是自动控制系统的示意框图，现对其中的术语和定义进行说明。这些术语、定义和代表符号在本书中将经常用到。

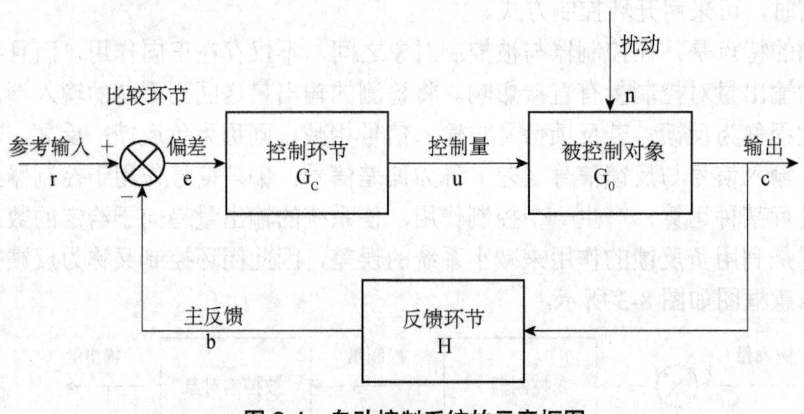

图 8-4 自动控制系统的示意框图

参考输入 r——输入到控制系统的指令信号；

主反馈 b——与输出成正比或成某种函数关系，但量纲与参考输入信号相同；

偏差 e——参考输入与主反馈之差的信号，偏差有时也称为误差；

控制环节 G_C——接收偏差信号，通过转换与运算，产生控制量；

控制量 u——控制环节的输出，作用于被控制对象的信号；

扰动 n——不希望的、影响输出的信号；

控制对象 G_0——它接收控制量并输出被控制量；

输出 c——系统被控制量；

反馈环节 H——将输出转换为主反馈信号的装置；

比较环节——相当于偏差检测器，它的输出量等于两输入量的代数和。箭头上的符号表示输入在此相加或相减。

8.2 控制系统仿真概述

8.2.1 建立数学模型的实验方法简介

自动控制系统是由被控制对象、控制环节和反馈环节 3 个基本部分组成的。通常所说的建立控制系统的数学模型，首要的就是建立被控制对象的数学模型。因为只有在被控制对象的数学模型确定后，才能根据预期的性能要求及限制条件选择某种控制环节和反馈环节，从而构建能够达到目标的控制系统。

通过实验测试被控对象的动态特性而建立数学模型是一种较为常见的建模方法。根据输入激励信号不同，目前主要有以下 3 种实验方法。

1. 时域测定法

此法较为简单实用，它是在被控制对象或系统的输入端施加阶跃信号或脉冲信号，在输出端检测被激励后的响应，然后对所得阶跃响应或脉冲响应进行数据处理，以获得相应的数学模型。

2. 频域测定法

与时域测定法不同，本方法是在被控制对象的输入端施加不同频率的正弦信号，同时检测输出端在不同频率时的响应，然后经过数据处理以确定被控对象的数学模型。这种方法所用设备较时域测定法复杂一些，一般需使用超低频频率特性测试仪。

3. 统计相关测定法

本方法是在被控对象输入端施加某种典型的随机信号，然后根据其各参量的变化，采用统计相关法确定被控制对象的动态特性和数学模型。

8.2.2 建立数学模型的方法

1. 分析法

针对控制系统进行定量分析，研究系统中各物理量之间的变化关系、相互作用和制约关系，首先需要建立其数学模型。通常，我们采用解析法，即根据已有的原理、公式、定理等，通过建立方程式和推导，将实际系统中各变量之间的关系用数学形式表现出来。基本步骤如下：

① 确定系统中各元件的输入、输出物理量。

② 根据物理、化学等定律列出原始方程，并简化。

③ 列出原始方程中中间变量间的关系。

④ 消去中间变量，按模型要求整理最后形式。

2. **实验测定法**

实验测定法是对系统施加一定的输入，测量它的输出，根据输入与输出的数据，通过一定的数学处理得到能反映系统输入与输出之间关系的数学模型。

根据输入信号和输出信号的分析方法不同，可分为以下几种。

① 时域测定法。施加阶跃信号，绘制输出量的响应曲线。

② 频域测定法。施加不同频率的正弦波，测出输入信号与输出信号之间的幅值比和相位差。

③ 统计相关测定法。施加随机信号，根据被控制对象各参数的变化，采用统计相关测定法确定动态特性。

8.2.3 控制系统模型引言

获取微分方程是控制系统模型的基础，通过微分方程来描述线性定常系统。

$$b_0 y_i^{(m)}(t) + b_1 y_i^{(m-1)}(t) + \cdots + b_m y_i(t) = a_0 x_0^{(n)}(t) a_1 x_0^{(n-1)}(t) + \cdots + a_n x_0(t)$$

式中，y_i 是系统的输出，x_0 是系统的输入，在零初始条件下输入与输出的拉普拉斯变换之比就是该系统的传递函数。

$$G(s) = \frac{Y_{i(s)}}{X_{0(s)}} = \frac{b_0 s^m + b_1 s^{m-1} + \cdots + b_{m-1} s + b_m}{a_0 s^n + a_1 s^{n-1} + \cdots + a_{n-1} s + a_n}$$

控制系统常用的模型：传递函数模型、零极点形式的数学模型、状态空间模型，各模型之间都有内在联系，可以相互转换。

8.3 模型的描述、生成与封装

8.3.1 传递函数模型的描述（tf 模型）

1. **传递函数**

控制系统中对于单输入和单输出（SISO）系统，其函数模型如下，描述了系统中输入与输出的关系，即传递函数。

$$G(s) = \frac{\mathrm{num}(s)}{\mathrm{den}(s)} = \frac{b_1 s^m + b_2 s^{m-1} + \cdots + b_{m+1}}{a_1 s^n + a_2 s^{n-1} + \cdots + a_{n+1}}$$

其中，s 为常数，且 a_1 不为 0，最高阶表示系统的阶数；分母是输入量、分子是输出量；$a_1 \cdots a_{n+1}$ 是传递函数输入的系数，$b_1 \ldots b_{n+1}$ 是传递函数输出的系数。

MATLAB 中使用传递函数中分子、分母的系数来描述传递函数，分别将两个系数向量按照降幂的形式进行定义。可以使用逗号、空格分隔系数。

$$\mathrm{num} = [b_1 b_2 \cdots b_{m+1}]$$

$$\mathrm{den} = [a_1 a_2 \cdots a_{n+1}]$$

【例 8-3-1】已知系统的传递函数如下，试用 MATLAB 命令进行描述。

$$G(s)=\frac{1}{s^3+s^2+2s+23}$$

解：MATLAB 命令描述如下。

```
num=1;
den=[1 1 2 23];
```

例题解析：

☞ 通过分别对分子、分母的系数进行定义来描述传递函数。通常，使用分子为 num 开头的变量，分母为 den 开头的变量。

【例 8-3-2】已知二阶系统的传递函数，用 MATLAB 命令进行描述。其中，λ，ω_n 为系统的阻尼比和震荡角频率，并设其值分别为 0.1 和 6。

$$G(s)=\frac{\omega_n^2}{s^2+2\lambda\omega_n s+\omega_n^2}$$

解：MATLAB 命令描述如下。

```
w=6;
v=0.1;
num=[w^2];
den=[12*v*ww^2];
```

2. 传递函数中 conv()函数的使用

传递函数的分子、分母为多项式相乘时，可利用多项式乘法运算函数 conv()处理。注意 conv()函数的多重嵌套。

【例 8-3-3】已知系统的模型如下，试用 MATLAB 进行描述。

$$G(s)=\frac{4(s+2)(s^2+6s+6)^2}{s(s+1)^3(s^3+3s^2+2s+5)}$$

解：MATLAB 命令描述如下。

```
num=4*conv([1,2],conv([1,6,6],[1,6,6]));
den=conv([1,0],conv([1,1],conv([1,1],conv([1,1],[1,3,2,5]))));
```

3. 部分分式展开函数 residue()

传递函数模型部分的部分分式展开函数 residue()，对分式形式的函数模型进行部分展开，其格式如下：

[r,p,k]=residue(num,den)

其中，向量 num,den 是按照降幂排列的多项式系数，部分展开后余数返回给 r，极点返回给 p，常数项返回给 k。

$$\frac{\text{num}(s)}{\text{den}(s)}=\frac{\text{num}_m s^m+\text{num}_{m-1}s^{m-1}+\cdots+\text{num}_1 s+\text{num}_0}{\text{den}_n s^n+\text{den}_{n-1}s^{n-1}+\cdots+\text{den}_1 s+\text{den}_0}$$

$$=\frac{r_n}{s-p_n}+\cdots+\frac{r_2}{s-p_2}+\frac{r_1}{s-p_1}+k(s)$$

【例 8-3-4】已知系统的传递函数如下，求部分分式表示形式。

$$G(s)=\frac{2s^2+9s+1}{s^3+s^2+4s+4}$$

解：程序如下。

```
>>num=[2,9,1];den=[1,1,4,4];
>>[r,p,k]=residue(num,den);   %求系统部分分式
```

运行程序，结果如下：

```
r = 0.0000 - 0.2500i
    0.0000 + 0.2500i
    -2.0000
p = -0.0000 + 2.0000i
    -0.0000 - 2.0000i
    -1.0000
k = 2
```

部分分式表示形式：

$$G(s)=2+\frac{-0.25i}{s-2i}+\frac{0.25i}{s+2i}+\frac{-2}{s+1}$$

由上述方法求得的部分分式，同样可以使用函数[num,den]=residue(r,p,k)得到多项式形式。以例 8-3-4 的结果为例：

```
>>[num,den]=residue(r,p,k);      %求传递函数形式
>>printsys(num,den,'s')          %显示传递函数形式
```

运行程序，结果如下：

```
num =    2.0000    9.0000    1.0000
den =    1.0000    1.0000    4.0000    4.0000
num/den =
      2 s^2 + 9 s + 1
   ---------------------
    s^3 + 1 s^2 + 4 s + 4
```

8.3.2 零极点模型的描述（zpk 模型）

控制系统传递函数的另外一种特殊描述形式是零极点模型，通过 3 组变量增益、零点和极点进行描述。

$$\mathrm{G}(s)=k\frac{(s-z_1)(s-z_2)\cdots(s-z_m)}{(s-p_1)(s-p_2)\cdots(s-p_n)}$$

其中，k，z，p 分别为系统增益、系统零点、系统极点。

$$k=[k]$$

$$z=[z_1 z_2\cdots z_m]$$

$$p=[p_1 p_2\cdots p_n]$$

【例 8-3-5】已知系统的零极点模型如下，试用 MATLAB 进行描述。

$$\mathrm{G}(s)=\frac{3s^2(s+4)}{(s+4)\,(s+1)\,(s+2)\,(s+3)}$$

解：MATLAB 命令描述如下。

```
k=3
z=[0 0 -4]
```

```
p=[-4 -1 -2 -3]
```

例题解析：

☞　分子为 s^2（s+4）的情况，则需要定义 z=[0 0 −4]，前两项 0 代表 s+0，第 3 项带符号描述为−4。

8.3.3　状态空间模型的描述（ss 模型）

控制系统的数学模型在适当的假设下使用微分方程和代数方程组合的形式描述，通过输入、输出的关系构建系统的特性关系，建立传递函数。然而采用传递函数进行分析和设计时，不能够直接知道输入和输出外的系统状态。需要引入能够描述系统当前状态的状态变量，即在给定的数学模型中，给出其变量的当前值，能够确定系统以后状态所需要的最少变量组。

与状态变量有关的一阶联立方程组称为状态方程：

$$\dot{x}(t)=\boldsymbol{A}x(t)+\boldsymbol{B}u(t)$$
$$y(t)=\boldsymbol{C}x(t)+\boldsymbol{D}u(t)$$

上式中，u 为系统输入或控制向量，y 为系统输出或输出向量，x 为状态向量。系统的状态方程可以用一个矩阵组$(\boldsymbol{A},\boldsymbol{B},\boldsymbol{C},\boldsymbol{D})$表示，其中 x 的描述矩阵 $\boldsymbol{A}$ 为系统矩阵，是 $N\times N$ 矩阵，可以描述 N 个系统状态；$\boldsymbol{B}$ 为输入矩阵（$N\times R$），R 个输入；y 的描述由状态变量和输入函数来描述，$\boldsymbol{C}$ 为输出矩阵，是 $M\times N$ 矩阵，M 个输出；$\boldsymbol{D}$ 为前向反馈矩阵。

【例 8-3-6】已知系统的状态方程如下，试用 MATLAB 进行描述。

$$\begin{cases}\dot{x}t=\begin{bmatrix}-6 & 11 & -6\\ 1 & 0 & 0\\ 0 & 1 & 0\end{bmatrix}x(t)+\begin{bmatrix}1\\0\\0\end{bmatrix}u(t)\\ y(t)=\begin{bmatrix}6 & 4 & 72\end{bmatrix}x(t)\end{cases}$$

解：MATLAB 命令描述如下。

```
A=[-6 11 6;1 0 0;0 1 0]
B=[1;0;0]
C=[6 4 72]
D=[0]
```

例题解析：

☞　分别定义 A,B,C,D 的描述矩阵，注意 D 为空时也需要定义其为 0 矩阵。

8.3.4　线性定常系统 LTI 模型的生成

为避免一个系统采用多个变量进行描述，方便使用系统框图表示控制系统，MATLAB 中常将 LTI 系统的描述封装为一个对象，用一个变量进行描述。这个封装的过程常称为系统模型生成。

1. tf()函数生成传递函数模型

- sys=tf(num,den)　　%生成连续时间系统的传递函数模型；
- sys=tf(num,den,Ts)　　%生成离散时间系统的传递函数模型，Ts 为采样时间；
- sys=tf(num,den,'InputDelay',tao)　　%生成带延迟时间系统的传递函数模型。

$$G_d(s) = G(s)e^{ts}$$

【例 8-3-7】已知系统的传递函数，给出使用 MATLAB 命令封装后的系统描述。

$$G(s) = \frac{36}{s^2 + 6s + 36}$$

解：程序及运行结果如下。

```
>>sys=tf(36,[1, 6, 36])
Transfer function:
      36
--------------
s^2 + 6 s + 36
```

2. zpk()函数生成零极点形式的模型

- sys=zpk(z,p,k) %生成连续系统的零极点模型；
- sys=zpk(z,p,k,Ts) %生成离散系统的零极点模型，Ts 为采样时间；
- sys=zpk(z,p,k,' InputDelay' , tao) %生成带延迟时间系统的零极点模型。

【例 8-3-8】已知系统的传递函数如下，用 MATLAB 建立系统的零极点模型。

$$G(s) = \frac{6(s+3)}{(s+1)\ (s+2)\ (s+5)}$$

解：程序及运行结果如下。

```
>>z=[-3];p=[-1,-2,-5];k=6;          %定义零极点参数
>> sys=zpk(z,p,k)                    %生成零极点模型
Zero/pole/gain:
   6(s+3)
-----------------
(s+1)(s+2)(s+5)
```

3. ss()函数生成状态空间模型

sys=ss(a,b,c,d) %生成连续系统的状态空间模型。

【例 8-3-9】已知系统的状态方程如下，用 MATLAB 建立系统的状态空间模型。

$$\begin{cases} \dot{x}t = \begin{bmatrix} -6 & 11 & -6 \\ 1 & 0 & 0 \\ 0 & 1 & 0 \end{bmatrix} x(t) + \begin{bmatrix} 1 \\ 0 \\ 0 \end{bmatrix} u(t) \\ y(t) = \begin{bmatrix} 6 & 4 & 72 \end{bmatrix} x(t) \end{cases}$$

解：程序及运行结果如下。

```
>>A=[-6 11 6;1 0 0;0 1 0];B=[1;0;0];C=[6 4 72];D=[0];  %定义状态方程各项参数
>> sys=ss(A,B,C,D)                                      %生成状态空间模型
a =
        x1  x2  x3
   x1   -6  11   6
   x2    1   0   0
   x3    0   1   0
 b =
         u1
    x1   1
    x2   0
    x3   0
 c =
```

```
         x1  x2  x3
   y1     6   4  72
d =
         u1
   y1   0
```

4. **获取系统参数**

- [num,den] =tfdata(sys)　　　%获取传递函数模型的参数；
- [num,den] =tfdata(sys,'v')　　%返回向量形式的分子、分母多项式系数；
- [z,p,k]=zpkdata(sys)　　　　%函数返回零极点模型的参数；
- [a,b,c,d] =ssdata(sys)　　　%函数返回状态空间模型的参数。

注意：由此类函数取得参数的数据结构为元胞数组，调用和使用具体元素时采用元胞数组元素的获取方法。

【例 8-3-10】系统的生成和参数的取得实例。

解：程序及运行结果如下。

```
>>sys=tf(36,[1, 6, 36])
Transfer function:
      36
--------------
s^2 + 6 s + 36
>>[num,den] =tfdata(sys)
>> num{1,1}
ans =
    0    0   36
>> den{1,1}
ans =
    1    6   36
```

元胞数组如图 8-5 所示。

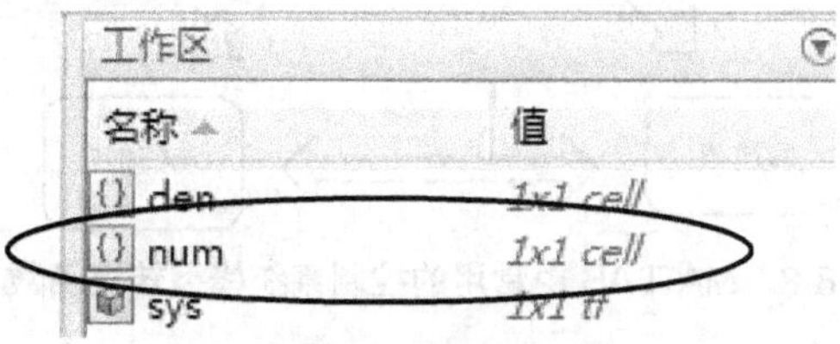

图 8-5　元胞数组

例题解析：

- 以函数 tfdata()为例，输入已知的系统模型变量，输出指定的传递函数分子、分母变量。
- 注意，通过系统参数函数取得的数值，可以在工作区变量中看到具体数值。但由于是通过函数确定的，不能事先确定其数值的数据类型，所以得到的结果为元胞数组的形式，需要使用大括号得到具体的数值。

5. Simulink **在系统模型描述中的应用**

【例 8-3-11】已知单位负反馈系统的开环传递函数如下，试用 Simulink 中的传递函数和零极点分别表示系统模型。

$$G(s)=\frac{2s+10}{s^2+3s}=\frac{2(s+5)}{s(s+3)}$$

（1）传递函数表示系统模型如图 8-6 所示。

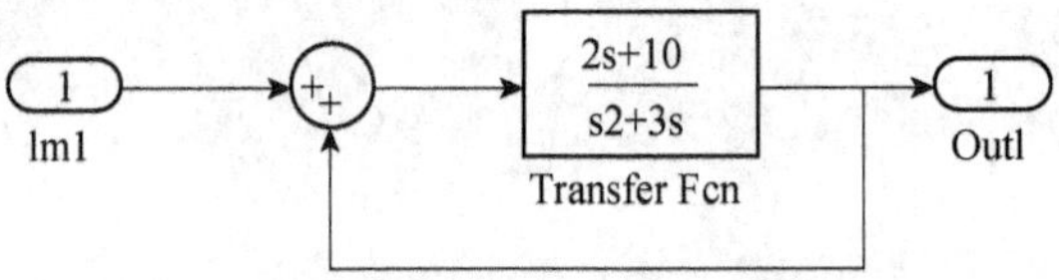

图 8-6　传递函数表示系统模型

（2）零极点表示系统模型如图 8-7 所示。

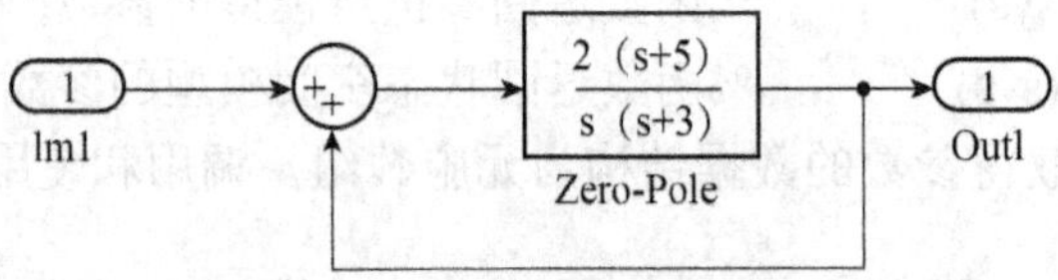

图 8-7　零极点表示系统模型

8.4　控制系统数学模型的转换和连接

8.4.1　系统模型的转换

MATLAB 中常用的控制系统模型转换函数如图 8-8 所示。

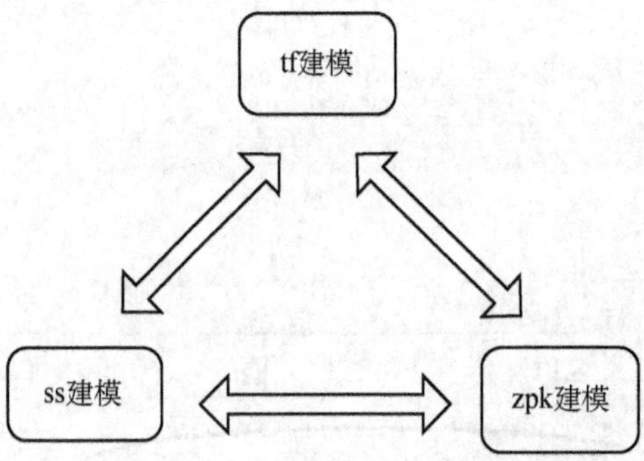

图 8-8　MATLAB 中常用的控制系统模型转换函数

- [z,p,k] = tf2zp(num,den)　　　%传递函数模型转换为零极点模型；
- [a,b,c,d] = tf2ss(num,den)　　　%传递函数模型转换为状态空间模型；
- [num,den] = zp2tf (z,p,k)　　　%零极点模型转换为传递函数模型；
- [a,b,c,d] = zp2ss(z,p,k)　　　%零极点函数模型转换为状态空间模型；
- [num,den] = ss2tf(a,b,c,d,iu)　　　%状态空间模型转换为传递函数模型；
- [z,p,k] = ss2zp(a,b,c,d,iu)　　　%状态空间模型转换为零极点模型。

注意：ss2tf(a,b,c,d,iu)和 ss2zp(a,b,c,d,iu)中的 iu 表示对系统的第 iu 个输入量求零点、极点和增益。

使用该函数需要注意，当系统输入不唯一时，系统默认输入为 1，其他选择必须指定参数 iu。例如，系统有 3 个输入分别为 u1，u2，u3 时，必须指定 iu 为 1，2 或 3，指定后分别计算 iu 为输入时的传递函数。

【例 8-4-1】常用的控制系统模型的相互转换。已知系统传递函数 $G(s)$，给出零极点和状态方程模型。

$$G(s)=\frac{6s^2+42s+72}{s^3+6s^2+11s+6}$$

解：程序及运行结果如下。

```
>>num=[0 6 42 72]; den=[1 6 11 6];
>>sys=tf(num,den)
Transfer function:
  6 s^2 + 42 s + 72
----------------------
s^3 + 6 s^2 + 11 s + 6
>>[z,p,k]=tf2zp(num,den)
>>syszp=zpk(z,p,k)
Zero/pole/gain:
  6 (s+4) (s+3)
-----------------
(s+3) (s+2) (s+1)
>>[a,b,c,d]=tf2ss(num,den)
a =     -6   -11    -6
         1     0     0
         0     1     0
b =    1
       0
       0
c =     6    42    72
d =     0
```

【例 8-4-2】已知单输入三输出系统的传递函数，求其状态空间模型。

$$G(s)=\begin{bmatrix}\dfrac{-2}{s^3+6s^2+11s+6}\\ \dfrac{-s-5}{s^3+6s^2+11s+6}\\ \dfrac{s^2+2s}{s^3+6s^2+11s+6}\end{bmatrix}$$

解：程序及运行结果如下。

```
>> num=[0 0 -2; 0 -1 -5; 1 2 0];
>> den=[1 6 11 6];
>> [A,B,C,D]=tf2ss(num,den)
A =
    -6   -11    -6
     1     0     0
     0     1     0
B =
     1
     0
     0
C =
     0     0    -2
     0    -1    -5
     1     2     0
D =
     0
     0
     0
```

【例 8-4-3】已知系统状态方程如下，试求系统的传递函数。

$$\begin{bmatrix}\dot{x}_1\\ \dot{x}_2\end{bmatrix}=\begin{bmatrix}-1 & 1\\ 6.5 & 0\end{bmatrix}\begin{bmatrix}x_1\\ x_2\end{bmatrix}+\begin{bmatrix}1 & 1\\ 1 & 0\end{bmatrix}\begin{bmatrix}u_1\\ u_2\end{bmatrix}$$

$$\begin{bmatrix}\dot{y}_1\\ \dot{y}_2\end{bmatrix}=\begin{bmatrix}1 & 1\\ 1 & 0\end{bmatrix}\begin{bmatrix}x_1\\ x_2\end{bmatrix}+\begin{bmatrix}0 & 0\\ 0 & 0\end{bmatrix}\begin{bmatrix}u_1\\ u_2\end{bmatrix}$$

解：程序及运行结果如下。

```
>> A=[-1 -1; 6.5 0];
>> B=[1 1; 1 0];
>> C =[1 1; 1 0];
>> D=[0 0;0 0];
>> [num,den]=ss2tf[A,B,C,D,1]     %针对系统的第1个输入量求对应的2个传递函数的系数向量num
                                  和 den
num =
       0    2.0000    6.5000
       0    1.0000   -1.0000
den =
   1.0000    1.0000    6.5000
>> sys1=tf(num(1,:),den)          %针对第1个输入量求第1个传递函数
sys1 =
   2 s + 6.5
  -------------
  s^2 + s + 6.5
>> sys2=tf(num(2,:),den)          %针对第1个输入量求第2个传递函数
sys2 =
      s - 1
  -------------
  s^2 + s + 6.5
>> [num,den]=ss2tf(A,B,C,D,2)]    %针对系统的第2个输入量求对应的2个传递函数的系数向量num
                                  和 den
num =
       0    1.0000    6.5000
       0    1.0000         0
den =
   1.0000    1.0000    6.5000
>> sys3=tf(num(1,:),den)          %针对第2个输入量求第1个传递函数
sys3 =
    s + 6.5
  -------------
  s^2 + s + 6.5
>> sys4=tf(num(2,:),den)          %针对第2个输入量求第2个传递函数
sys4 =
        s
  -------------
  s^2 + s + 6.5
```

例题解析：

➢ ss2tf()函数的语法格式为：[num,den] = ss2tf(A,B,C,D,iu)。通过观察 B、C 矩阵的形式，可以看出状态方程描述的是 2 输入 2 输出的系统。

8.4.2 系统模型的连接

一个控制系统常由多个简单系统连接组合而成，MATLAB 中提供了将多个简单 LTI 系统

连接的方法，即运算符重载和连接函数。

1. **运算符重载**

- MATLAB 中可以对多个简单 LTI 系统进行加法、减法和乘法运算；
- 加法、减法相当于系统并联，乘法相当于系统串联；
- 通过运算符重载的方式实现；
- 对于不同类型的运算，其结果由优先级决定：ss>zpk>tf；
- 运算中也可将不同类型的系统转换后再进行运算。

运算符重载：如系统 sys1 为 tf，sys2 为 ss，通过运算符重载求和。sys=sys1+tf(sys2)与 sys=sys1+sys2，tf(sys)等效。

【例 8-4-4】已知两系统的传递函数如下，通过运算符重载实现系统的串联和并联。

$$G(s)=\frac{6s^2+42s+72}{s^3+6s^2+11s+6} \quad H(s)=\frac{6(s+3)}{(s+1)(s+2)(s+5)}$$

解：程序如下。

```
>>num=[6 42 72];den=[1 6 11 6];
>>z=-3;p=[-1 -2 -5];k=6;
>>sys1=tf(num,den);
>>sys2=zpk(z,p,k);
>>sysA=sys1+tf(sys2)  %求 sys1 和 sys2 的并联结构
>>sysB=sys1*tf(sys2)  %求 sys1 和 sys2 的串联结构
```

2. **连接函数**

（1）串联

系统串联如图 8-9 所示。

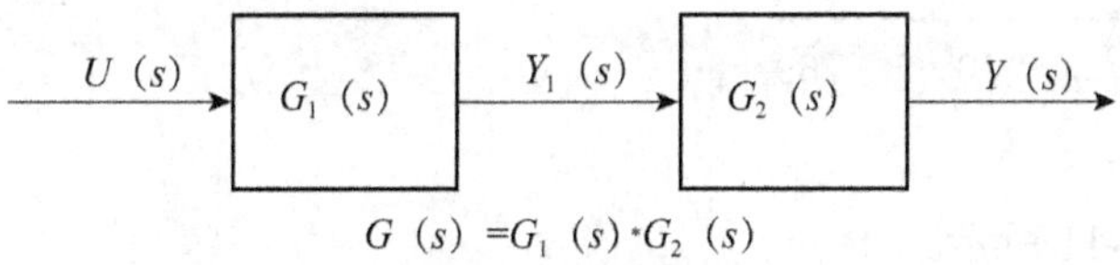

图 8-9 系统串联

- sys = series (sysA, sysB) %使用生成的系统实现子系统的串联；
- [num,den]= series (numA, denA, numB, denB) %直接使用子系统参数完成系统串联。

【例 8-4-5】已知两系统的传递函数如下，通过连接函数实现系统的串联。

$$G_1(s)=\frac{1}{s^3+s^2+2s+23} G_2(s)=\frac{1}{2s-3}$$

解：程序及运行结果如下。

```
>> numA=1;denA=[1 1 2 23];
>> numB=1;denB=[2 -3];
>> sysA=tf(numA,denA);
>> sysB=tf(numB,denB);
>> sys=series(sysA,sysB)
sys =
              1
  ------------------------------
  2 s^4 - s^3 + s^2 + 40 s - 69
```

（2）并联

系统并联如图 8-10 所示。

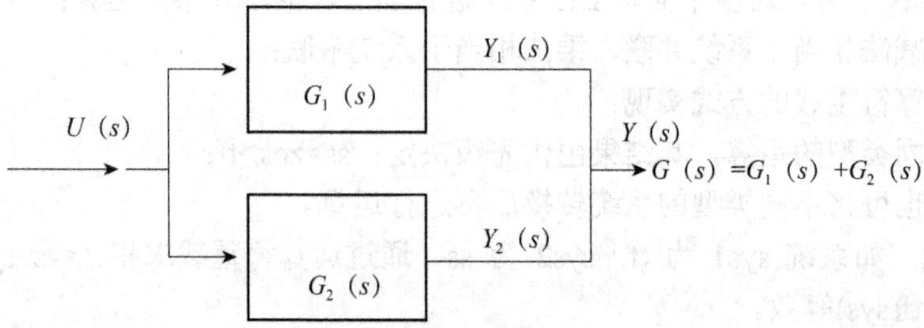

图 8-10　系统并联

➢ sys = parallel (sysA, sysB)　%使用生成的系统实现子系统的并联；

➢ [num,den]= parallel (numA, denA, numB, denB)　%直接使用子系统参数完成系统并联。

【例 8-4-6】已知两系统的传递函数如下，通过连接函数实现系统的并联。

$$G_1(s)=\frac{1}{s^3+s^2+2s+23}\quad G_2(s)=\frac{1}{2s-3}$$

解：程序及运行结果如下。

```
>> numA=1;denA=[1 1 2 23];
>> numB=1;denB=[2 -3];
>> sysA=tf(numA,denA);
>> sysB=tf(numB,denB);
>> sys=parallel (sysA,sysB)
sys =
      s^3 + s^2 + 4 s + 20
  ----------------------------
  2 s^4 - s^3 + s^2 + 40 s - 69
```

（3）反馈

系统反馈如图 8-11 所示。

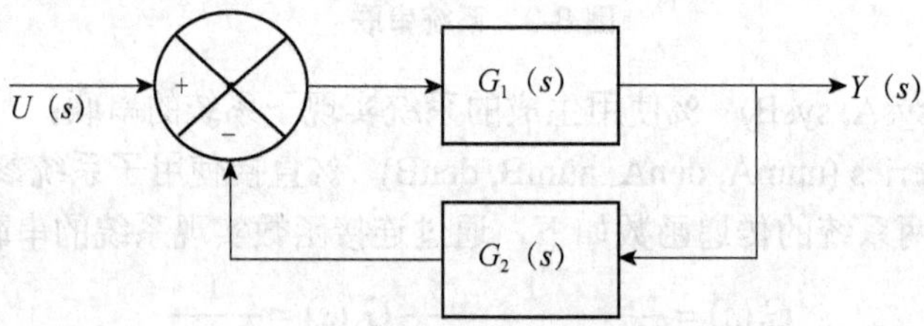

图 8-11　系统反馈

➢ sys = feedback (sysA, sysB, sign);

➢ [num, den] = feedback (numA, denA, numB, denB, sign)。

其中，sign 为反馈形式，sign=+1 表示正反馈，sign=−1 表示负反馈（系统默认值）。

【例 8-4-7】已知系统的传递函数如下，通过连接函数实现系统的反馈。

$$G(s)=\frac{1}{s^3+s^2+2s+23}$$

解：程序如下。

```
>> num=1;den=[1 1 2 23];
>> sys=tf(num,den);
>> sys1=feedback(sys,1,-1)  %传递函数与 1 进行负反馈
```

课后习题8

8-1　求以下系统模型的零点、极点和增益。

（1）$G(s)=\dfrac{5s+3}{s^3+6s^2+11s+6}$；　　（2）$G(s)=\dfrac{s(s+1)}{2(s+4)(s+13)(s+29)}$。

8-2　习题 8-2 系统框图如图 8-2 所示，建立系统的传递函数模型，并将其转化为零极点增益形式和状态空间形式。

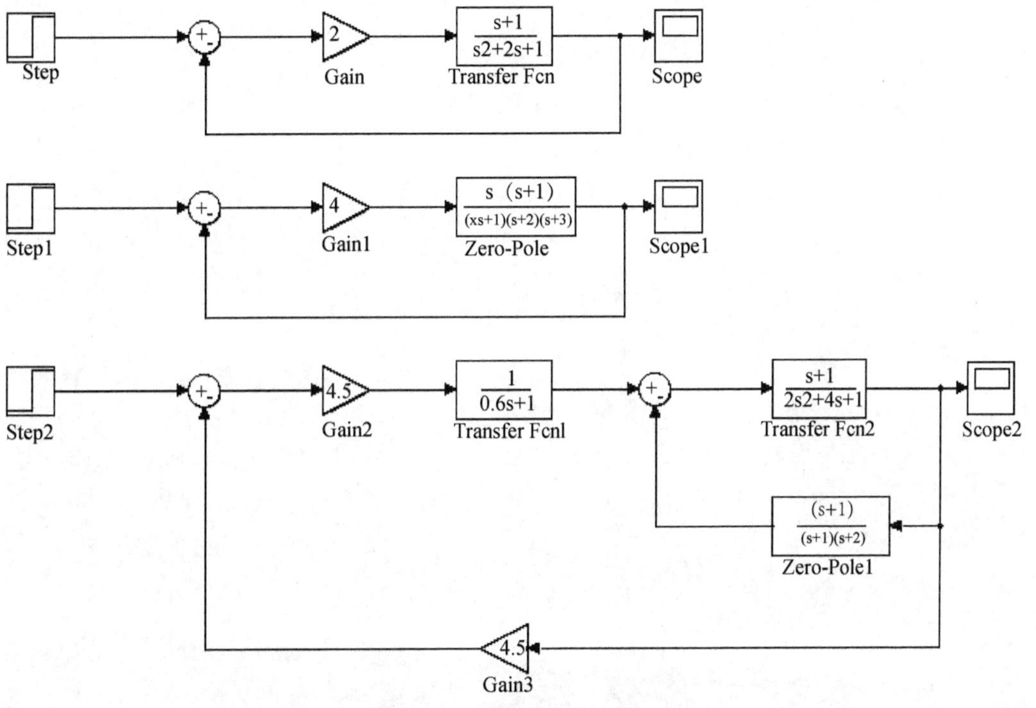

图 8-12　习题 8-2 系统框图

8-3　控制系统的状态方程和输出方程如下，建立系统的状态空间模型，并将其转化为传递函数模型和零极点增益模型。

$$\begin{cases}\dot{x}=\begin{bmatrix}0 & 10 & -1\\ 1 & 00 & -4\\ 0 & 20 & -3\\ 1 & 00 & -2\end{bmatrix}x+\begin{bmatrix}0\\0\\0\\1\end{bmatrix}u\\ y=\begin{bmatrix}1 & 0 & 0 & 0\end{bmatrix}x\end{cases}$$

8-4　已知单位负反馈二阶系统的开环传递函数为$G(s)=\dfrac{12}{s^3+10s+6}$，试利用 Simulink 建立系统在单位阶跃输入作用下的模型。

8-5　已知两系统的传递函数$G_1(s)=\dfrac{4s+7}{6s^2+5s+2}$，$G_2(s)=\dfrac{s+5}{s^2+12s+8}$，试分别求两系统串联、并联时的传递函数。

第 9 章　控制系统的稳定性分析

本章要点

第 9 章　控制系统的稳定性分析 PPT

本章学习两部分内容，一是控制系统稳定性分析方法，包括：

（1）利用控制系统稳定性判据设计程序，求解满足稳定性要求的对象数据，并判断。

（2）使用 MATLAB 中提供的绘制零极点图形工具，在绘图窗口中直观地绘制系统零点、极点，根据极点在平面中的位置分布判断给定系统的稳定性。

二是控制系统响应曲线的绘制方法，包括：

（1）单位阶跃响应曲线、单位脉冲响应曲线、零输入响应曲线、任意输入响应曲线；

（2）使用 Simulink 实现系统时域响应曲线的方法。具体内容如下：

a. 控制系统的稳定性分析

已知单位负反馈系统的开环传递函数如下，绘制系统的单位负反馈零极点图并判断系统的稳定性。（可利用多项式乘法运算函数 conv()处理）

$$G(s)=\frac{7(s+1)}{s(s+3)(s^2+4s+5)}$$

b. 控制系统响应曲线的绘制方法

① 计算以下系统的正弦波响应，已知正弦波的周期为 4s，信号持续时间为 25s，表示采样周期为 0.1s，并使用 Simulink 实现仿真。

$$\begin{bmatrix}\dot{x}_1\\ \dot{x}_2\end{bmatrix}=\begin{bmatrix}0 & 1\\ -2 & -3\end{bmatrix}\begin{bmatrix}x_1\\ x_2\end{bmatrix}+\begin{bmatrix}0\\ 1\end{bmatrix}u$$

$$y=[1\ 0]\begin{bmatrix}x_1\\ x_2\end{bmatrix}$$

② 已知单位负反馈系统，其开环传递函数如下，系统输入信号为下图的三角波，用两种方法求系统输出响应，并将输入和输出信号对比显示，输入信号如图 9-1 所示。

$$G(s)=\frac{s+2}{s^2+10s+1}$$

- 试编制 MATLAB 程序；

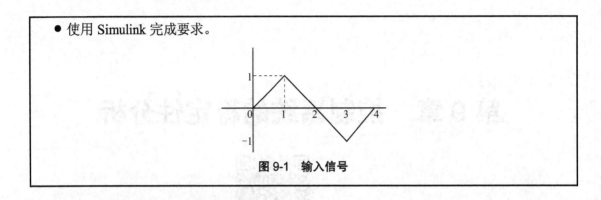

● 使用 Simulink 完成要求。

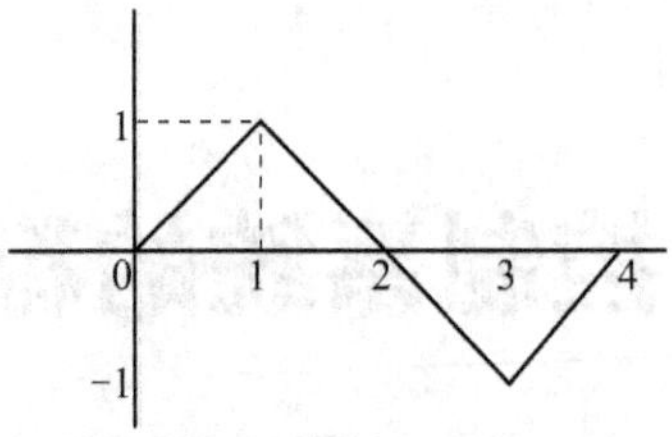

图 9-1 输入信号

9.1 控制系统的稳定性分析

前面章节介绍了如何使用 MATLAB 命令实现控制系统定义的方法。本章介绍通过不同的分析手段，如根据稳定性判断编制程序、绘制图形并根据极点在平面中的位置分布判断给定系统的稳定性，使用 Simulink 实现系统稳定性分析。如图 9-2 所示，使用 Simulink 绘制负反馈系统的阶跃响应曲线，通过响应曲线的性能指标进行分析。

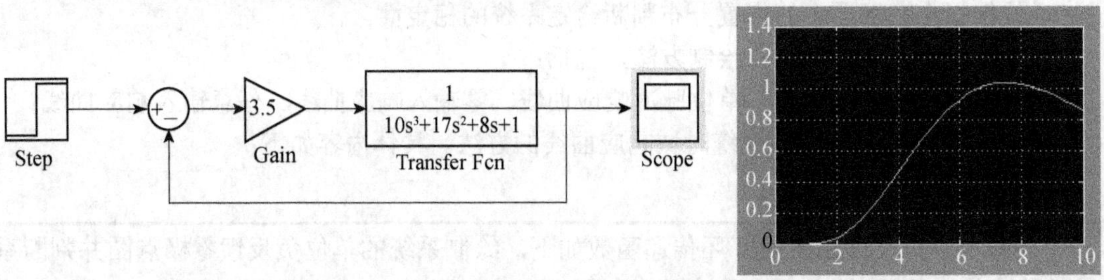

图 9-2 使用 Simulink 实现时域响应分析

稳定性：被控系统在初始偏差作用下，其过渡过程随时间的推移衰减并趋于 0，即要求系统时域响应的动态分量随时间的变化最终趋于 0。

系统稳定性是控制系统最重要的问题，是系统正常工作的首要条件。控制系统在实际运行中总会受到外界和内部因素的扰动，例如，负载的波动、环境因素的改变、系统参数的变化等。如果系统不稳定，当系统受到扰动时，系统中各物理量就会偏离其稳定工作点，即使其扰动消失也不能恢复原有的平衡状态。也就是说，如果系统受到扰动后，偏离了原有的平衡状态，当扰动消失后，系统能够恢复原有的状态，则系统是稳定的；否则系统是不稳定的。重要的是，稳定性是系统固有的特性，它取决于系统本身的结构和参数，与输入无关。

系统稳定性判断的方法较多，使用 MATLAB 提供的工具箱函数、响应曲线的绘制函数非常方便求解和分析。本节学习利用 MATLAB 进行控制系统稳定性判别的基本方法，主要分为以下 3 种：

① 使用编程的方法，按照稳定性判断的要求，计算结果如系统的特征根，并通过设计程序判断特征根的分布情况，给出稳定性判断结果。

② 使用 MATLAB 提供的工具箱函数绘制系统的零极点图，直接判断系统稳定性。

③ 绘制响应曲线，通过观察响应曲线是否随时间推移逐渐衰减来判断系统稳定性。

9.1.1　直接判别法

设系统闭环传递函数为

$$T(s)=M(s)/D(s)$$

注意，如果给出的是开环系统的传递函数，则通常需要对其单位负反馈系统的传递函数进行分析，即

$$T(s)=M(s)/(1+D(s))$$

其系统对应的闭环特征方程为 $D(s)=0$，闭环特征根为 $s_1, s_2, s_3, \cdots, s_n$，则线性系统稳定的充分必要条件是其所有的闭环特征根都具有负实部或都位于 S 平面的左半平面。

系统特征方程的根，即闭环极点，系统稳定性判断条件也可以表达为：闭环传递函数的极点都具有负实部，或全部位于 S 平面的左半平面内。

综上所述，对连续系统和离散系统的稳定性判断如下：

① 连续系统。如果闭环极点都在 S 平面的左半平面，则系统稳定，即要求所求得的闭环极点实部都小于 0，连续系统的稳定性分析（零极点图）如图 9-3 所示。

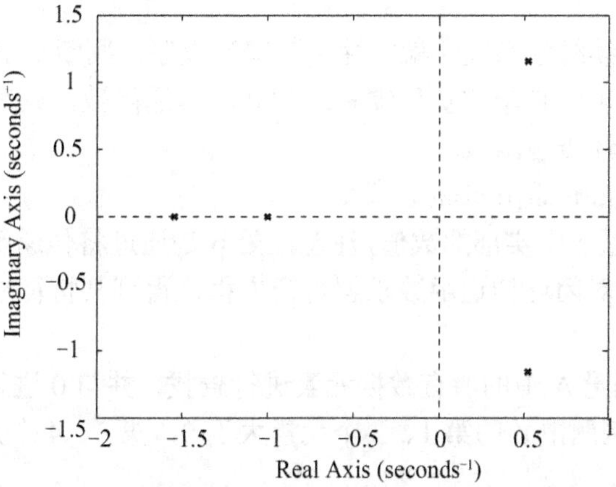

图 9-3　连续系统的稳定性分析（零极点图）

② 离散系统。如果闭环极点都位于 Z 平面的单位圆内，则系统是稳定的，即所求得的闭环极点（实部、虚部）的模小于 1，离散系统的稳定性分析（零极点图）如图 9-4 所示。

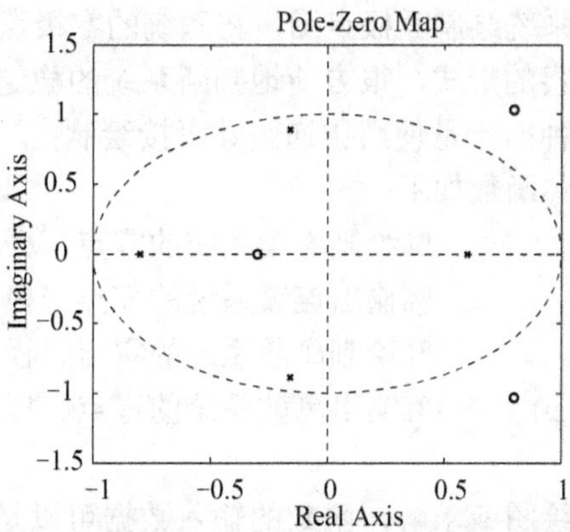

图 9-4　离散系统的稳定性分析（零极点图）

【例 9-1-1】已知单位负反馈系统的开环传递函数如下，判断系统的稳定性。

$$G(s)=\frac{1}{2s^4+3s^3+s^2+5s+4}$$

解：新建 M 文件，编写程序如下。

```
numo=[1];deno=[2 3 1 5 4];                    %定义传递函数分子、分母系数
[numc,denc]=feedback(numo,deno,1,1,-1);       %求闭环传递函数系数
[z,p]=tf2zp(numc,denc);                       %将 tf 形式转换为 zpk 形式
i=find(real(p)>0);                            %从 p 向量中查找实部大于 0 的数
n=length(i);                                  %计算变量 i 的长度并赋值给 n
if(n>0)                                       %如果 n 不为空
   disp('system is unstable');                %显示系统不稳定
else                                          %如果 n 为空
   disp('system is stable');                  %显示系统稳定
end
```

保存并运行 M 文件：

```
system is unstable
```

例题解析：

☞ 例题是依据连续线性系统的稳定性判断编制程序，判断给出的传递函数是否稳定。

☞ 注意，例题给出的是单位负反馈系统的开环传递函数，则需要在求解特征根前先利用反馈链接函数求解闭环传递函数。

☞ 例题程序中 find(real(p)>0)的含义如下。

real(p)用于求出变量 p 中实部的数值，注意此处 p 是通过将传递函数转换为零极点形式模型后得到的极点，即针对闭环传递函数求解特征方程，得到其特征根，是由多个元素构成的一组数据。

i=find(A)>0 是对变量 A 中的所有数据元素进行查找，并与 0 进行比较判断，将大于 0 的位置信息返回给 i。如例题中 p 的第 1、2 个元素大于 0，第 3、4 个元素小于 0，则返回列向量[1;2]。

9.1.2 绘制零极点图进行判断

编写程序判断系统稳定性，能够直接求解特征根，获得具体的数值信息。同时，MATLAB 提供绘图函数，针对给定的系统绘制零极点图，将系统的零极点标注在 *S* 平面，离散系统标注在 *Z* 平面上。提供直接观察的形式，很方便地判断系统的稳定性。

主要函数的功能分为两种：一是使用传递函数直接绘制；二是不仅绘制零极点图，同时输出对应的系统零极点。具体函数如下：

- pzmap(num,den)　　　　%绘制连续系统的零点、极点图；
- [p,z] = pzmap(sys)　　　%输出连续系统的零点、极点；
- zplane(num,den)　　　　%绘制离散系统的零点、极点图；
- [hz,hp,ht] = zplane(z,p)　%输出离散系统的零点、极点。

注意：

❖ 不论使用哪个函数绘图或求解，函数的输入数据可以是描述传递函数的分子、分母形式，也可以是生成或封装后的系统变量。

❖ 零极点图绘制函数的输入必须是闭环传递函数，开环系统对象没有操作意义。

【例 9-1-2】已知系统的开环传递函数如下，绘制系统的单位负反馈零极点图并判断系统的稳定性。

$$G(s)=\frac{1}{2s^4+3s^3+s^2+5s+4}$$

解：新建 M 文件，编写程序如下。

```
numk=[1];denk=[2 3 1 5 4]                %定义传递函数分子、分母系数
[num,den]=feedback(numk,denk,1,1,-1)     %求闭环传递函数系数
pzmap(num,den)                           %绘制连续系统的零极点图，注意输入为闭环
                                         函数的系数
```

保存并运行 M 文件，系统零极点图如图 9-5 所示。

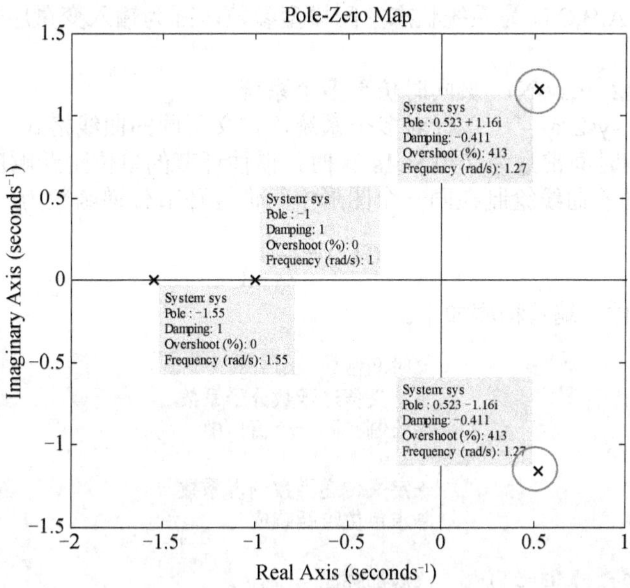

图 9-5 系统零极点图

例题解析：存在极点位于 S 平面右侧（圆圈标注），系统不稳定。通过单击图形中的极点，可得到具体的参数信息。

9.2 绘制系统的响应曲线

控制理论中，时域分析是对系统进行分析、评价的基本方法。即研究系统在某一典型的输入信号作用下，系统输出随时间变化的曲线，从而分析评价系统的性能。本节学习使用时域响应函数绘制响应曲线的方法。

1. 连续系统时域响应函数

- step(num,den,t)   %绘制单位阶跃响应曲线；
- impulse(num,den,t)   %绘制单位脉冲响应曲线；
- initial(num,den,t)   %绘制零输入的响应曲线；
- lsim(num,den,u,t)   %绘制任意输入的响应曲线。

2. **离散系统时域响应函数**

离散系统时域响应函数有 dstep(),dimpulse(),dinitial(),dlsim()。

9.2.1 阶跃响应函数

利用单位阶跃响应函数 step 可绘制由向量 num 和 den 表示的连续系统的阶跃响应 g(t)在指定时间范围内的波形图，并能求出其数值解，常见方法有以下 4 种。

① y=step(num,den,iu,t)　　%其中，num 和 den 为系统传递函数描述中的分子、分母多项式系数，iu 和 t 为可选项；t 为选定仿真时间向量，一般由 t=[0:step:end]等步长地产生；iu 用来在多输入/多输出时指明输入变量的序号；函数返回值 y 为系统在仿真中所得输出组成的矩阵。

② [y,x,t] = step(sys,t)　　%不绘制曲线，仅通过函数返回值得到相应的相关数据；[y,x,t] = step (A,B,C,D,iu,t)　A,B,C,D 为系统状态空间模型参数，iu 为输入变量序号，x 为系统返回状态轨迹数据。

③ step(sys1,sys2,…,sysN)　%同时仿真多个系统。

④ step(sys1,'y:',sys2,'g—')　%针对多个系统，定义不同的曲线格式。

【例 9-2-1】绘制时间常数为 T=0.5s,1s,2s 时，惯性环节的单位阶跃响应曲线簇。注意，使用 hold on/off 将不同的曲线绘制在同一个图形中。惯性环节传递函数为：

$$G(s)=\frac{1}{Ts+1}$$

解：新建 M 文件，编写程序如下。

```
T=[0.5,1,2];                        %时间常数
num=[1];                            %定义传递函数分子系数
hold on                             %绘制在同一个窗口中
for T1=T
   den=[T1,1];                      %定义传递函数分母系数
   step(num,den)                    %求单位阶跃响应
end
legend('T=0.5','T=1','T=2')         %添加标注
hold off                            %图形绘制开关 Off
```

保存并运行程序，惯性环节单位阶跃响应曲线族如图 9-6 所示。

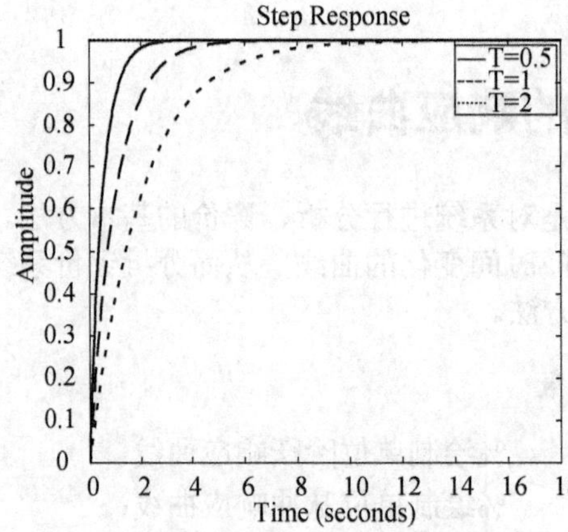

图 9-6　惯性环节单位阶跃响应曲线族

【例 9-2-2】某系统在阶跃输入 $u(t)=1(t)$ 时，零初始条件下的阶跃响应为 $c(t)=1-\mathrm{e}^{-2t}+\mathrm{e}^{-t}$，试求系统的传递函数并绘制响应曲线。

解：（1）求系统的传递函数

对于输出响应取拉氏变换：

$$C(s)=\frac{1}{s}-\frac{1}{s+2}+\frac{1}{s+1}=\frac{s^2+4s+2}{s(s+1)(s+2)}$$

因为

$$C(s)=\Phi(s)R(s)=\frac{1}{s}\Phi(s)$$

所以系统的传递函数为

$$\Phi(s)=\frac{s^2+4s+2}{s(s+1)(s+2)}=1+\frac{s}{(s+1)(s+2)}=1-\frac{1}{s+1}+\frac{2}{s+2}$$

（2）绘制响应曲线

新建 M 文件，编写程序如下。

```
syms t s                      %定义符号变量 t,s
u=1*(t-t+1);                  %输入信号函数 u(t) 阶跃信号
H=laplace(u)                  %对输入信号求其拉普拉斯变换
c=1-exp(-2*t)+exp(-t);        %系统阶跃响应 y(t)
C=laplace(c)                  %对响应函数求其拉普拉斯变换
X=C/H                         %求出系统传递函数 x(t)
x=ilaplace(X)                 %反拉普拉斯变换求出系统传递函数 x(t)
a=laplace(x)
```

保存并运行程序，结果如下：

```
H = 1/s
C = 1/(s + 1) - 1/(s + 2) + 1/s
X = s*(1/(s + 1) - 1/(s + 2) + 1/s)
x = 2*exp(-2*t) - exp(-t) + dirac(t)
a = 2/(s + 2) - 1/(s + 1) + 1
```

由所求 a 可得 z=[−1 2]，p=[−1 −2]，k=1，则所求系统传递函数为

$$\Phi(s)=1-\frac{1}{s+1}+\frac{2}{s+2}$$

绘制系统响应曲线，如图 9-7 所示。

```
>>[num,den]=residue([-1 2],[-1 -2],1);
>>step(num,den)
```

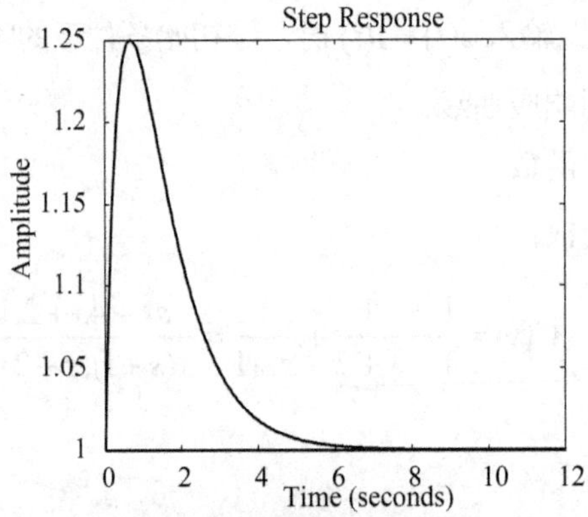

图 9-7　系统响应曲线

【例 9-2-3】已知 2 输入 2 输出系统状态方程如下：

$$\begin{bmatrix}\dot{x}_1\\ \dot{x}_2\end{bmatrix}=\begin{bmatrix}-1 & -1\\ 6.5 & 0\end{bmatrix}\begin{bmatrix}x_1\\ x_2\end{bmatrix}+\begin{bmatrix}1 & 1\\ 1 & 0\end{bmatrix}\begin{bmatrix}u_1\\ u_2\end{bmatrix}$$

$$\begin{bmatrix}\dot{y}_1\\ \dot{y}_2\end{bmatrix}=\begin{bmatrix}1 & 1\\ 1 & 0\end{bmatrix}\begin{bmatrix}x_1\\ x_2\end{bmatrix}+\begin{bmatrix}0 & 0\\ 0 & 0\end{bmatrix}\begin{bmatrix}u_1\\ u_2\end{bmatrix}$$

（1）试求系统的传递函数；（2）绘制单位阶跃响应曲线。

解：本题目需要考虑 ss2tf()函数的使用方法，[b,a] = ss2tf(A,B,C,D,iu)，iu 指定第几路输入。新建 M 文件，编写程序如下。

```
a=[-1 -1 ;6.5 0];                       %定义系统的状态空间模型系数
b=[1 1; 1 0];
c=[1 1; 1 0];
d=[0 0; 0 0];
[num,den] = ss2tf(a,b,c,d,1);           %将状态空间模型转换为传递函数模型
[num2,den2] = ss2tf(a,b,c,d,2);         %将状态空间模型转换为传递函数模型
hold on;                                %打开绘图开关
t=0:0.01:10;                            %定义时间变量 t
step(a,b,c,d,1,t);                      %绘制输入 1 的单位阶跃响应
step(a,b,c,d,2,t);                      %绘制输入 2 的单位阶跃响应
sysabcd=ss(a,b,c,d);                    %系统封装
step(sysabcd);                          %绘制系统的单位阶跃响应
```

保存并运行程序，2 输入 2 输出系统的单位阶跃响应曲线如图 9-8 所示。

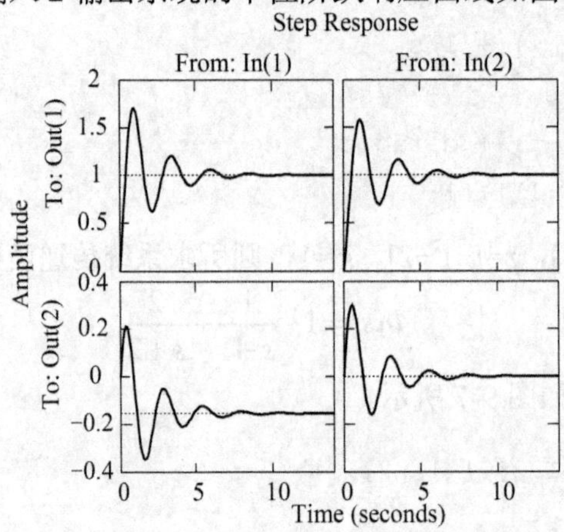

图 9-8　2 输入 2 输出系统的单位阶跃响应曲线

观察结果图形，左侧一列两图为第一路输入时的两个输出，第二列为与第二路输入对应的两个输出结果。

9.2.2　脉冲响应函数

单位脉冲响应曲线的绘制方法与单位阶跃响应曲线的绘制方法基本一致，都是先将对象系统按照传递函数的形式进行描述或封装，并作为绘制函数的输入使用，具体函数如下：

- impulse(num,den,t)　　%绘制单位脉冲响应曲线；
- lsim(num,den,u,t)　　%绘制任意输入的响应曲线。

【例 9-2-4】已知系统传递函数，使用子图的功能将下面两组响应曲线绘制在同一图形窗口中。

$$G(s)=\frac{1.9691s+5.0395}{s^2+0.5572s+0.6106}$$

（1）绘制单位脉冲响应曲线；

（2）绘制输入为正弦信号 $\sin(2t)$时的响应曲线。

解：新建 M 文件，编写程序如下。

```
num=[1.9691 5.0395];den=[1 0.5572 0.6106]          %定义传递函数分子、分母系数
t=0:0.01:10;                                        %响应时间
subplot(1,2,1);impulse(num,den,t)                   %子图 1，绘制单位脉冲响应曲线
grid                                                %添加栅格
u=sin(2.*t)                                         %输入为正弦信号
subplot(1,2,2);lsim(num,den,u,t)                    %子图 2，绘制输入为正弦信号 u 的响应曲线
grid                                                %添加栅格
```

保存并运行程序，例 9-2-4 的系统响应曲线如图 9-9 所示。

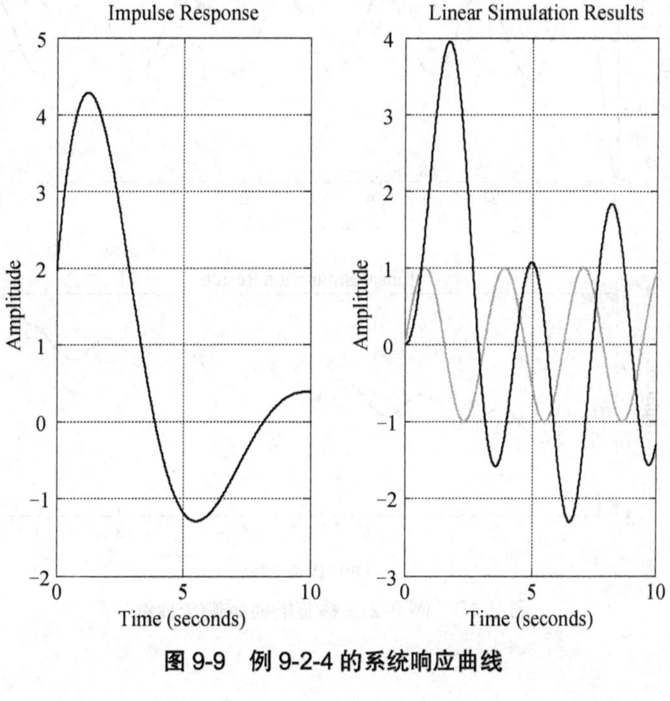

图 9-9　例 9-2-4 的系统响应曲线

例题解析：

☞ 需要注意的是，例题给出的单位脉冲一般形式都是在仿真的初始时刻对系统进行激励。

☞ lsim(mun,den,u,t)中需要指定输入激励信号的曲线形式和仿真时间。首先，lism 中的时间向量 t 应由等矩的仿真时间指定，按照仿真时间的要求指定时间 t 的取值形式，如 t=0:0.01:10，表示在仿真时间 10s 内；其次，指定输入信号，如图 9-9 是以 sin(2*t*)作为输入而描绘的系统响应曲线。

☞ 如图 9-9 中右侧子图，绘制响应曲线同时在同一窗口中描绘了输入信号曲线。

【例 9-2-5】已知系统的开环传递函数 $G(s)=\dfrac{25}{s(s+4)}$，使用 subplot 函数在同一窗口中绘制输入信号为 u_1 和 u_2 时，该系统的时域响应曲线。

$$u_1(t)=1+0.2\sin(4t) \qquad u_2(t)=0.3t+0.3\sin(5t)$$

解：新建 M 文件，编写程序如下。

```
numk=[25];denk=[1 4 0];                  %定义系统传递函数的系数
[num,den]=cloop(numk,denk)               %求系统的单位负反馈
t=0:0.01:10;                             %定义时间变量 t
u1=1+0.2*sin(4.*t);                      %定义输入信号 u1
u2=0.3.*t+0.3*sin(5.*t);                 %定义输入信号 u2
subplot(2,1,1);                          %打开子图功能 1
lsim(num,den,u1,t);                      %绘制输入为 u1 的响应曲线
subplot(2,1,2);                          %打开子图功能 2
lsim(num,den,u2,t);                      %绘制输入为 u2 的响应曲线
```

保存并运行程序，例 9-2-5 系统的时域响应曲线如图 9-10 所示。

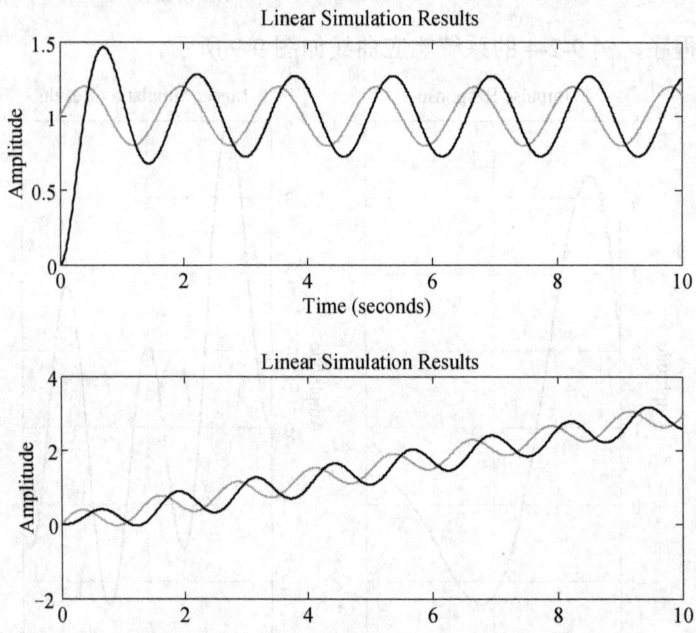

图 9-10　例 9-2-5 系统的时域响应曲线

【例 9-2-6】绘制输入信号为 $r = \mathrm{e}^{-0.5t}$ 时，传递函数为 $G(s) = \dfrac{s+10}{s^3+6s^2+9s+10}$ 的闭环控制系统的响应曲线，与示例图形对比仿真时间为 12s 时的结果。

解：新建 M 文件，编写程序如下。

```
num=[1 10];den=[1 6 9 10];                    %定义系统传递函数的系数
t=0:0.1:12;                                   %定义时间变量 t
r=exp(-0.5*t);                                %定义输入信号
y=lsim(num,den,r,t);                          %定义输入为 r 的响应曲线 y
plot(t,r,'-',t,y,'o');                        %绘制输入/输出曲线
grid;                                         %在绘制的图形中添加栅格
title('Response to Input r=e^{-0.5t}');       %添加标题
xlabel('t sec','FontSize',8);                 %标记横坐标
ylabel('Input and Output','FontSize',8);      %标记纵坐标
legend('Input','output');                     %对曲线添加标注
text(1.0,0.85,'Input r=e^{-0.5t}');
text(4.1,0.35,'Output');
```

保存并运行程序，例 9-2-6 系统的响应曲线与示例图形如图 9-11 所示。

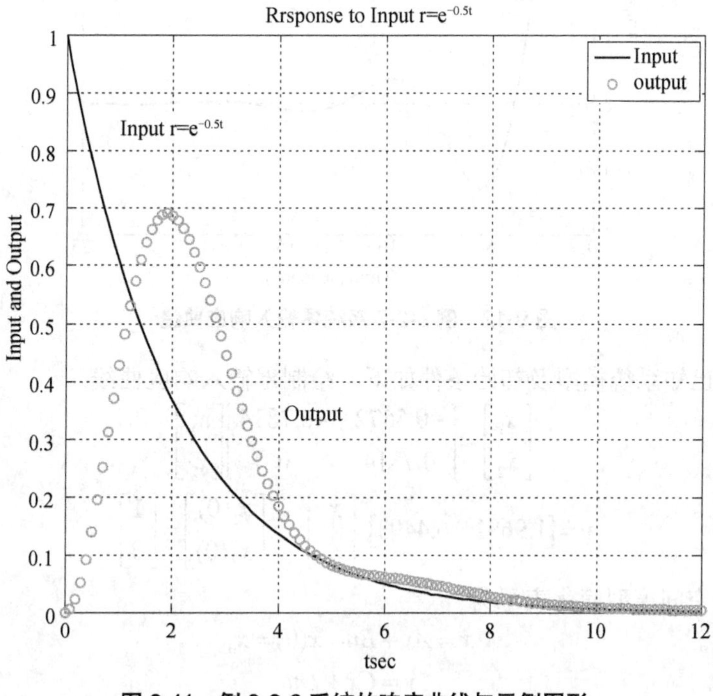

图 9-11　例 9-2-6 系统的响应曲线与示例图形

9.2.3　零输入响应函数

零输入响应函数如下：

➢ initial(sys,x0,t)　　　　%绘制零输入的响应曲线，即对无外部输入条件下的状态空间模型计算零初始状态应答，x0 为零时刻的初始状态；

➢ initial(A,B,C,D,x0,t)　　%x0 为零时刻的初始状态，指定仿真时间 t。

【例 9-2-7】已知系统传递函数绘制零输入时的响应曲线。

$$G(s)=\frac{1.9691s+5.0395}{s^2+0.5572s+0.6106}$$

解：新建 M 文件，编写程序如下。

```
num=[1.9691 5.0395];den=[1 0.5572 0.6106];      %定义传递函数分子、分母系数
[a,b,c,d]=tf2ss(num,den);                        %传递函数模型转换为状态空间模型
sys=ss(a,b,c,d);                                 %建立状态空间模型
x0=[1;0];                                        %零时刻的初始状态
initial(sys,x0)                                  %绘制零输入时的响应曲线
```

保存并运行程序，例 9-2-7 系统零输入响应曲线如图 9-12 所示。

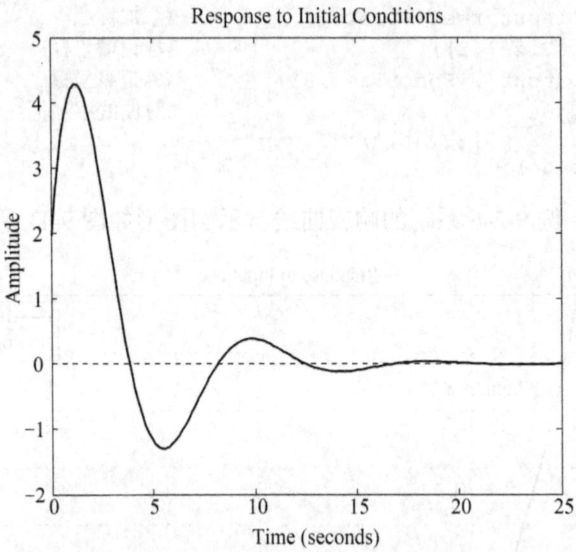

图 9-12　例 9-2-7 系统零输入响应曲线

【例 9-2-8】已知系统模型及初始条件如下，绘制零输入响应曲线。

$$\begin{bmatrix}\dot{x}_1\\ \dot{x}_2\end{bmatrix}=\begin{bmatrix}-0.5572 & -0.7814\\ 0.7814 & 0\end{bmatrix}\begin{bmatrix}x_1\\ x_2\end{bmatrix}$$

$$y=[1.9691\quad 6.4493]\begin{bmatrix}x_1\\ x_2\end{bmatrix}\qquad \begin{bmatrix}x_1(0)\\ x_2(0)\end{bmatrix}=\begin{bmatrix}1\\ 0\end{bmatrix}$$

可按照状态空间模型简化表示为

$$\dot{x}=Ax+Bu，x(0)=x_0$$

$$y=Cx+Du$$

解：新建 M 文件，编写程序如下。

```
A=[-0.5572,-0.7814;0.7814,0];              %定义 A，B，C，D 的描述矩阵
B=[0;0];C=[1.9691,6.4493];D=[0];
x0=[1;0];                                  %零时刻的初始状态
t=0:0.01:20;                               %定义仿真时间
initial(A,B,C,D,x0,t);                     %绘制零输入的响应曲线
grid on;                                   %在绘制的图形中添加栅格
```

保存并运行程序，例 9-2-8 系统零输入响应曲线如图 9-13 所示。

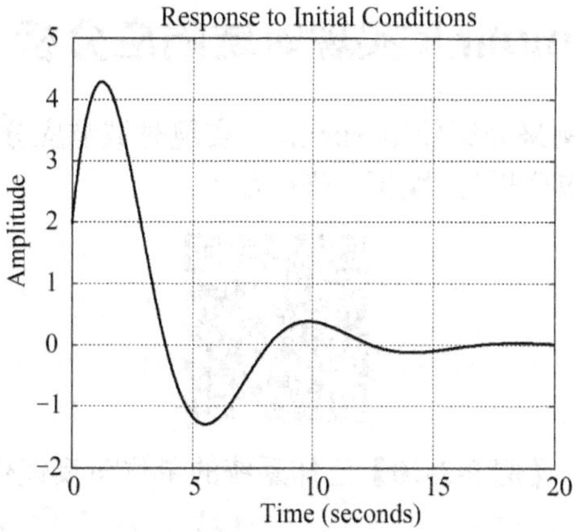

图 9-13 例 9-2-8 系统零输入响应曲线

9.2.4 输入信号的产生及应用

信号发生器函数 gensig 可为系统时间响应产生周期输入信号，形式如下：

[u,t]=gensig(type,tau,Tf,Ts); %type 为产生信号的类型，sin 为正弦波，square 为方波，pulse 为脉冲序列；tau 为信号周期；Tf 为信号持续时间；Ts 为采样周期；u 为所产生的信号。

【例 9-2-9】已知系统的传递函数，绘制输入为方波信号时的响应曲线。信号周期为 4s，信号持续时间 40s，表示采样周期 0.1s。

$$G(s)=\frac{1.9691s+5.0395}{10s^2+5.572s+6.106}$$

解：新建 M 文件，编写程序如下。

```
num=[1.9691 5.0395];den=[10 5.572 6.106];          %定义传递函数分子、分母系数
[u,t]=gensig('square',4,40,0.1);                    %产生周期输入信号
axis([0 40 -0.1 1.1]);                              %定义 x，y 轴的范围
hold on                                             %绘制在同一个窗口中
lsim(num,den,u,t);                                  %绘制输入信号为 u 的响应曲线
plot(t,u,'r-');                                     %将输入信号同时输出
hold off;                                           %图形绘制开关 off
```

保存并运行程序，例 9-2-9 输入方波信号的响应曲线如图 9-14 所示。

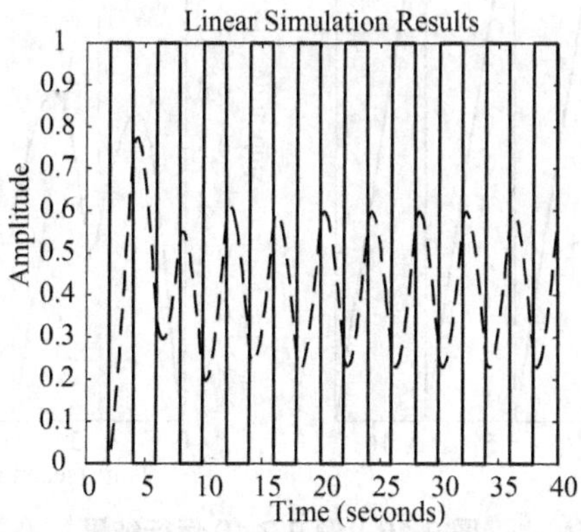

图 9-14 例 9-2-9 输入方波信号的响应曲线

9.2.5 使用 Simulink 实现时域响应分析

下面以示例 9-2-10 为例来介绍使用 Simulink 实现时域响应分析的方法，可参考视频“08-使用 simulink 实现时域响应分析”，视频二维码如下：

【例 9-2-10】已知系统的单位负反馈传递函数如下：

$$G(s)=\frac{10}{s(s^2+7s+17)}$$

系统的输入信号为如图 9-15 所示的锯齿波，周期为 4s。用两种方法求系统输出响应，并将输入和输出信号对比显示。

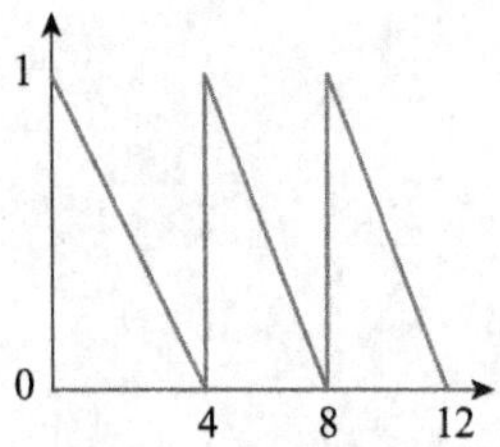

图 9-15 输入信号

（1）试编制 MATLAB 程序；（2）使用 Simulink 完成要求。

解：（1）新建 M 文件，编写 MATLAB 程序。

```
munc=[10];denc=[1 7 17 0];                   %开环传递函数分子、分母系数
[numg,deng]=feedback(munc,denc,1,1,-1);       %求闭环传递函数系数
v1=[1:-0.025:0];v2=[0.975:-0.025:0];          %由 1 到 0，每间隔减少 0.025，注意 v2 中的起
                                              始点为 0.975，而不是 1，是由于在 t=4 时该点
                                              对应的数值只能有一个
v=[v1,v2,v2]                                  %产生锯齿波
t1=[0:0.1:4];t2=[4.1:0.1:8]; t3=[8.1:0.1:12];  %也可以直接定义 t=[0:0.1:12]
t=[t1,t2,t3]                                  %产生仿真时间
subplot(1,2,1);plot(t,v)                      %子图 1，绘制锯齿波
axis([0 12 0 1]);                             %指定窗口尺寸
subplot(1,2,2);lsim(numg,deng,v,t);           %子图 2，绘制输入为锯齿波的响应曲线
```

保存并运行程序，例 9-2-10 运行结果如图 9-16 所示。

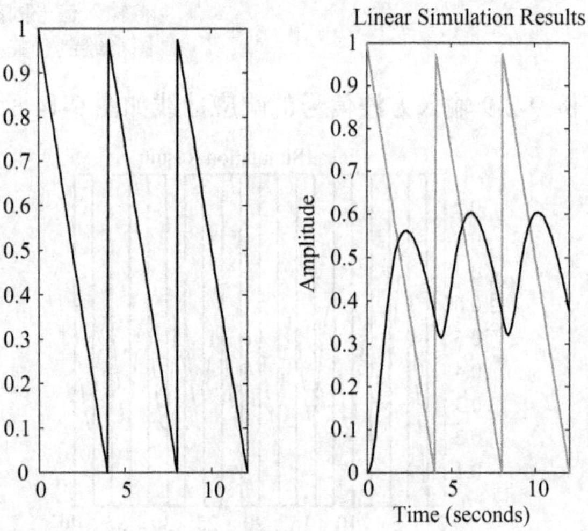

图 9-16 例 9-2-10 运行结果

（2）使用 Simulink 建模和仿真。使用 Simulink 可以方便地实现对系统的建模和仿真，具体步骤如下：

① 分别从信号源模块库（Sources）、数学运算模块库（Math Operation）、连续系统模块库（Continuous）、信号数据流模块库（Signal Routing）和接收器模块库（Sinks）中，用鼠标将用来生成锯齿波的信号发生器（Signal Generator）、减法器（Subtract）、传递函数（Transfer Fcn），用来把输入信号和输出信号组合的 Mux 模块和示波器（Scope）拖曳到模型窗口中。

② 按照题意，设置“Signal Generator”参数，“Wave form”选择“sawtooth”，其中，还可以选择的信号形式有“sine”（正弦信号）、“square”（方波）、“random”（随机信号）；在“Amplitude”（幅值）中输入“1”，在“Frequency”中输入“1/4”，“Units”（单位）选择“Hertz”（赫兹），同时设置传递函数，设置“Signal Generator”参数如图 9-17 所示。

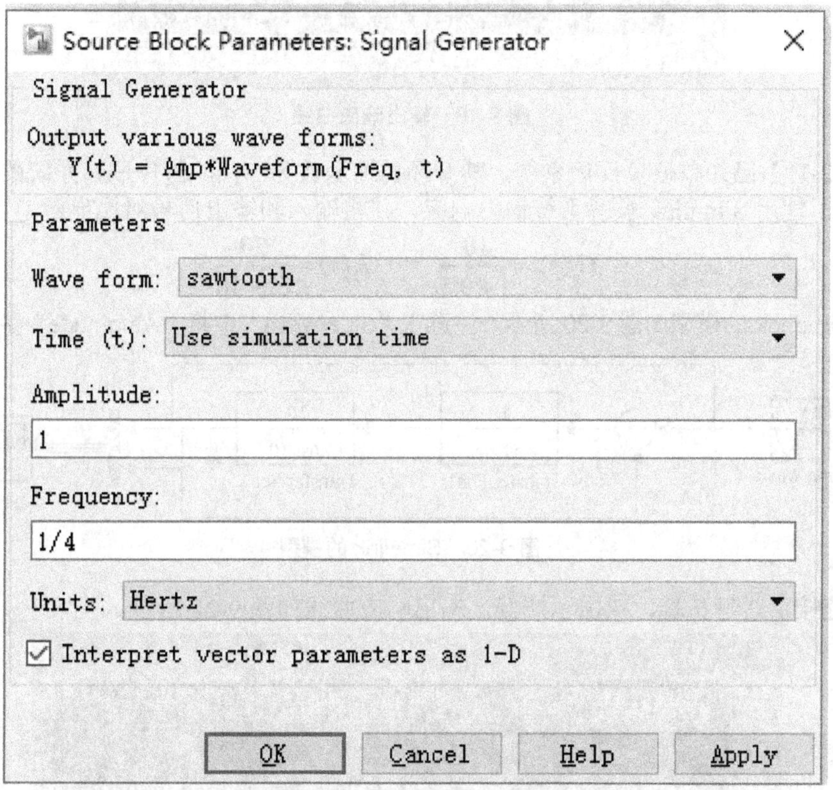

图 9-17　设置“Signal Generator”参数

③ 连接模型，Simulink 模型连接如图 9-18 所示；

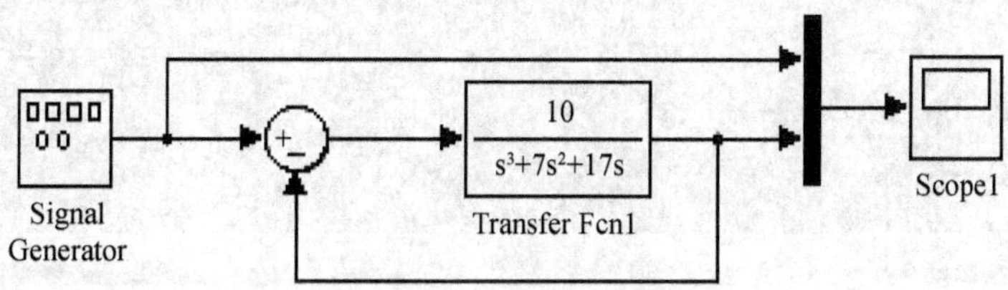

图 9-18　Simulink 模型连接

④ 保存并仿真模型，双击示波器，输出响应曲线如图 9-19 所示。

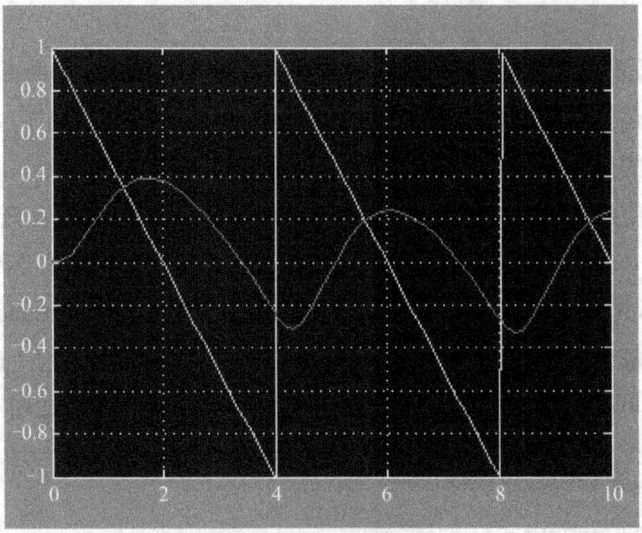

图 9-19　输出响应曲线

【例 9-2-11】已知单位负反馈系统，其开环传递函数为 G_1 和 G_2 串联，系统的输入信号为 $r(t)=\sin(2t)$，使用 Simulink 求解系统输出响应，并将输入和输出信号对比显示。

$$G_1(s)=\frac{10}{s+0.5} \qquad G_2(s)=\frac{20}{6s+10}$$

解：Simulink 的模型如图 9-20 所示，注意在“Sine Wave”中将“Amplitude”参数修改为 2。

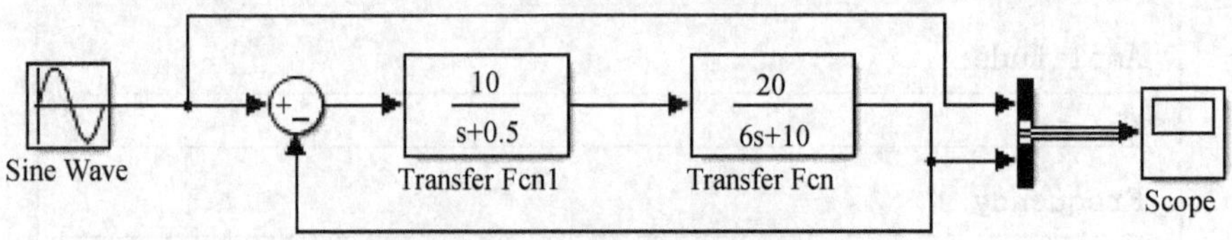

图 9-20　Simulink 的模型

模型连接后进行仿真，双击示波器，输出响应曲线如图 9-21 所示。

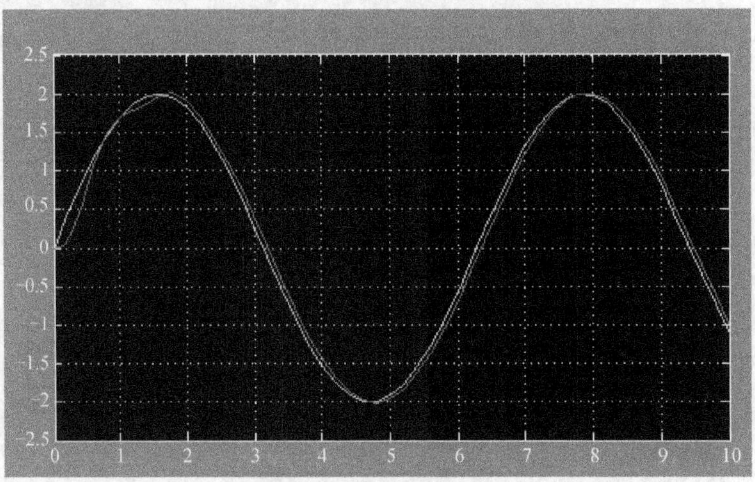

图 9-21　输出响应曲线

【例 9-2-12】已知离散系统的闭环传递函数如下，判断系统的稳定性。

$$G(z)=\frac{2z^2+1.56z+1}{5z^3+1.4z^2-1.3z+0.68}$$

解：新建 M 文件，编写程序如下。

```
num=[2 1.56 1];den=[5 1.4 -1.3 0.68];        %定义传递函数分子、分母系数
[z,p]=tf2zp(num,den);                        %将 tf 形式转换为 zpk 形式
i=find(abs(p)>1);                            %从 p 向量中查找绝对值大于 1 的数
ii=find(abs(p)<1);                           %从 p 向量中查找绝对值小于 1 的数
n=length(i);                                 %计算变量 i 的长度赋值给 n
if(n>0)                                      %如果 n 不为空
   disp('system is unstable');               %显示系统不稳定
else                                         %如果 n 为空
   disp('system is stable');                 %显示系统稳定
end
```

运行程序，结果如下：

```
system is stable
```

课后习题9

9-1　已知单位负反馈控制系统的开环传递函数如下，试判断闭环系统的稳定性。

（1）$G(s)=\dfrac{12}{s(s+1)(s+2)}$；　（2）$G(s)=\dfrac{10(s+2)(s+5)}{s^2(s^2+2s+7)}$。

9-2　如图 9-22 所示系统，利用 MATLAB 完成如下工作：

（1）对给定的系统建立数学模型；

（2）分析系统的稳定性，并绘制阶跃响应曲线。

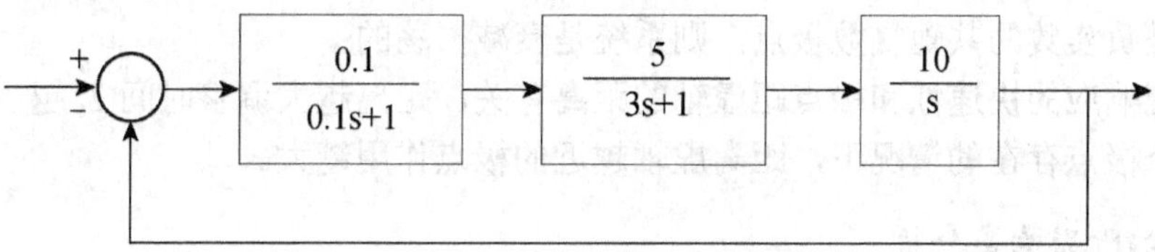

图 9-22　习题 9-2 系统

9-3　绘制时间常数 T=0.5s、1s、2s 时惯性环节的单位阶跃响应曲线簇。

9-4　已知系统的闭环传递函数

$$\frac{C(s)}{R(s)}=\frac{s+0.1}{s^3+0.6s^2+s+1}$$

用 MATLAB 分别绘制系统的单位阶跃响应曲线、单位脉冲响应曲线和单位斜波响应曲线。

9-5　已知某单位负反馈控制系统的开环传递函数为 $G(s)=\dfrac{K}{s(s^2+4s+200)}$，利用 Simulink 工具，绘制系统的结构图；并且在 K 取不同值时，分别绘制系统的阶跃响应曲线、脉冲响应曲线和斜波响应曲线。

第 10 章　控制系统的时域分析

第 10 章　控制系统的时域分析 PPT

本章要点

本章开始学习如何使用 MATLAB 的 Simulink 进行控制系统的时域分析，主要包括两个部分：

一是通过绘制阶跃响应曲线，分析响应曲线的特征数据，求取动态性能指标，从而掌握系统响应分析的基本方法，包括：

① 绘制阶跃响应曲线，求解响应曲线性能指标，分析系统动态特性；

② 采用图形法直接获取系统性能指标；

③ 针对二阶系统的时域响应，编制程序对不同取值下的响应曲线进行综合分析。

二是掌握 MATLAB 系统分析工具 LTI Viewer 的使用方法。

闭环极点分布对系统时域响应影响的总结：

- 若极点落在虚轴上，则系统处于临界稳定状态；
- 若是负实数极点，则系统响应是单调的；
- 若是负实数的共轭复数极点，则系统是衰减振荡的；
- 系统响应的快速性和极点距虚轴的距离有关，距离越大调整时间 T_s 越小；
- 多个极点存在的情况下，距离虚轴越近的极点作用越大。

1. 系统的阶跃响应分析

通过完成下列考查题目，掌握控制系统时域分析的基本方法。

（1）已知二阶振荡环节的传递函数如下，其中 $\omega_n = 0.4$，ξ 从 0 变化到 2。

$$G(s)=\frac{\omega_n^2}{s^2+2\xi\omega_n s+\omega_n^2}$$

① 求该系统的单位阶跃、脉冲响应曲线。

② 求该系统单位阶跃响应的最大偏差 m_{p}，峰值时间 t_{p}，最大超调量 s_{igma}，上升时间 t_{r}。

（2）如图 10-1 所示，针对某流速计设计的闭环控制系统。

① 在同一绘图窗口中给出其负反馈环节增益 k，分别为 $k=0.1$，0.2，0.3，0.4，0.5 时所对应的单位阶跃响应曲线。

② 使用图形法给出 $k=0.2$ 时的最大偏差和上升时间。

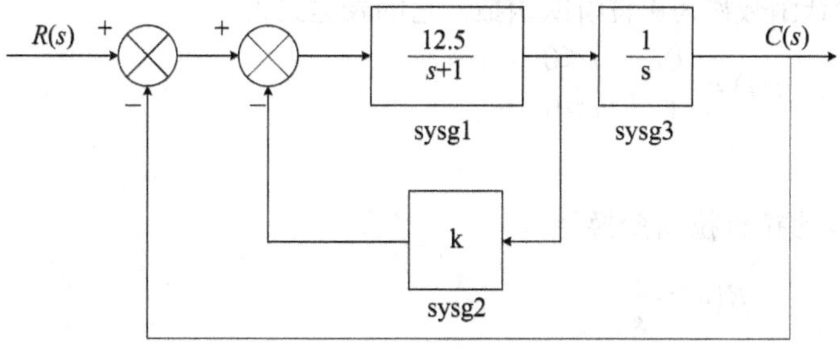

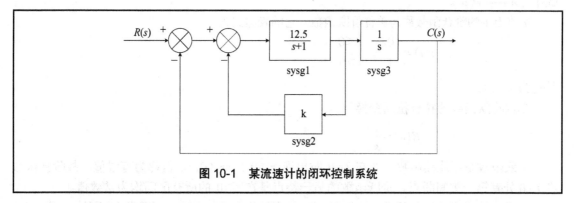

图 10-1 某流速计的闭环控制系统

2. **系统分析工具** LTI Viewer

设单位负反馈控制系统的开环传递函数如下，利用 LTI Viewer 工具绘制系统的单位阶跃响应曲线和单位脉冲响应曲线。

$$G(s)=\frac{3(0.5s+1)}{s(s+1)(0.25s+1)}$$

10.1 系统的阶跃响应分析

时域分析法是从传递函数出发直接在时域上研究控制系统性能的方法。其实质上是研究系统在某典型输入信号下随时间变化的曲线，从而分析系统性能。时域分析的优点是系统分析的结果直接、全面，缺点是分析过程计算量大，对高阶系统较难通过手工计算的形式实现。

随着计算机仿真技术的发展，特别是 MATLAB 及其 Simulink 在系统仿真中的应用，提供了一系列工具箱函数和交互式仿真工具，方便、直观地实现对控制系统的分析。

控制系统的时域响应决定于系统本身的参数和结构，还有系统的初始状态，以及输入信号的形式。在实际中，系统的输入信号并非都是确定的。为了便于分析和设计，常采用一些典型输入信号。所谓典型输入信号，是指很接近实际控制系统经常遇到的输入信号，并在数学描述上加以理想化后能用较为典型且简单的函数形式表达出来的信号。适当规定系统的输入信号为某些典型函数的形式，不仅使问题的数学处理系统化，而且还可以由此推出其他更复杂的输入情况下的系统性能。

1. **典型输入信号**

常用的典型输入信号的函数形式有阶跃函数、斜坡函数（等速度函数）、抛物线函数（等加速度函数）、脉冲函数及正弦函数。这都是简单的时间函数，使用它们作为输入信号，可以较容易地进行数学分析和实验研究。

（1）阶跃函数

阶跃函数的图形如图 10-2 所示，它的表达式为

$$r(t)=\begin{cases}0, & t<0\\ A, & t>0\end{cases}$$

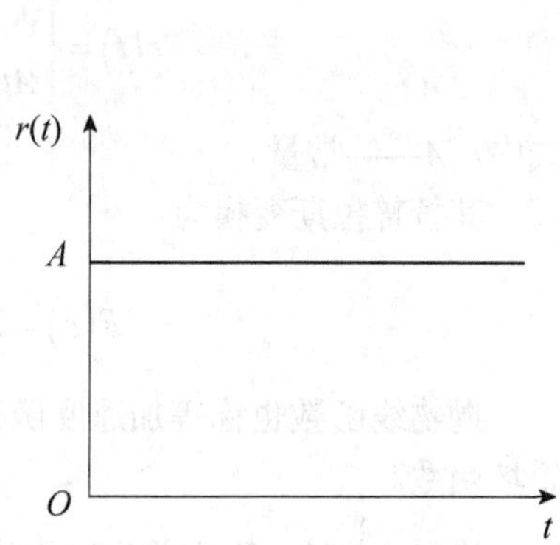

图 10-2 阶跃函数的图形

式中，A——常量。

幅值为 1 的阶跃函数称为单位阶跃函数，它的表达式为

$$r(t)=\begin{cases}0, & t<0\\ 1, & t>0\end{cases}$$

常记为 1（t）。

单位阶跃函数的拉普拉斯变换为

$$R(s)=\frac{1}{s}$$

阶跃函数是不连续函数，即在 $t=0$ 时出现 $r(0_-)\neq r(0_+)$，但都为有限值。故阶跃函数在 $t=0$ 处有第一类间断点。阶跃函数的另一特点是在 $t\geqslant 0_+$的所有区间均为常数值。

阶跃函数形式的输入信号在实际控制系统中较为常见，例如，速度控制系统、室温调节系统、水位调节系统和某些工作状态突然改变或接收突然增减输入的控制系统（如火炮的方位角、俯视角的控制系统等），都可以采用阶跃函数形式的信号作为典型输入信号。

（2）斜坡函数

斜坡函数的表达式为

$$r(t)=\begin{cases}0, & t<0\\ At, & t\geqslant 0\end{cases}$$

式中，A——常量。

其拉普拉斯变换为

$$R(s)=\frac{A}{s^2}$$

$t=0$ 时刻开始，以斜坡函数恒定速率 A 随时间而变化。如果输入的位置信号不是恒定的，而是随时间线性增加的，即相当于输入恒定速度信号，故斜坡函数也称为等速度函数，它等于阶跃函数对时间的积分，而它对时间的导数就是阶跃函数。

当 $A=1$ 时，称为单位斜坡函数。

在实际中，输入信号的形式接近于斜坡函数的控制系统，主要有跟踪直线飞行目标（如飞机、通信卫星等）的跟踪系统，以及输入信号随时间逐渐增减变化的控制系统。

（3）抛物线函数

抛物线函数的图形如图 10-3 所示，其表达式为

$$r(t)=\begin{cases}0, & t<0\\ At^2, & t\geqslant 0\end{cases}$$

式中，A——常量。

其拉普拉斯变换为

$$R(s)=2A\frac{1}{s^3}$$

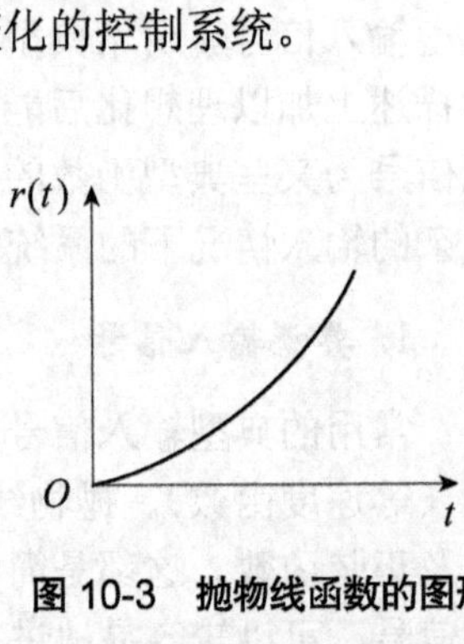

图 10-3 抛物线函数的图形

抛物线函数也称等加速度函数，它等于斜坡函数对时间的积分，而它对时间的导数就是斜坡函数。

当 $A=\frac{1}{2}$ 时，称为单位抛物线函数。

航天飞行器控制系统的输入信号，一般可认为接近等加速度，即可以用抛物线函数描述其输入信号。

（4）脉冲函数

脉冲函数的图形如图 10-4 所示，其表达式为

$$r(t)=\begin{cases}\dfrac{A}{\varepsilon}, & 0<t<\varepsilon \\ 0, & t<0\text{及}t>\varepsilon\end{cases}$$

当 A=1 时，记为 $\delta_{\varepsilon}(t)$，其图形如图 10-4（a）所示。令 $\varepsilon\to 0$，则称为单位脉冲函数 $\delta(t)$，如图 10-4(b)所示。

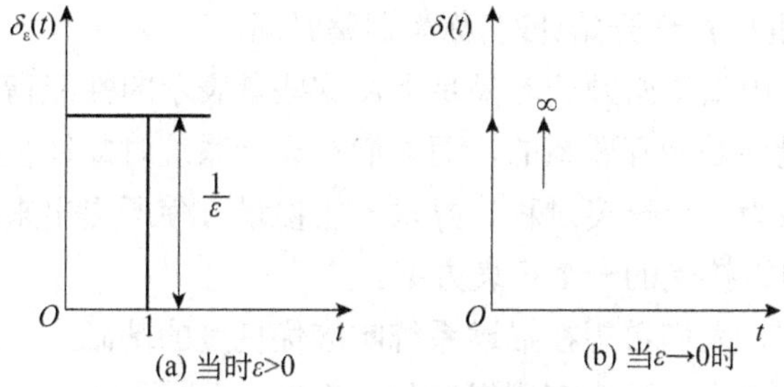

图 10-4 脉冲函数的图形

单位脉冲函数的拉普拉斯变换为

$$R(s)=1$$

单位脉冲函数是单位阶跃函数对时间的导数，而单位阶跃函数则是单位脉冲函数对时间的积分。在实际中，输入给定控制信号类似脉冲函数的控制系统并不多见，但有些系统的扰动信号却有类似脉冲函数的性质。

2. 控制系统时域响应的性能指标

判断控制系统的性能，可以从系统的时域响应着手进行分析。图 10-5 是稳定控制系统带振荡性质的阶跃响应。

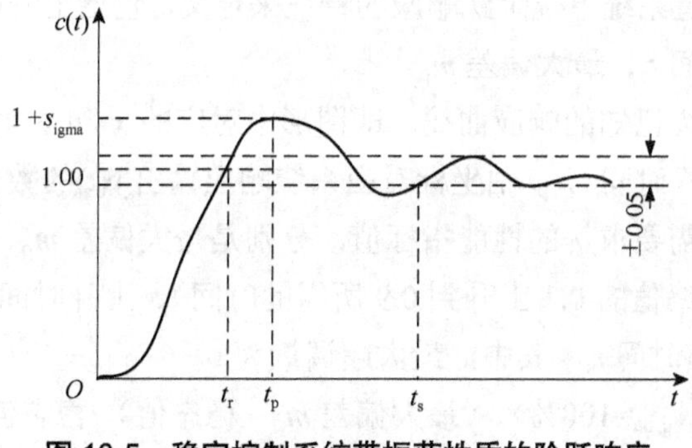

图 10-5 稳定控制系统带振荡性质的阶跃响应

通常采用单位阶跃响应来表征一个系统的暂态性能。用来表述单位阶跃输入时暂态响应的典型性能指标通常有：最大超调量、峰值时间、上升时间和调整时间。以图 10-5 的一个线性控制系统的典型单位阶跃响应曲线为例说明暂态性能指标。

① 最大超调量 s_{igma}。最大超调量规定为在暂态期间输出超过对应输入的终值的最大偏离

量。最大超调量的数值也用来度量系统的相对稳定性。最大超调量常表示为阶跃响应终值的百分数，即

$$最大超调百分数=\frac{最大超调量}{终值}\times 100\%$$

② 峰值时间 t_p。对应于最大超调量发生的时间（从 t=0 开始计时）称为峰值时间。

③ 上升时间 t_r。在暂态过程中，指响应从终值的 0.1 上升到 0.9 所需的时间，对于有振荡的系统，也可以定义为第一次到达对应于输入终值所需要的时间（从 t=0 开始计时），称为上升时间。

④ 调整时间 t_s。输出与其对应输入的终值之间的偏差达到容许范围（一般取 5%或 2%）所经历的暂态过程时间(从 t=0 开始计时)称为调整时间。

不难理解，在设计中如果必须同时满足上述这些量表示的性能指标，有时是不可能的。这是因为系统中这些量都是相互联系的，而人们在设计系统时却往往孤立地、逐个地提出要求。为此，设计必然成为一个试凑过程，寻求一组参量，使所提出来的各性能指标并不都能完全满足要求，却是可以接受的一个折衷方案。

为了解决上述问题，人们希望在描述系统响应优良度的基础上，建立单个的、但能反映综合性能的指标，以使得设计程序有逻辑性与合理性。此性能指标是系统可变参量的函数，而指标的极值（极大或极小）就对应一组最优参数。

在以下章节中，将通过系统的时域响应分析其性能。如果不特别指明，所有的分析均假设响应的初始条件为零。

3. 连续系统的阶跃响应分析

描述稳定系统在稳态下受到单位阶跃输入作用，动态过程随时间 t 变化状况的指标称为动态性能指标。对于稳定的控制系统，其时域特性可以由暂态响应和稳态响应的性能指标来表征。

【例 10-1-1】设计一个通过响应曲线取得动态性能指标的函数 steppa()。

零初始状态下，通过系统单位阶跃响应的特征来定义，包括上升时间 t_r、峰值时间 t_p、最大超调量 s_{igma}、调整时间 t_s、最大偏差 m_p。

（1）函数的输入作为已知的响应曲线，即图形中对应的 x 和 y 坐标的具体数值，可以明确的是 x 轴坐标对应仿真时间 t，y 轴坐标对应系统响应输出 $y(t)$的数值。

（2）输出则设计为需要求解的性能指标值，分别是最大偏差 m_p、峰值时间 t_p、最大超调量 s_{igma}、上升时间 t_{r1}（终值的 0.1 上升到 0.9 所需的时间）、上升时间 t_{r2}（由 t=0 首次上升到终值所需的时间）、调节时间 t_s。其中，最大超调量为

$$s_{igma}=100\%\times（最大偏差\ m_p-稳态值）/稳态值$$

函数分几个部分进行求解，首先是将响应曲线对应的数值 Y 和时间 T 作为已知量输入，使用方法详见例 10-1-2。按照性能指标的定义，分别求取其数值。

解：新建函数 steppa()，注意函数 M 文件的名称命名，参考程序如下。

```
function [mp, tp, sigma,tr1,tr2,ts]=steppa(Y,T)
[mp,tf]=max(Y)                                    %求出 Y 向量中的最大值及其对应的位置 tf
```

```
tp=T(tf)                                    %信号的持续时间 T 中 tf 所对应的向量值(峰值时间)
ct=length(T)                                %信号的持续时间 T 向量的长度
yss=Y(ct)                                   %时间最大值时所对应的值——稳态值近似
sigma=100*(mp-yss)/yss                      %最大超调量
temp1=0;temp2=0;
for a=1:tf                                  %最大值所对应的向量值
   if Y(a)<yss*0.1 & Y(a+1)>=yss*0.1        %达到终值的 0.1 的时间
      temp1=T(a);
   end
   if Y(a)<yss*0.9 & Y(a+1)>=yss*0.9        %达到终值的 0.9 的时间
      temp2=T(a);
   end
   tr1=temp2-temp1;
   if Y(a)<yss & Y(a+1)>yss                 %稳态值
      tr2=T(a)                              %求出相对应的起调(上升)时间
      break;                                %退出循环
   end
end
a=ct;                                       %由稳态时间向前检索
e=0.02;yss=1;
while abs((Y(a)-yss)/yss)<e                 %超出 2%或 5%范围的对应数值
   a=a-1;
end
ts=T(a);
```

【例 10-1-2】已知二阶系统的传递函数，求取阶跃响应性能指标。设系统阻尼比和振荡角频率为：ξ=0.25，ω_n=2。

$$G(s)=\frac{\omega_n^2}{s^2+2\xi\omega_n s+\omega_n^2}$$

解：新建 M 文件，程序如下。

```
clear;zeta=0.25;wn=2;                       %定义系统阻尼比和振荡角频率
num=[wn^2];                                 %定义传递函数分子系数
den=[1,2*zeta*wn,wn^2];                     %定义传递函数分母系数
sys=tf(num,den);                            %建立传递函数模型
t=[0:0.01:20];                              %响应时间
[Y,T]=step(sys,t);                          %单位阶跃响应
[mp, tp, sigma,tr1,tr2,ts]=steppa(Y,T)      %调用自行设计的 steppa()函数
```

保存并运行程序，得到阶跃响应性能指标：

```
mp =        1.4443      %最大偏差
tp =        1.6200      %峰值时间
sigma =     44.4388     %最大超调量
tr1 =       0.6300      %上升时间 1
tr2=        0.9400      %上升时间 2
ts=         7.0500      %稳态时间
```

例题解析：例题是使用设计的函数 steppa()求取性能指标的。

☞ 首先，使用 step()函数绘制响应曲线，并将曲线的数值赋值给变量 Y 和 T。

☞ 其次，将变量 Y，T 作为输入传递给函数 steppa()进行计算。

☞ 注意，函数 steppa()是自行设计和定义的函数，使用前需要将该函数的 M 文件保存在工作路径下。

4. **图形法求时域响应性能指标**

系统特征指标是通过编制函数和程序的形式求取的，数据精确但较为烦琐。使用图形法是利用 MATLAB 提供的交互工具，不用编制程序就能够简单地获取性能指标的方法。但由于是手动在图形上选取需要的点和信息，其精确度不高，适合在对设计的系统进行初步验证或调试时使用。

基本操作可以分为以下 5 步：

① 按照前面章节学习的内容，对给定的系统进行描述，并生成（封装）系统变量，完成系统建模的工作。

② 使用响应曲线绘图函数绘制图形，观测图形是否符合设计预期。

③ 在绘制的曲线图中右击并选择“Characteristics”中的相应选项，分别选择“Peak Response”→“Settling Time”→“Rise Time”→“Steady State”选项，单击对应的位置点，系统显示相应的数据信息。系统阶跃响应曲线及数据信息设置如图 10-6 所示。参考图 10-6 并与例 10-1-2 求出的数据。

④ 还可以使用鼠标在曲线上进行单击和移动，观察给出的性能指标框图，框图中的数值随着鼠标移动而变化。

⑤ 查找并记录所需要求取的性能指标数值。

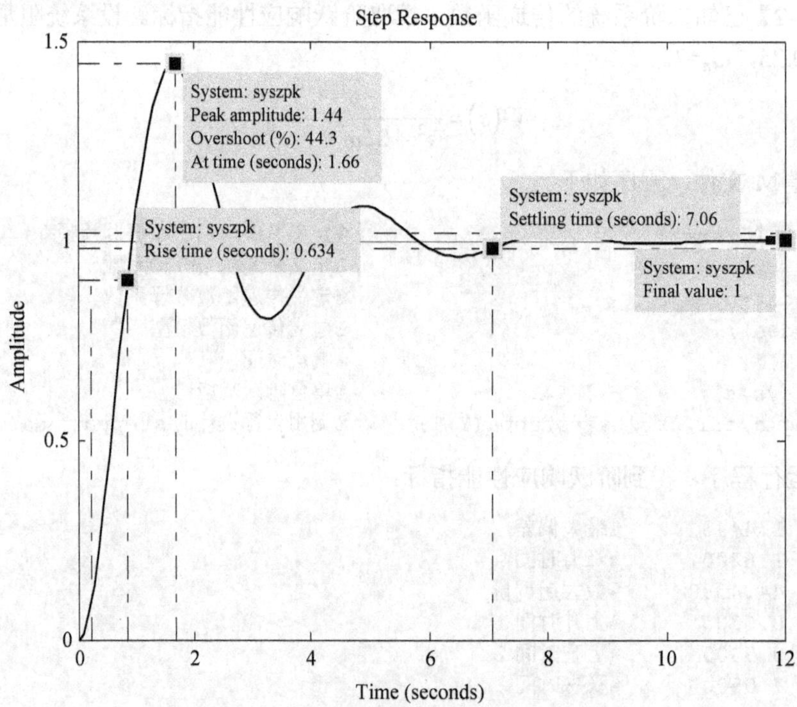

图 10-6　系统阶跃响应曲线及数据信息设置

【例 10-1-3】已知二阶系统的传递函数如下，试用图形法（游动鼠标法）求取特性指标。

$$G(s)=\frac{3}{(s+1-3i)(s+1+3i)}$$

解：新建 M 文件，程序如下。

```
z=[];p=[-1+3i,-1-3i];k=3;            %系统的零点向量、极点向量和增益
syszpk=zpk(z,p,k);                   %建立零极点函数模型
step(syszpk)                         %绘制单位阶跃响应曲线
```

保存并运行程序，图形法（游动鼠标法）求取特性指标如图 10-7 所示。

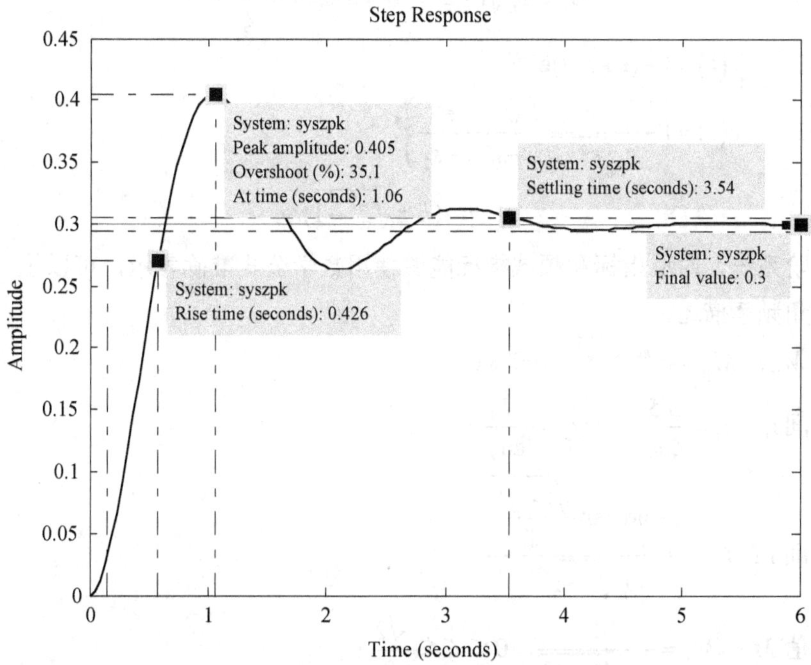

图 10-7 图形法（游动鼠标法）求取特性指标

例题解析：

☞ 运行程序后，输出阶跃响应曲线，单击曲线上任意位置并移动鼠标，利用游动鼠标法，可大致求出系统的性能指标，如图 10-7 所示。从图中可以看出，峰值时间为 1.06s，上升时间为 0.426s，超调为(0.405−0.3)/0.3×100%=35.1%，调节时间为 3.54s。

5. 二阶系统分析

二阶系统是指由二阶微分方程描述的自动控制系统。例如，他励直流电动机、RLC 电路等都是二阶系统的实例。二阶系统的性能指标分析在自动控制原理应用中具有重大的意义。

二阶系统的单位阶跃响应随着系统阻尼比的不同，所得到的表达式也有所不同。通过合理地选择系统阻尼比，使系统达到满意的动态特性，并具有良好的平稳性和快速性。

针对典型的二阶系统，其闭环传递函数为

$$G(s)=\frac{\omega_n^2}{s^2+2\xi\omega_n s+\omega_n^2}$$

- $\xi=0$，无阻尼系统，输出为正弦曲线，呈等幅振荡状态；
- $0<\xi<1$，欠阻尼系统，输出曲线呈衰减振荡状态；
- $\xi=1$，临界阻尼系统，输出曲线无超调量，输出值小于 1；
- $\xi>1$，过阻尼系统，输出曲线无超调量，缓慢上升。

不同系统阻尼比下的单位阶跃响应表达式：

① $\xi=0 \quad y(t)=1-\cos(\omega_n t)$

② $0<\xi<1 \quad y(t)=1-\mathrm{e}^{-\xi\omega_n t}\dfrac{1}{\sqrt{1-\xi^2}}\sin(\omega_\mathrm{d}t+\theta)$

$$\omega_\mathrm{d}=\omega_n\sqrt{1-\xi^2},\quad \theta=\arctan\frac{\sqrt{1-\xi^2}}{\xi}$$

③ $\xi=1 \quad y(t)=1-(1+\omega_n t)\mathrm{e}^{-\omega_n t}$

④ $\xi>1 \quad y(t)=1-\dfrac{\omega_n}{2\sqrt{\xi^2-1}}\left(\dfrac{\mathrm{e}^{s_1 t}}{-s_1}-\dfrac{\mathrm{e}^{s_2 t}}{-s_2}\right)$

$$s_{1,2}=-(\xi\pm\sqrt{\xi^2-1})\omega_n$$

对于二阶系统，时域指标和频域指标能够使用数学公式准确表示，可以统一采用阻尼比和自然振荡角频率描述。

超调量M_p：$M_\mathrm{p}=\mathrm{e}^{-\pi\zeta/\sqrt{1-\zeta^2}}\times 100\%$；

调节时间t_s：$t_\mathrm{s}=\dfrac{3.5}{\zeta\omega_n}$，$\omega_\mathrm{c}t_\mathrm{s}=\dfrac{7}{\tan\gamma}$；

上升时间t_r：$t_\mathrm{r}=\dfrac{\pi-\arctan\dfrac{\sqrt{1-\zeta^2}}{\zeta}}{\omega_n\sqrt{1-\zeta^2}}$；

谐振峰值M_r：$M_\mathrm{r}=\dfrac{1}{2\zeta\sqrt{1-\zeta^2}}$，$0\leqslant\zeta\leqslant\dfrac{\sqrt{2}}{2}$；

谐振频率ω_r：$\omega_\mathrm{r}=\omega_n\sqrt{1-2\zeta^2}$；

闭环截止频率ω_b：$\omega_\mathrm{b}=\omega_n\sqrt{1-2\zeta^2+\sqrt{2-4\zeta^2+2\zeta^4}}$；

相角裕度γ：$\gamma=\arctan\dfrac{2\zeta}{\sqrt{\sqrt{1+4\zeta^4}-2\zeta^2}}$；

开环截止频率ω_c：$\omega_\mathrm{c}=\sqrt{\sqrt{1+4\zeta^4}-2\zeta^2}\,\omega_n$。

【例 10-1-4】设系统阻尼比分别为$\xi=0,0.4,1,4$, 振荡角频率为$\omega_n=1$，求不同系统阻尼比取值下的单位阶跃响应曲线。

解：新建 M 文件，程序如下。

```
wn=1;zetas=[0 0.4 1 4];t=0:0.1:18;y=[];          %定义相关参数值
for zeta=zetas                                    %针对不同阻尼比完成循环
   if zeta==0
      y1=1-cos(wn*t);
   elseif(zeta>0 & zeta<1)
         wd=wn*sqrt(1-zeta^2);th=atan(sqrt(1-zeta^2)/zeta);
      y1=1-exp(-zeta*wn*t).*sin(wd*t+th)/sqrt(1-zeta^2);
   elseif zeta==1
      y1=1-(1+wn*t).*exp(-wn*t);
   elseif zeta>1
```

```
        s1=[-zeta+sqrt(zeta^2-1)]*wn;s2=[-zeta-sqrt(zeta^2-1)]*wn;
        y1=1-0.5*wn*(-exp(s1*t)/s1+exp(s2*t)/s2)/sqrt(zeta^2-1);
    end
    y=[y;y1];                            %向数组中添加内容
end
plot(t,y)                                %绘制曲线
axis([0 18 -0.1 2.1]);                   %设定 x 和 y 轴范围
grid                                     %在绘制的图形中添加栅格
gtext('\zeta=0')                         %设置图标
gtext('0<\zeta<1')                       %设置图标
gtext('\zeta=1')                         %设置图标
gtext('\zeta>1')                         %设置图标
```

保存并运行程序，手动设置图标，不同阻尼比的单位阶跃响应曲线如图 10-8 所示。

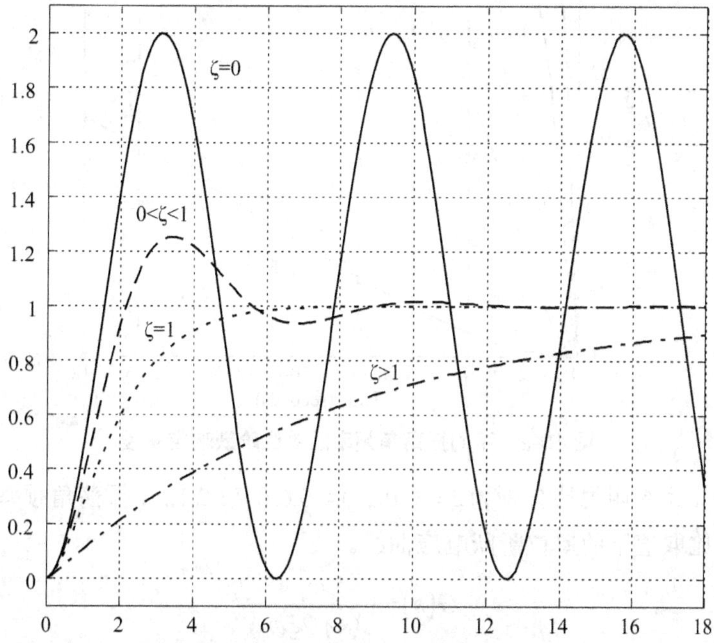

图 10-8 不同阻尼比的单位阶跃响应曲线

例题解析：

☞ 例题是通过分析二阶系统的阶跃响应表达式，并按照表达式给出的计算公式求解和绘制响应曲线。

☞ 通过使用绘图函数可以很方便地绘制图形，例 10-1-5 是希望通过例题了解实际绘制函数中使用的计算方法。

【例 10-1-5】如果将系统阻尼比($\xi = 0.707$)的取值固定，研究不同振荡角频率(ω_n=0.1,0.5,1,2,5)下的单位阶跃响应曲线。

解：新建 M 文件，程序如下。

```
wns=[0.1 0.5 1 2 5];zeta=0.707;          %定义所需系数
t=0:0.1:18                               %定义阶跃响应仿真时间
hold on                                  %图形绘制开关 on
for i=1:length(wns)
num=wns(i)*wns(i)                        %定义分子系数
```

```
den=[1,2*wns(i)*zeta, wns(i)*wns(i)]          %对应分母系数
axis([0 18 0 1.2]);                           %设定 x 和 y 轴范围
step(num,den,t)                               %绘制响应曲线
end
grid                                          %绘制网格
hold off                                      %图形绘制开关 off
gtext('wn=0.1');gtext('wn=0.5'); gtext('wn=1');
gtext('wn=2');gtext('wn=5');                  %使用鼠标设置文字注释
```

保存并运行程序，不同振荡角频率的单位阶跃响应曲线如图 10-9 所示。

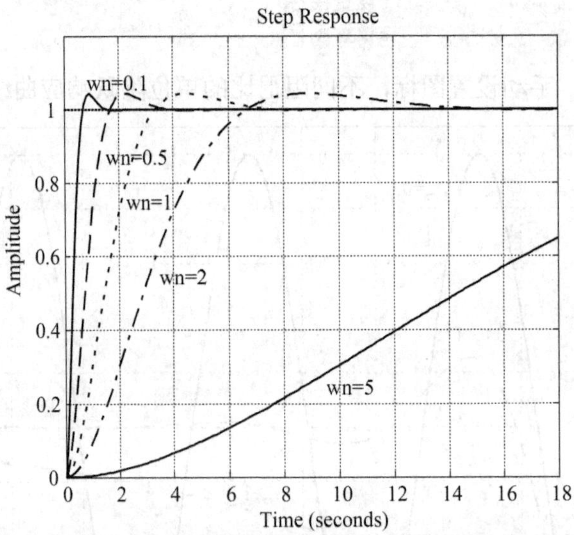

图 10-9　不同振荡角频率的单位阶跃响应曲线

【例 10-1-6】设系统阻尼比分别为 $\xi=0,0.2,0.4,0.6,0.9,1.2,1.5$，振荡角频率为固定值 ω_n=1，求不同系统阻尼比取值下的单位阶跃响应曲线。

$$G(s)=\frac{\omega_n^2}{s(s+2\xi\omega_n)}$$

解： 新建 M 文件，程序如下。

```
wn=1;zetas=[0 0.2 0.4 0.6 0.9 1.2 1.5];                %定义所需系数
num=wn*wn                                                %定义分子系数
t=linspace(0,20,200)                                     %定义阶跃响应仿真时间
hold on                                                  %图形绘制开关 on
for i=1:length(zetas)
  den=conv([1,0],[1,2*wn*zetas(i)])                     %对应分母系数
  sysc=tf(num,den)                                       %封装系统
  sys=feedback(sysc,1,-1)                                %求单位负反馈
  step(sys,t)                                            %绘制响应曲线
end
grid                                                     %绘制网格
hold off                                                 %图形绘制开关 off
gtext('z=0');gtext('z=0.2'); gtext('z=0.4');gtext('z=0.6');
gtext('z=0.9'); gtext('z=1.2'); gtext('z=1.5');         %使用鼠标设置文字注释
```

保存并运行程序，不同阻尼比的单位阶跃响应曲线如图 10-10 所示。

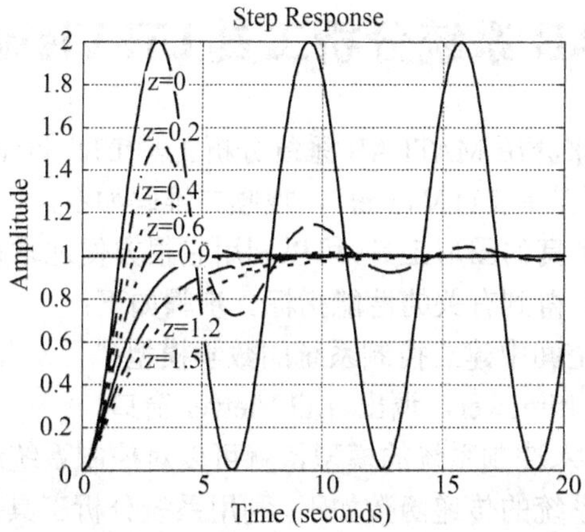

图 10-10　不同阻尼比的单位阶跃响应曲线

【例 10-1-7】已知单位负反馈二阶系统开环传递函数，其中，T 为 1 时求不同 k= 0.1,0.2,0.5, 0.8,1,2.4 时的单位阶跃响应曲线。

$$G(s)=\frac{k}{s(Ts+1)}$$

解：新建 M 文件，程序如下。

```
T=1;K=[0.1 0.2 0.5 0.8 1 2.4];                          %定义参数 K,T
num=1;                                                  %定义分子系数
den=conv([1,0],[T,1]);                                  %定义分母系数
t=linspace(0,20,200)                                    %对应响应曲线描绘时间
hold on                                                 %图形绘制开关 on
for i=1:length(K)                                       %针对 K 的个数循环
  sysc=tf(num*K(i),den)                                 %封装系统
  sys=feedback(sysc,1)                                  %求单位负反馈
  step(sys,t)                                           %绘制阶跃响应曲线
end
grid                                                    %绘制网格
hold off                                                %图形绘制开关 off
gtext('k=0.1');gtext('k=0.2'); gtext('k=0.5');
gtext('k=0.8'); gtext('k=1'); gtext('k=2.4');           %使用鼠标设置文字注释
```

保存并运行程序，不同增益下的单位阶跃响应曲线如图 10-11 所示。

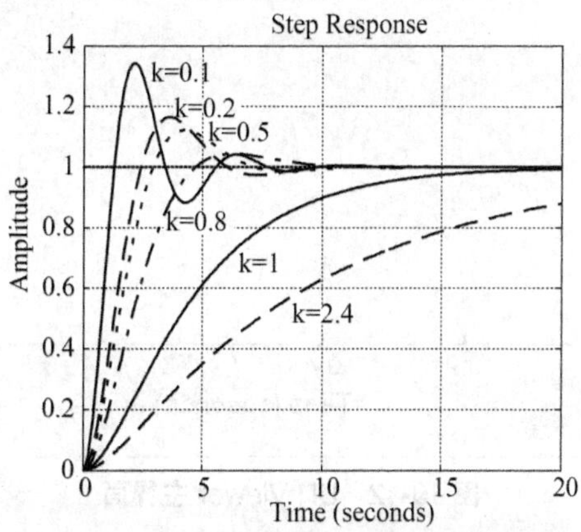

图 10-11　不同增益下的单位阶跃响应曲线

10.2 MATLAB 系统分析工具 LTI Viewer

下面以例 10-2-1 为例来介绍 MATLAB 系统分析工具 LTI Viewer 的使用方法，可参考视频“09-MATLAB 系统分析工具 LTI Viewer”，视频二维码如右。

对线性定常系统进行仿真的图形工具，可以利用它很方便地求得系统的阶跃响应、脉冲响应曲线，并得到有关的性能指标。步骤如下：

① 在 MATLAB 工作空间中建立控制系统的数学模型；

② 在命令窗口中输入 ltiviewer，调出 LTI Viewer 窗口；

③ 在 LTI Viewer 中导入控制系统的模型，就可以对控制系统进行多种功能分析。

【例 10-2-1】已知二阶系统的传递函数如下，利用系统分析工具 LTI Viewer 绘制阶跃响应、脉冲响应曲线。

$$G(s)=\frac{20}{s^2+4s+20}$$

解： 具体步骤如下。

（1）建立数学模型。

在 MATLAB 工作空间中建立数学模型，输入代码：

```
num=[0 20];den=[1 4 20];          %传递函数分子、分母多项式系数
sys=tf(num,den)                   %建立传递函数模型
```

（2）进入 LTI Viewer 窗口。

在命令窗口中输入 ltiviewer，即可进入可视化仿真环境，如图 10-12 所示的 LTI Viewer 主界面。

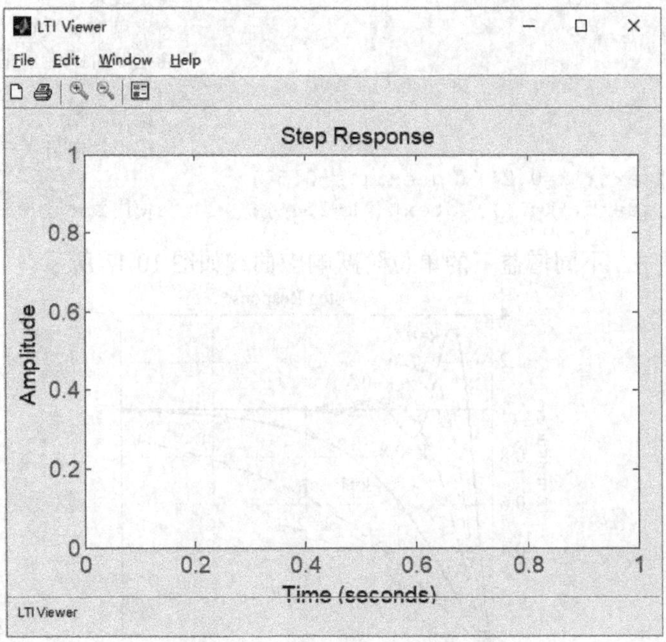

图 10-12 LTI Viewer 主界面

（3）在 LTI Viewer 中导入控制系统的模型。

进入 LTI Viewer 主界面后，单击“File”选项，选择“Import”选项，在“Import System Data”窗口（如图 10-13 所示）中选择需要分析的模型 sys，单击“OK”按钮，LTI Viewer 会自动绘制系统的阶跃响应曲线（如图 10-14 所示）。

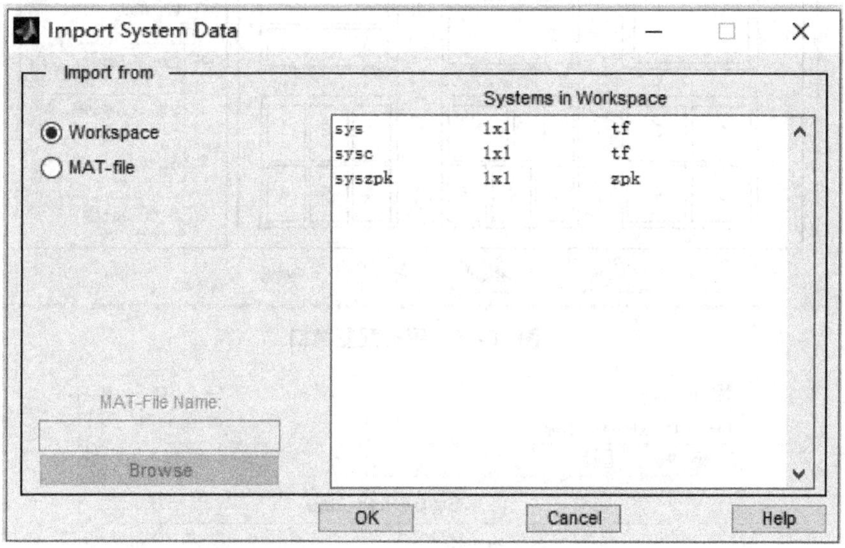

图 10-13　“Import System Data”窗口

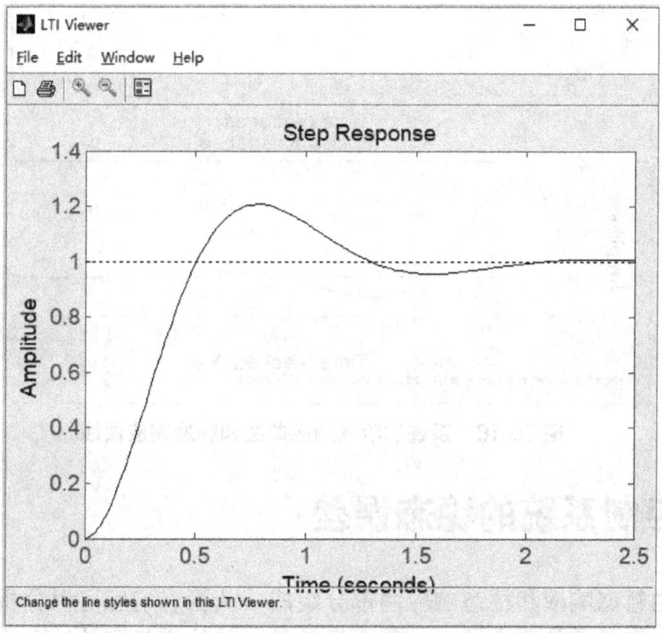

图 10-14　LTI Viewer 绘制的系统阶跃响应曲线

（4）绘制曲线。

选择菜单“Edit”中的“Plot Configurations”选项，弹出图形配置窗口，如图 10-15 所示。选择第 2 种显示类型，右侧“Response type”中“1”选择“Step”，“2”选择“Impulse”，单击“OK”按钮，绘制系统的阶跃响应曲线和脉冲响应曲线，如图 10-16 所示。

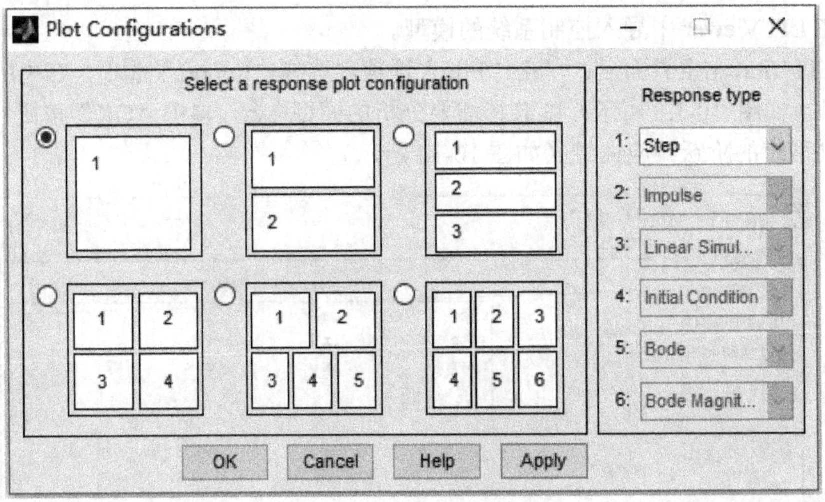

图 10-15　图形配置窗口

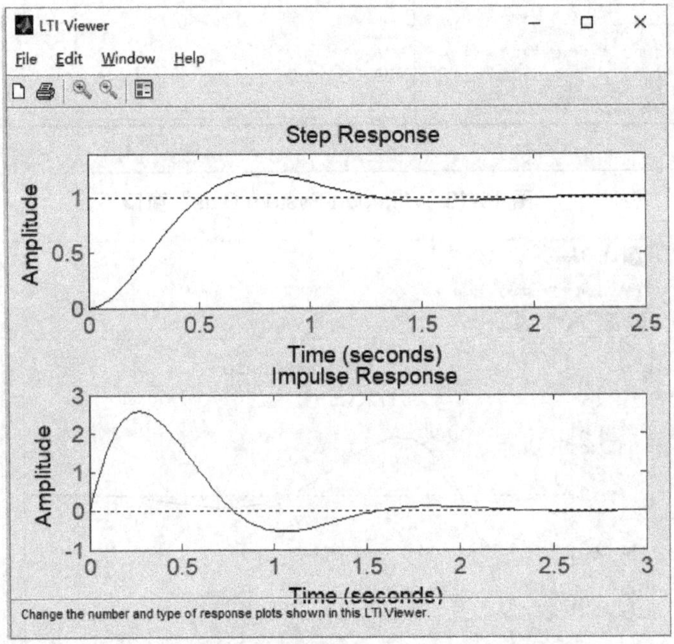

图 10-16　系统的阶跃响应曲线和脉冲响应曲线

10.3　控制系统的稳态误差

系统的响应由暂态响应和稳态响应两部分组成，从稳态响应可以分析系统的稳态误差，进而由稳态误差衡量系统的稳态性能。稳态误差是当某特定类型的输入作用于控制系统后，达到稳态时系统精度的度量。对于某些不经常处于动态过程的控制系统，研究其稳态误差更具有重要意义。

控制系统学科中，通常定义稳态为时间趋于无穷大（或在实际中为足够长）时的固定响应，即在稳态条件下（即对于稳定系统）输入增加后并经过足够长的时间，其暂态响应已经衰减到微不足道时，稳态响应的期望值与实际值之间的误差。例如，可以把一个正弦波视为稳态响应，因为在输入加到系统并经过足够长的时间后的任何周期里，响应的正弦波状态是固定的。同样，斜坡函数形式的输出 $c(t)=t$，尽管它随时间增长，但也是稳态响应。

造成系统产生误差的原因是多种多样的，这里所说的稳态误差不考虑由于元件的不灵敏、零点漂移和老化等所造成的永久性误差，而只讨论由于系统结构、参量，以及输入的不同形式所引起的稳态误差。

本节主要介绍线性定常系统的稳态误差，反馈控制系统框图如图 10-17 所示。

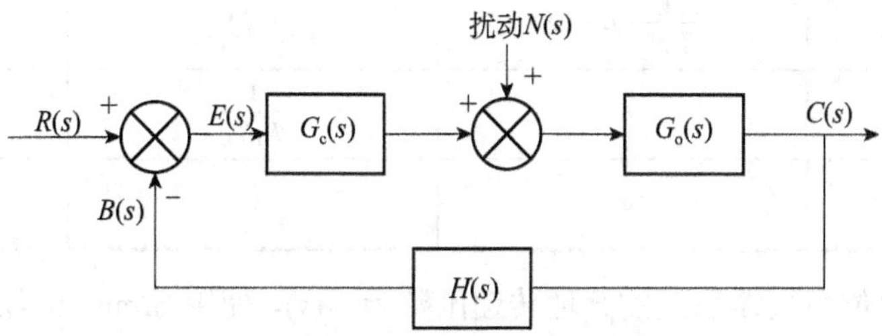

图 10-17　反馈控制系统框图

其中　$R(s)$——给定参考输入 $r(t)$的图像函数；

$C(s)$——输出（响应）$c(t)$的像函数；

$N(s)$——扰动量 $n(t)$的像函数；

$B(s)$——反馈量的像函数；

$G_c(s)$——控制环节的传递函数；

$G_o(s)$——被控制对象的传递函数；

$H(s)$——反馈环节的传递函数。

控制系统的稳态误差有两类，即给定稳态误差和扰动稳态误差。对于随动系统，给定的参考输入是变化的，要求响应以一定精度跟随给定的变化而变化，其响应的期望值就是给定的参考输入。所以，应以系统的给定稳定误差去衡量随动系统的稳态性能。对于恒值调节系统，给定的参考输入不变，需要分析稳态响应在扰动作用于系统后所受到的影响。因此，通常以扰动稳态误差去衡量恒值调节系统的稳态性能。

对于不同结构类型的系统，当给定输入为不同形式时，常按照系统跟踪阶跃信号、斜坡信号和抛物线信号等输入信号的能力划分为 0 型、I 型和 II 型等。其中，0 型、I 型和 II 型系统的给定稳态误差的终值见表 10-1。可以看出数值有 0、固定常值和无穷大 3 种可能，稳态误差系数的大小反映了系统限制或消除稳态误差的能力，系数值越大则给定稳态误差的终值越小。

表 10-1　0 型、I 型及 II 型系统的给定稳态误差的终值

给定输入	给定稳态误差的终值		
	0 型系统	I 型系统	II 型系统
1（t）	$\frac{1}{1+K_p}$	0	0
t	∞	$\frac{1}{K_v}$	0
$\frac{1}{2}t^2$	∞	∞	$\frac{1}{K_a}$

对于不同结构类型的系统，当扰动为不同形式时，0 型、I 型和 II 型系统扰动稳态误差的终值见表 10-2。系统扰动稳态误差终值可以为 0、固定常值和无穷大 3 种情况，当扰动稳态

误差终值为固定常数时，其值与控制环节及反馈环节的增益乘积成反比。

表 10-2　0 型、Ⅰ型和Ⅱ型系统扰动稳态误差的终值

扰动输入	扰动稳态误差的终值		
	v=0 系统	v=1 系统	v=2 系统
1（t）	$\frac{K_2}{1+K}(\mu=0)$	0	0
	$\frac{1}{K_1K_3}(\mu\neq0)$		
t	∞	$\frac{1}{K_1K_3}$	0
$\frac{1}{2}t^2$	∞	∞	$\frac{1}{K_1K_3}$

【例 10-3-1】单位负反馈系统的开环传递函数为 $G(s)$，使用 Simulink 绘制单位斜坡响应曲线和给定误差曲线。

$$G(s)=\frac{1.5}{s(s+1)(s+2)}$$

解：根据题意建立系统模型，如图 10-18 所示。

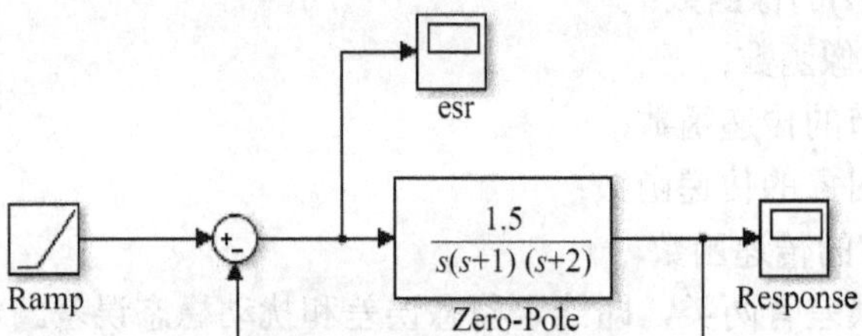

图 10-18　系统模型

保存并仿真模型，双击示波器 Response，得到单位斜坡响应曲线，如图 10-19 所示。双击示波器 esr，得到给定误差曲线，如图 10-20 所示。

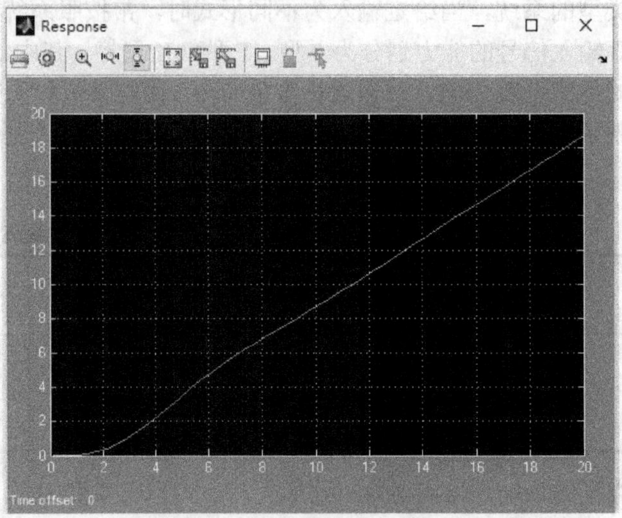

图 10-19　单位斜坡响应曲线

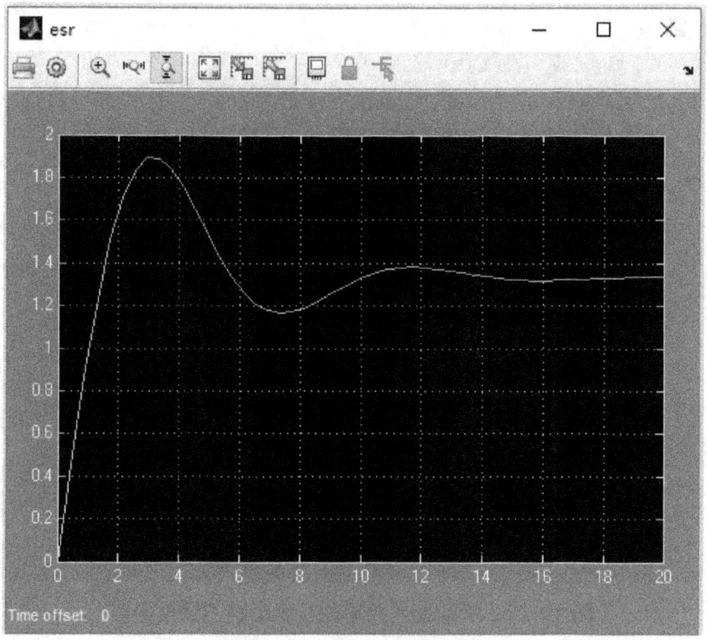

图 10-20　给定误差曲线

【例 10-3-2】设单位负反馈系统中控制器和被控对象的传递函数分别为 $G_c(s)$和 $G_o(s)$，如扰动 $n(t)$是单位阶跃函数和斜坡函数，使用 Simulink 仿真环境分析在不同典型型号作用下误差的变化。

$$G_c(s)=\frac{10}{s+1};\qquad G_o(s)=\frac{1}{s}$$

解：根据题意建立系统模型，当扰动输入为单位阶跃函数，系统模型如图 10-21 所示。

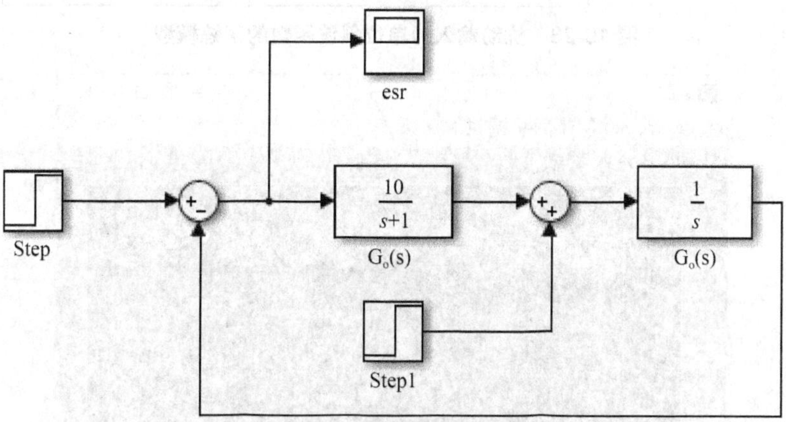

图 10-21　扰动输入为单位阶跃函数的系统模型

保存并仿真模型，双击示波器 esr，得到误差曲线，扰动输入为单位阶跃函数的误差曲线如图 10-22 所示。

当扰动输入为单位斜波函数，系统模型如图 10-23 所示。

保存并仿真模型，双击示波器 esr，得到误差曲线，扰动输入为单位斜波函数的误差曲线如图 10-24 所示。

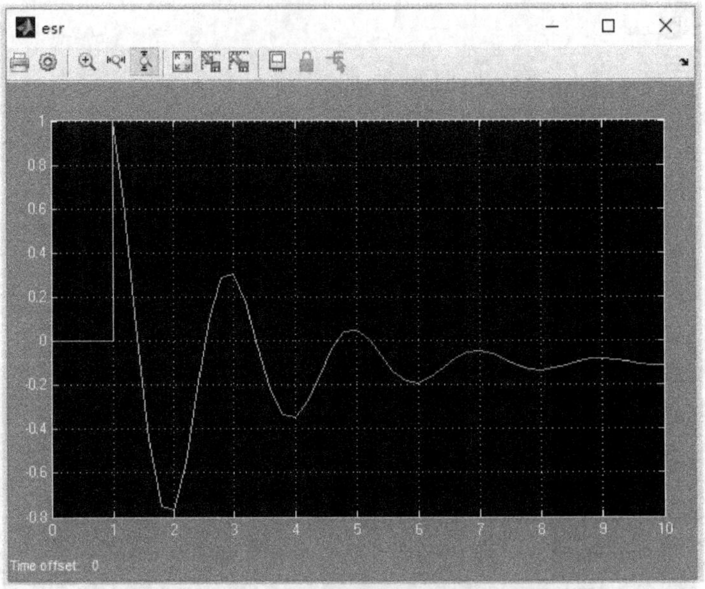

图 10-22　扰动输入为单位阶跃函数的误差曲线

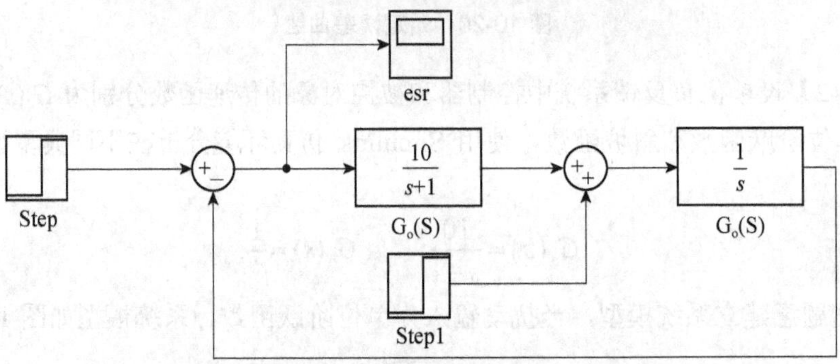

图 10-23　扰动输入为单位斜波函数的系统模型

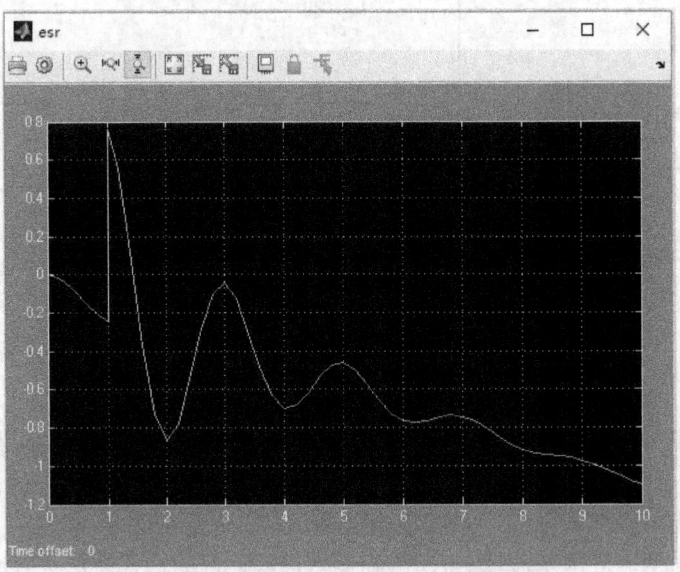

图 10-24　扰动输入为单位斜波函数的误差曲线

课后习题10

10-1 二阶系统的传递函数为

$$G(s)=\frac{\omega_n^2}{s^2+2\xi\omega_n s+\omega_n^2}$$

使用时域分析模块中的函数分析无阻尼自然振荡角频率 ω_n、阻尼比 ξ 对系统暂态响应性能的影响。

（1）不同阻尼比 ξ 下：令阻尼比 ξ 分别等于 0.1，0.2，0.3，…，1 和 2，$\omega_n=6$；

（2）不同无阻尼自然振荡角频率 ω_n 下：令阻尼比 $\xi=0.7$，$\omega_n=2$，4，6，8，10，12。

10-2 一系统的闭环传递函数为

$$\frac{C(s)}{R(s)}=\frac{5(s^2+5s+6)}{s^3+6s^2+10s+8}$$

求系统的暂态性能指标：上升时间 t_r、峰值时间 t_p、最大超调量 M_p 和调整时间 t_s。

10-3 单位负反馈系统的开环传递函数为

$$G(s)=\frac{1.5}{s(s+1)(s+2)}$$

使用 Simulink 绘制系统的单位斜坡响应曲线 $c(t)$和给定误差曲线 $e(t)$，并求给定稳态误差终值 e_{sr}。

10-4 设系统的传递函数为

$$\frac{C(s)}{R(s)}=\frac{\omega_n^2}{s^2+2\xi\omega_n s+\omega_n^2}$$

求此系统的单位斜坡响应和稳态误差。

10-5 已知单位反馈控制系统的开环传递函数为

$$G(s)=\frac{K}{s(\tau s+1)}$$

试求在下列条件下系统单位阶跃响应的超调量和调整时间：

（1）$K=4.5,\tau=1\text{s}$；（2）$K=1,\tau=1\text{s}$；（3）$K=0.16,\tau=1\text{s}$。

10-6 两个系统的传递函数分别为

$$\frac{C(s)}{R(s)}=\frac{\omega_n^2}{s^2+2\xi\omega_n s+\omega_n^2}\quad(0<\xi<1)$$

$$\frac{C(s)}{R(s)}=\frac{\omega_n^2(s+1)}{s^2+2\xi\omega_n s+\omega_n^2}\quad(0<\xi<1)$$

如果两者的参量 ξ 及 ω_n 均相等，试分析 $z=-1$ 的零点对系统单位脉冲响应和单位阶跃响应的影响。

10-7 根据下列单位反馈系统的开环传递函数，确定使系统稳定的 K 值的范围。

（1）$G(s)=\frac{K}{(s+1)(0.1s+1)}$　（2）$G(s)=\frac{K}{s^2(0.1s+1)}$　（3）$G(s)=s\frac{K}{(s+1)(0.5s+1)}$

10-8 已知单位反馈控制系统的开环传递函数为

$$G(s)=\frac{K(s+5)(s+40)}{s^3(s+200)(s+1000)}$$

试求系统的临界增益 K_c 值及无阻尼振荡频率值。

10-9　设二阶系统的传递函数为

$$\frac{C(s)}{R(s)}=\frac{\omega_n^2}{s^2+2\xi\omega_n s+\omega_n^2}$$

分别取 ω_n=1.5；ξ=0，0.05，0.2，0.5，0.7，1.0，1.25。用 MATLAB 绘制系统的单位阶跃响应曲线并进行分析。

第 11 章　控制系统的根轨迹分析

第 11 章　控制系统的
根轨迹分析 PPT

本章要点

本章主要介绍使用 MATLAB 工具箱函数分析控制系统根轨迹的方法，具体包括以下内容。

1. **根轨迹法分析系统**

通过完成以下考查题目，学习利用 MATLAB 函数绘制根轨迹的方法和使用根轨迹法分析系统暂态特性。

（1）单位负反馈系统的开环传递函数如下，绘制不同条件下的根轨迹图，并分析结果。

① a=10，② a=9，③ a=8，④ a=3

$$G(s)=\frac{K(s+1)}{s^2(s+a)}$$

（2）单位负反馈系统的开环传递函数如下，绘制根轨迹图，并求出当系统闭环极点 p=[−0.707, −2.6]时，系统所对应的增益 K。[k,ploes]=rlocfind(sys,[−0.707, −2.6])。

$$G(s)=\frac{K(s+2)(s+3)}{s(s+1)}$$

2. **图形分析工具** rltool

通过完成以下考查题目，学习 MATLAB 在根轨迹分析中的综合应用(rltool)，具体包含图形分析工具 rltool、综合分析应用实例。

单位负反馈系统的开环传递函数如下：

$$G(s)=\frac{K(s+2)}{s(s+4)(s+8)(s^2+2s+5)}$$

（1）绘制不同条件下的根轨迹图；

（2）确定使系统稳定的增益 K（临界增益 K）；

（3）绘制不同增益 K 时的响应曲线并进行验证；

（4）绘制增加不同零、极点（零点，极点，零极点）条件下的根轨迹图；

（5）绘制增加不同零极点条件下的响应曲线；

（6）练习使用 rltool 工具对系统进行分析。

11.1 根轨迹法基础

根轨迹法是根据系统的开环传递函数零极点分布，绘制闭环系统特征方程根（闭环传递函数极点）在 S 平面上随参数的变化而变化的情况，从而研究特征方程根与系统参数之间关系的简便图解法。如果系统具有可变的环路增益，则闭环极点的位置取决于所选择的环路增益，因此分析增益的变化和闭环极点在 S 平面的移动关系（根轨迹）不仅可以判断系统稳定性，还可以协助分析时域响应特性，对系统的分析和设计有较大意义。

优点：分析的结果直接、方便。

缺点：分析过程计算量大，对高阶系统较难实现（需求解高阶特征方程）。

11.1.1 分析的基本原理

根轨迹是指当开环系统某一参数从零变化到无穷大时，闭环系统特征方程的根在 S 平面上的轨迹。通常，这一参数作为开环系统的增益 K，而在无零极点对消时，闭环系统特征方程的根就是闭环传递函数的极点。

根轨迹法是由开环传递函数直接求解闭环特征根轨迹的变化规律，而无须求取高阶系统特征根的方法。根轨迹法是一种从分析开环系统零极点在复平面上的分布出发，用图解表示特征方程的根与开环系统某个参数（增益 K）之间全部关系的方法。利用此方法可以在参数确定的情况下，分析系统的性能；在系统及性能指标已知的情况下，确定系统的参数。

【例 11-1-1】已知单位负反馈的开环传递函数如下，分析开环增益 K 的变化对系统的影响。（简单起见设 a=4）

$$G(s)=\frac{K}{s(s+a)}$$

解：系统没有开环零点，两个开环极点分别为 s=0 和 s=−4，闭环传递函数、系统特征方程为

$$\phi(s)=\frac{G(s)}{1+G(s)}=\frac{K}{s^2+4s+K}$$

$$s^2+4s+K=0$$

系统特征方程的根(系统闭环极点)为

$$s_{1,2}=-2\pm\sqrt{4-K}$$

☞ 判断稳定性：如果当开环增益 K 从零变化到无穷大时，系统曲线图中的根轨迹不会越过虚轴进入右半 S 平面（如图 11-1 所示），因此该环系统对所有的增益 K 都是稳定的；而对根轨迹越过虚轴进入右半 S 平面（如图 11-2 所示）的情况，则其交点的 K 值为临界稳定开环增益。

☞ 确定系统参数：对于要求的系统性能，将其变换为期望的闭环极点位置，由根轨迹图可以确定对应的参数值。

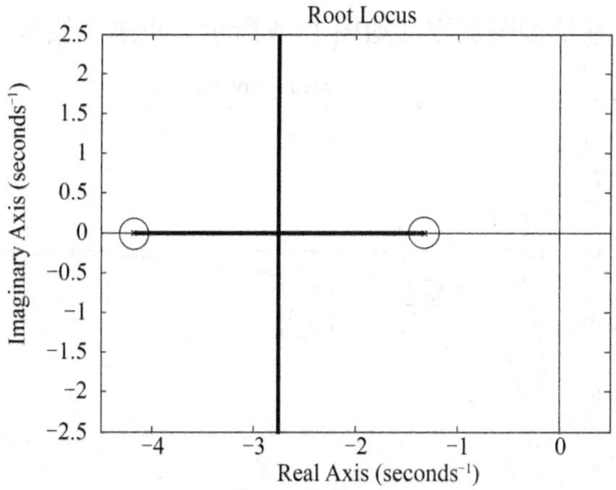

图 11-1 根轨迹不会越过虚轴进入右半 S 平面

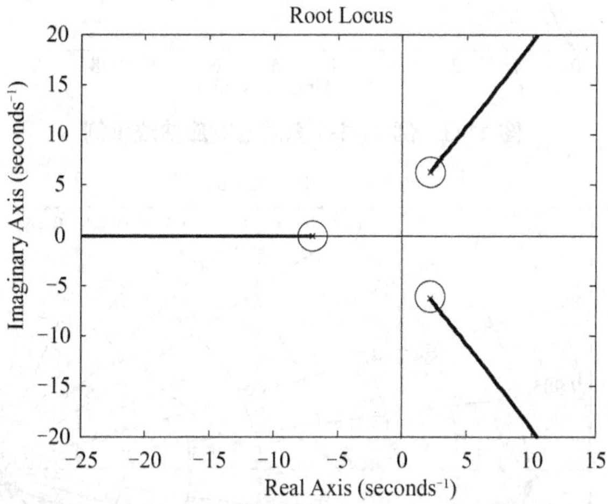

图 11-2 根轨迹越过虚轴进入右半 S 平面

分析如例 11-1-1 所示的典型二阶系统：

☞ K 在 0～∞整个变化范围内取值，特征根均位于左半 S 平面，K 取任何值时系统均稳定；

☞ 根轨迹的起点是开环极点，开环系统有一个位于坐标原点的极点，阶跃信号作用下系统输出的稳态误差为 0；

☞ K 的增加使系统阻尼系数减小，阶跃响应由过阻尼状态到临界阻尼状态，再到欠阻尼状态；

☞ 对于要求的系统性能，将其变换为期望的闭环极点位置，由根轨迹图可以确定对应的参数取值。

综上所述，例 11-1-1 系统的响应曲线示例如图 11-3 所示，系统分析如下：

☞ K=0 时，两个特征根为 s=0 和 s=−4，开环极点。

☞ 0＜K＜4 时，系统有两个不等的负实数特征根，随 K 的增大两个根沿着相反的方向向(−2,0j)点移动。对应于系统过阻尼状态（如图 11-4 所示“点”线）。

☞ K=4 时，系统有两个相等的负实数 s=−2，对应于系统临界阻尼状态。

☞ K＞4 时，系统的两个根离开实轴，其实部保持常数−2，对应于系统欠阻尼状态。K

值越大振荡频率越高，系统振荡加剧（如图 11-4 所示“点画”线）。

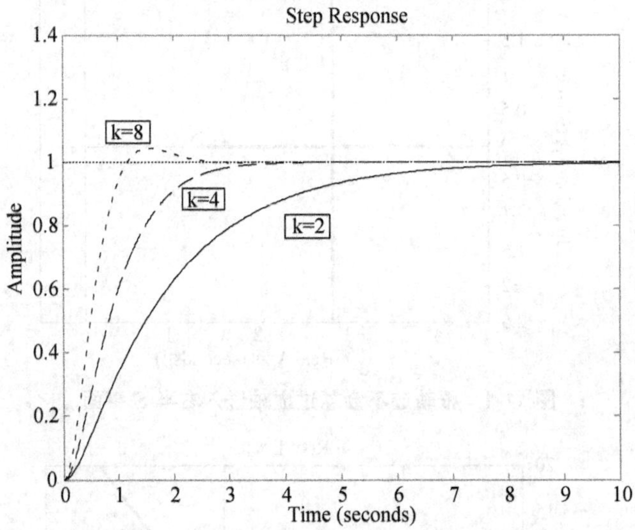

图 11-3　例 11-1-1 系统的响应曲线示例

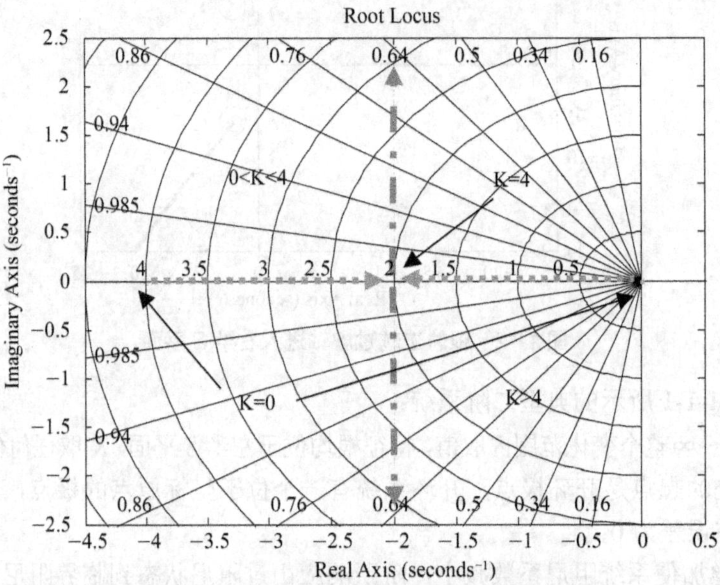

图 11-4　开环参数 *K* 的变化对系统的影响

根轨迹图的规则：

（1）连续性。系统增益 *K* 连续变化时，特征方程的根也连续变化，根轨迹是复平面上连续变化的直线或曲线。

（2）对称性。特征方程的根为实数或共轭复数，根轨迹对称于实轴。

（3）根轨迹支数。*n* 阶系统有 *n* 个根，有 *n* 个根轨迹，都将随 *K* 的变化而变化。

（4）根轨迹的起点和终点。分别为系统开环极点和系统开环零点；通常将系统开环极点和系统开环零点分别在根轨迹图上标记为×和○。

（5）根轨迹和虚轴的交点系统处于临界稳定状态，使系统稳定的临界参数取值为临界增益 *K*。

11.1.2 使用 MATLAB 函数绘制根轨迹图

1. **零极点图的绘制**

➢ pzmap(sys) %直接在 *S* 平面上绘制零极点位置；

➢ [p,z]=pzmap(sys) %不绘图，通过函数的返回值得到相应的零极点。

2. **根轨迹图的绘制**

➢ rlocus(sys) %绘制 SISO 系统的根轨迹曲线；

➢ rlocus(sys,k) %绘制增益为 k 时的闭环极点；

➢ rlocus(sys1,'r',sys2,'y:',…) %在同一复平面上绘制多个 SISO 系统的根轨迹，可以用颜色及线段区分；

➢ [r,k]= rlocus(sys)或[r]= rlocus(sys,k) %不绘图，通过函数的返回值得到闭环系统特征方程的根矩阵 r、开环增益 k。

3. **根轨迹对应增益**

➢ [k,ploes]=rlocfind(sys) %在对象根轨迹图中显示光标，记录由用户选择点所对应的增益和极点，并记录于［k,ploes］中；

➢ [k,ploes]=rlocfind(sys,p) %指定要得到增益的根向量 p，得到该根对应的增益和其他根。

4. **根轨迹网格（等阻尼系数和等自然振荡角频率线）**

➢ sgrid %在连续系统的根轨迹图上绘出网格线，由等阻尼系数和等自然振荡角频率线组成，阻尼线范围从 0 到 1，间隔为 0.1；自然振荡角频率线范围从 0 到 10，间隔为 1rad/s。注意，在绘制前必须有根轨迹图；

➢ sgrid(z,wn) %可以指定阻尼系数和自然振荡角频率进行绘制。

【例 11-1-2】已知单位负反馈系统的开环传递函数，绘制根轨迹图，并求出与实轴的分离点、虚轴的交点，以及对应的增益。

$$G(s)=\frac{K}{s(s+2.73)(s^2+2s+2)}$$

解：程序代码如下。

```
num=1;den=conv([1 0],conv([1 2.73],[1 2 2]));  %定义传递函数分子、分母系数
rlocus(num,den)                                 %绘制根轨迹图
[k,p]=rlocfind(num,den)                         %给出指定点所对应的增益和极点（例 11-
                                                1-2 系统根轨迹图如图 11-5 所示，圆圈标
                                                注指定点）
```

运行程序，结果如下：

```
Select a point in the graphics window
selected_point =
    0.0071 + 1.0714i
k =
   7.3238
p =
  -2.3670 + 0.8471i
  -2.3670 - 0.8471i
```

```
  0.0020 + 1.0765i
  0.0020 - 1.0765i
```

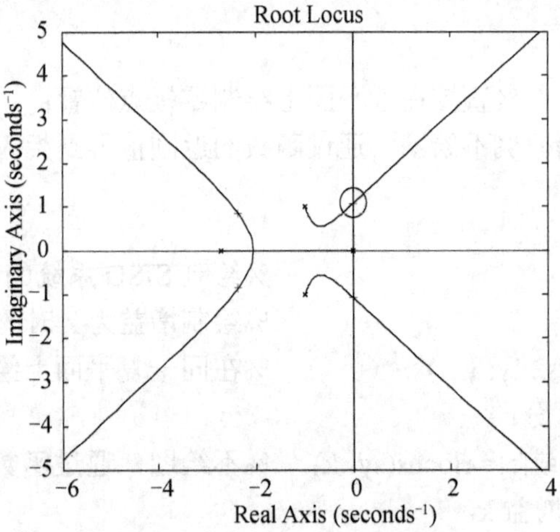

图 11-5　例 11-1-2 系统根轨迹图

例题解析：

☞　程序运行后输出如图 11-5 所示的根轨迹图，并在图形窗口显示十字形光标，当用鼠标在根轨迹图上选择一点时，就可得到该点对应的增益 K，以及该 K 值下其他的极点，所有的极点在图中以“+”表示。

下面以例 11-1-3 为例来介绍使用 MATLAB 函数绘制根轨迹图的方法，并绘制系统的脉冲响应曲线并进行验证，可参考视频“10-MATLAB 函数绘制根轨迹图”，视频二维码如右：

【例 11-1-3】系统的开环传递函数如下，绘制根轨迹图，寻找系统临界稳定时的增益 K，绘制系统的脉冲响应并进行验证。

$$G(s)=\frac{K}{(s+1)(s^2+6s+10)}$$

解：（1）绘制根轨迹图，寻找系统临界稳定时的增益 K，程序代码如下。

```
num=1;den=conv([1 1],[1 6 10]);     %定义传递函数分子、分母系数
rlocus(num,den)                     %绘制根轨迹图
grid                                %添加栅格
[k,p]=rlocfind(num,den)             %给出指定点所对应的增益和极点（例 11-1-3 系统根轨迹
                                    图如图 11-6 所示，圆圈标注指定点）
```

运行程序，结果如下：

```
Select a point in the graphics window
selected_point =
  -0.0142 + 4.0124i
k =
  102.2431
p =
  -7.0037 + 0.0000i
   0.0019 + 4.0033i
```

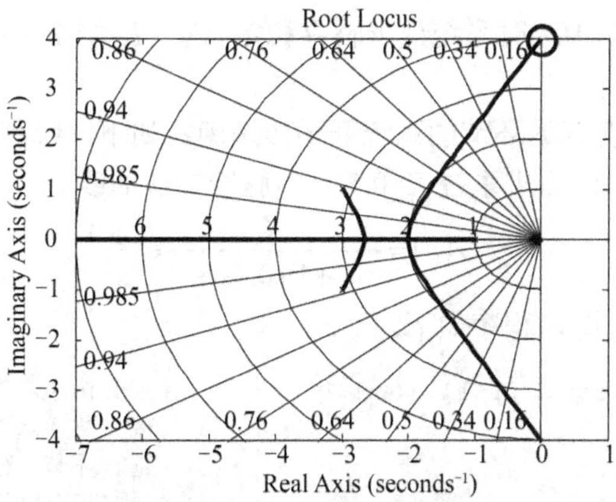

图 11-6　例 11-1-3 系统根轨迹图

由上可知，系统临界稳定时的增益 K 大约为 102。

（2）绘制不同 K 值下的脉冲响应曲线，程序代码如下。

```
k=[50 100 101 102 103 200];                       %定义 K 值
n = length(k);                                    %确定绘制曲线的条数
den=conv([1 1],[1 6 10]);                         %定义传递函数的分母系数
i=1;
for T=k
 num=T  ;                                         %定义传递函数的分子系数
 [num1,den1]=feedback(num,den,1,1)  ;             %定义闭环系统的分子、分母系数
 subplot(1,n,i);                                  %设置子图
 impulse(num1,den1);                              %绘制脉冲响应曲线
 title(strcat('k=',num2str(T)));                  %标注曲线名称
 i=i+1; %指定子图位置
end
```

运行程序，不同 K 值下的脉冲响应曲线如图 11-7 所示。

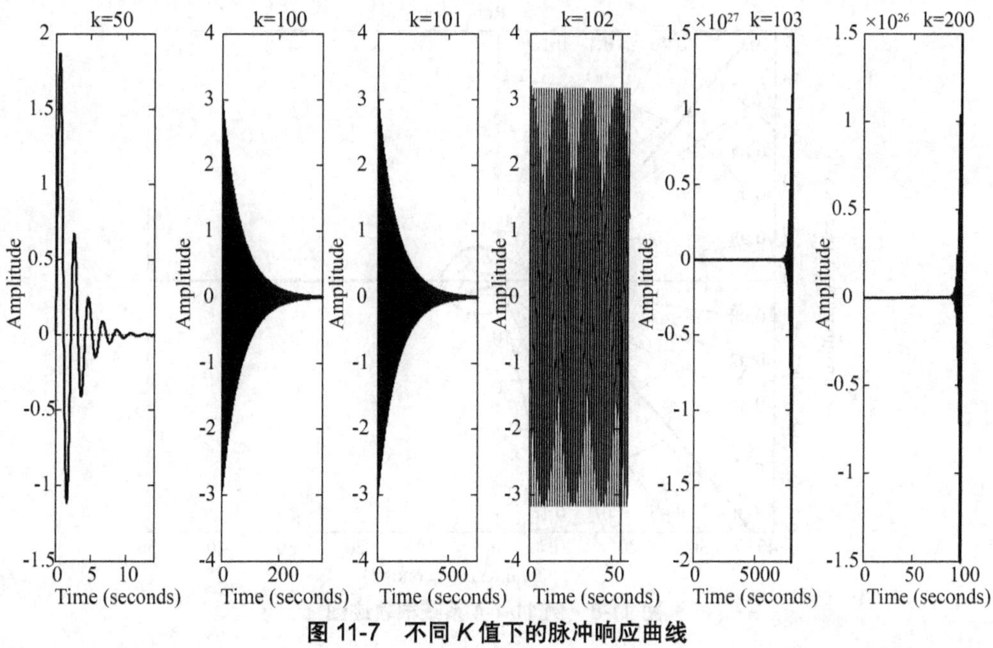

图 11-7　不同 K 值下的脉冲响应曲线

可以看出选取增益 K=102 时系统处于临界稳定状态，K＜102 时则系统趋于稳定，K＞102 时则图形发散不稳定。

【例 11-1-4】已知带有延迟环节的系统开环传递函数如下，绘制根轨迹图，并选择系统稳定时给出的根轨迹增益，最后求系统 K=0.5 时的脉冲响应曲线。

$$G(s)=\frac{K}{s(s+1)(0.5s+1)}\mathrm{e}^{-sT}$$

解：（1）绘制根轨迹图，程序如下。

```
num=1;den=conv([1 0],conv([1 1],[0.5 1]));     %定义传递函数分子、分母系数
sys1=tf(num,den);                               %建立传递函数模型
[num1,den1]=pade(1,3);                          %延时环节，延迟时间常数、近似阶数
sys=sys1*tf(num1,den1);                         %建立带有延迟的传递函数模型
rlocus(sys)                                     %绘制根轨迹图带有延迟的传递函数模型
grid                                            %添加栅格
[k,p]=rlocfind(sys)                             %给出指定点所对应的增益和极点系统（例
                                                11-1-4 系统根轨迹图如图 11-8 所示，圆
                                                圈标注指定点）
```

运行程序，结果如下：

```
Select a point in the graphics window
selected_point =
  -0.0710 + 5.6154i
k =
   90.5438
p =
  -9.1961 + 6.2565i
  -9.1961 - 6.2565i
  -0.0832 + 5.6326i
  -0.0832 - 5.6326i
   1.7792 + 1.5394i
   1.7792 - 1.5394i
```

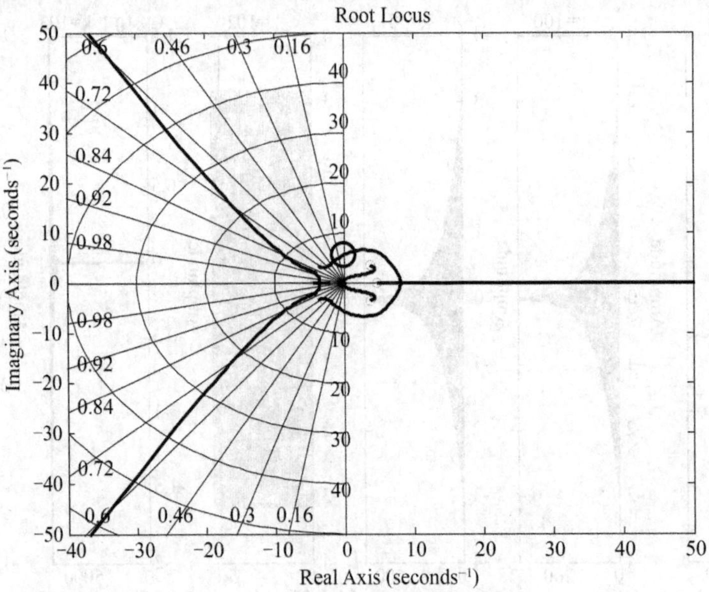

图 11-8　例 11-1-4 系统根轨迹图

由上可知，系统临界稳定时的增益 K 大约为 90。

（2）绘制脉冲响应曲线，程序代码如下。

```
k=[0.5 70 200];                              %定义 K 值
n = length(k);                               %确定绘制曲线的条数
den=conv([1 0],conv([1 1],[0.5 1]));         %定义传递函数的分母系数
i=1;
for T=k
num=T;                                       %定义传递函数的分子系数
[num1,den1]=feedback(num,den,1,1);           %定义闭环系统的分子、分母系数
subplot(1,n,i);                              %设置子图
impulse(num1,den1);                          %绘制脉冲响应曲线
title(strcat('k=',num2str(T)));              %标注曲线名称
   i=i+1;                                    %指定子图位置
end
```

运行程序，例 11-1-4 脉冲响应曲线如图 11-9 所示。

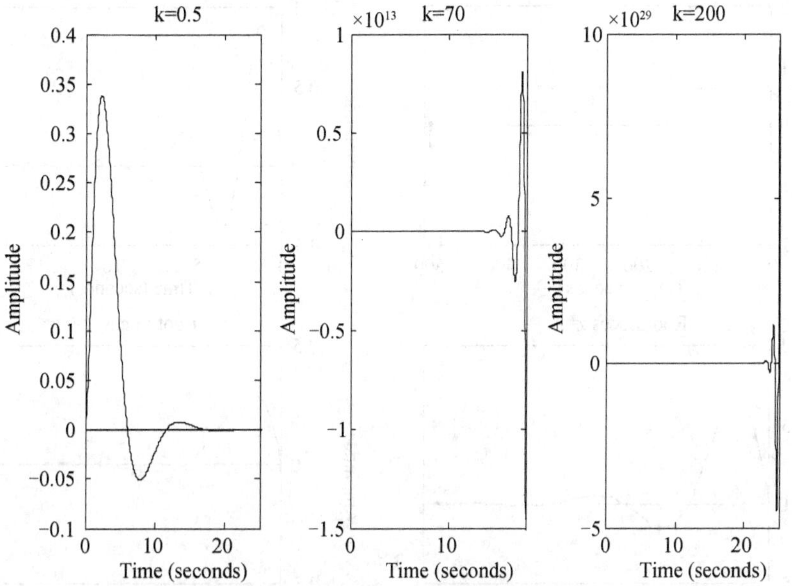

图 11-9 例 11-1-4 脉冲响应曲线

11.2 根轨迹法分析系统

11.2.1 增加开环零极点对根轨迹的影响

1. 增加开环零点对根轨迹的影响

【例 11-2-1】设二阶系统的开环传递函数如下：

$$G(s)=\frac{K}{s(s^2+2s+2)}\Rightarrow\frac{K(s+z)}{s(s^2+2s+2)}$$

（1）增加开环零点 $s=-z$，分析增加该零点后对系统的影响；

（2）绘制脉冲响应曲线，分析增加零点后对系统的影响。

解：程序代码如下。

```
i=1;                                              %定义 i 初始值
den=conv([1 0],[1 2 2]);                          %定义传递函数分母系数
for z=[8 3 2 0]                                   %增加不同零点用较大正实数代替
num=[1 z];                                        %分子系数的设定
[num1,den1]=cloop(num,den);                       %求单位负反馈
subplot(2,2,i);                                   %使用子图功能
impulse(num1,den1);                               %绘制脉冲响应
title(strcat('Root Locus z=',num2str(z)));        %添加曲线标注
%axis([0 20 -0.5 1])                              %设置绘图区坐标比例，先绘制系统默认比例图
                                                  形，再根据观察的要求设定具体数值
i=i+1;                                            %指定子图位置
end
```

运行程序，脉冲响应曲线如图 11-10 所示。

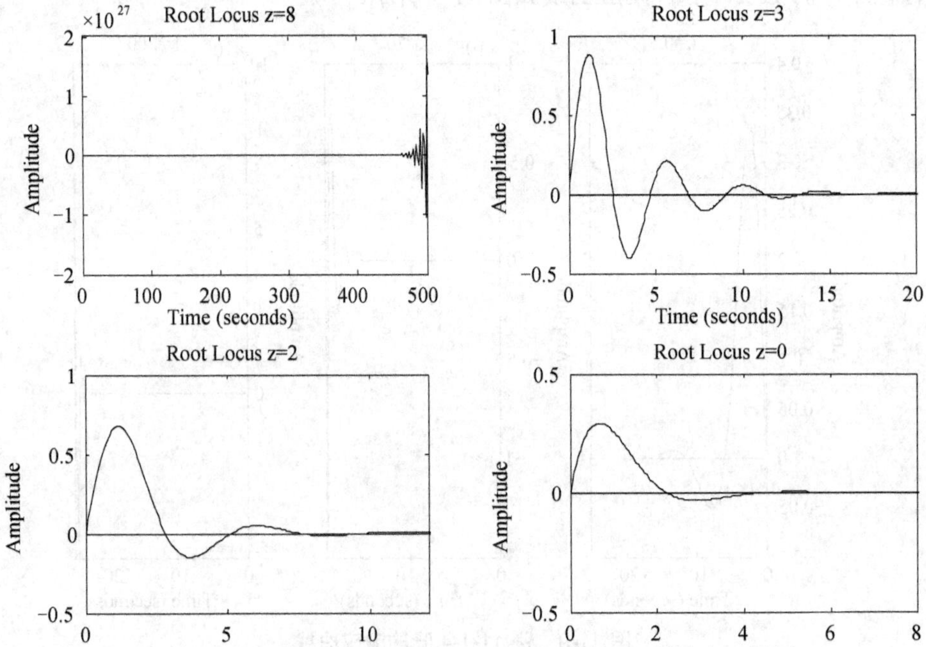

图 11-10　脉冲响应曲线

设置绘图区坐标比例后的脉冲响应曲线如图 11-11 所示。

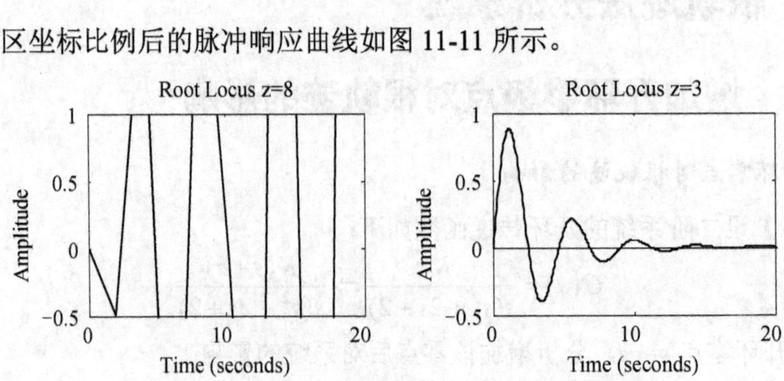

图 11-11　设置绘图区坐标比例后的脉冲响应曲线

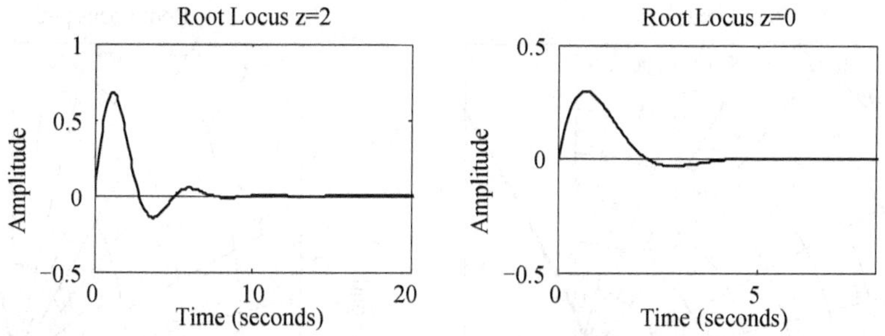

图 11-11　设置绘图区坐标比例后的脉冲响应曲线（续）

增加零点使根轨迹左移，渐近线夹角增大，系统的稳定性提高，性能变好。常使用增加零点的方式改善系统的暂态性能，所增加的零点越靠近坐标原点，其作用也越强。

2. 增加开环极点对根轨迹的影响

【例 11-2-2】设系统的开环传递函数如下：

$$G(s)=\frac{K}{s(s+2)}\Rightarrow\frac{K}{s(s+2)(s+p)}$$

（1）增加开环极点 $s=-p$，分析增加该极点后对系统的影响；

（2）绘制脉冲响应曲线，分析增加不同极点后对系统的影响。

解：（1）增加开环极点 $s=-p$，分析增加该极点后对系统的影响，程序如下。

```
i=1;                                            %定义 i 初始值
num=1;                                          %定义传递函数分子系数
for p=[4 0]                                     %设置所增加的极点
den=conv([1 0],conv([1 2],[1 p]));              %定义传递函数分子系数
subplot(1,2,i);                                 %使用子图功能
rlocus(num,den);                                %绘制根轨迹
title(strcat('Root Locus p=',num2str(p)));      %添加曲线标注
 grid;                                          %添加栅格
 i=i+1;                                         %指定子图位置
end
```

程序运行，例 11-2-2 的系统根轨迹图如图 11-12 所示。

（2）绘制脉冲响应曲线。

```
i=1;num=1;                                      %定义参数
Tp=[8 4 0];                                     %设定增加的极点
n=length(Tp);                                   %求增加的极点个数
for p=Tp                                        %极点个数循环
den=conv([1 0],conv([1 2],[1 p]));              %定义分母系数
[num1,den1]=cloop(num,den);                     %求闭环系统系数
subplot(1,n,i);                                 %使用子图功能
impulse(num1,den1);                             %绘制脉冲响应曲线
title(strcat('Root Locus p=',num2str(p)));      %添加曲线标注
axis([0 25 -0.5 1]);                            %设置坐标
i=i+1;                                          %指定子图位置
end
```

程序运行，例 11-2-2 的脉冲响应曲线如图 11-13 所示。

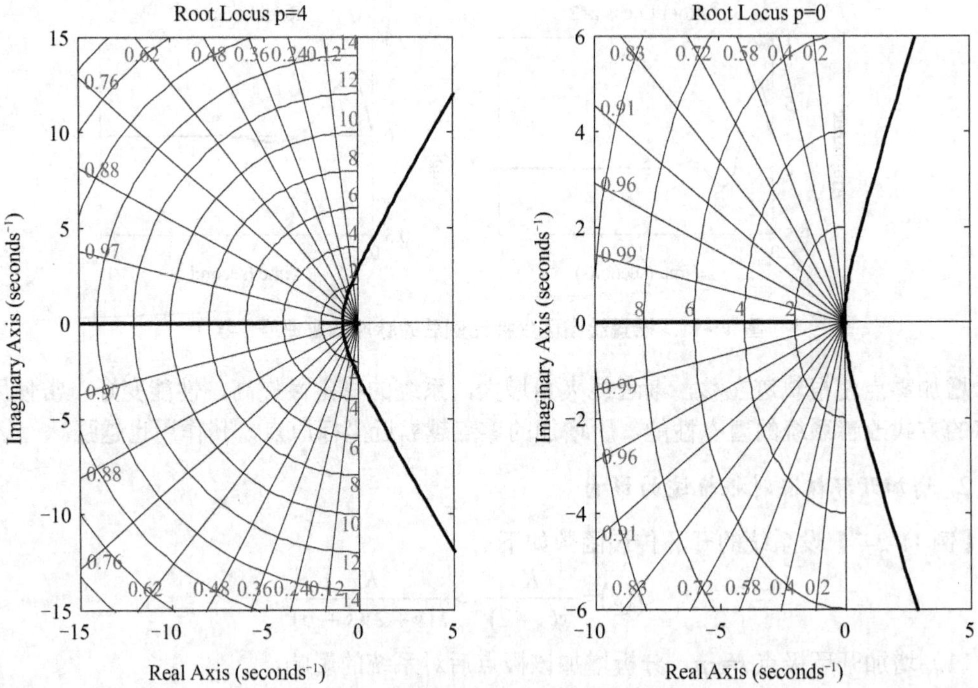

图 11-12　例 11-2-2 的系统根轨迹图

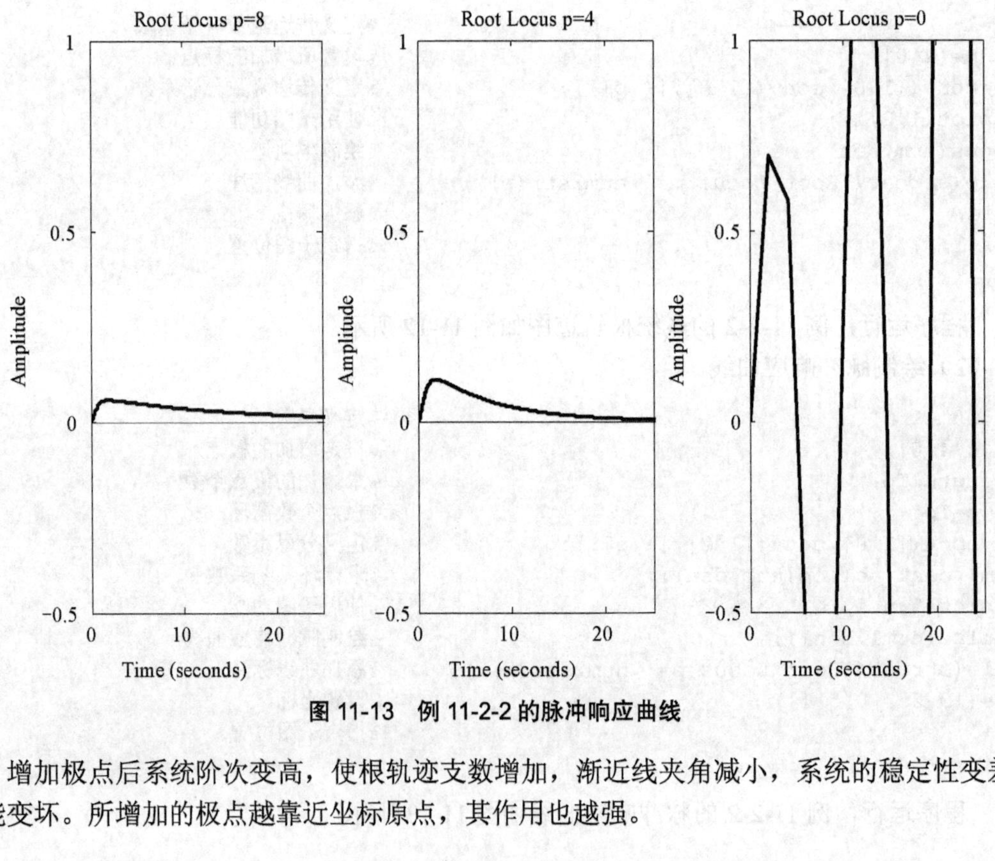

图 11-13　例 11-2-2 的脉冲响应曲线

增加极点后系统阶次变高，使根轨迹支数增加，渐近线夹角减小，系统的稳定性变差，性能变坏。所增加的极点越靠近坐标原点，其作用也越强。

3. 同时增加开环极点和零点对根轨迹的影响

【例 11-2-3】已知系统的开环传递函数如下，同时增加开环极点和零点 $s=-p$、$s=-z$。

$$G(s)=\frac{K}{s(s+2)(s+4)}\Rightarrow\frac{K(s+z)}{s(s+2)(s+4)(s+p)}$$

（1）分析比较不同 p、z 值下，增加零极点后对系统的影响。

① $z<p$；② $z>p$；③ z 和 p 值比较相近；④ p 值远大于 z 值（5 倍以上）。

（2）绘制脉冲响应曲线，分析增加不同零极点后对系统的影响。

解：（1）程序如下：

```
%暂定零点 z=1
%分别取 p=z,p>>z,p>z,p<z 绘制根轨迹图
i=1;num=1;z=1;                                              %定义参数
for p=[1 5 2 0]
 num=[1 z];                                                 %定义分子系数
 den=conv([1 0],conv([1 2],conv([1 4],[1 p])));             %定义分母系数
 subplot(2,2,i);                                            %使用子图功能
 rlocus(num,den);                                           %绘制根轨迹图
 title(strcat('Root Locus z=',num2str(z), 'p=',num2str(p))); %添加曲线标注
 axis([-8 2 -5 5]);                                         %设置坐标
 i=i+1;                                                     %指定子图位置
end
```

程序运行，例 11-2-3 的系统根轨迹图如图 11-14 所示。

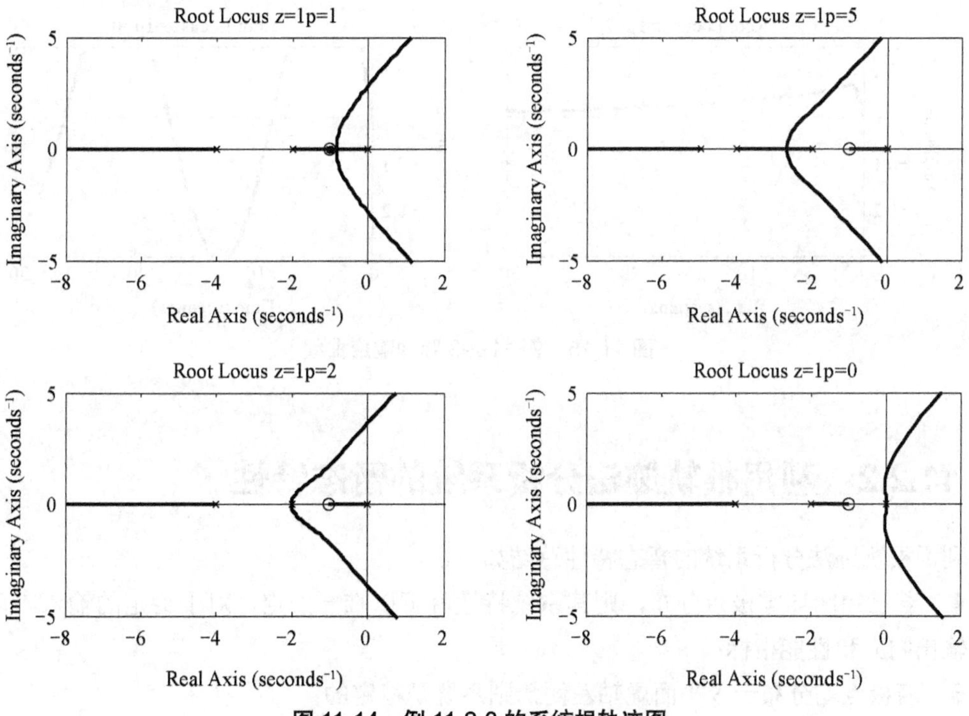

图 11-14　例 11-2-3 的系统根轨迹图

（2）绘制脉冲响应曲线。

```
%设定零点 z=1
%分别取 p=z,p>>z,p>z,p<z 绘制根轨迹图
i=1;num=1;z=1;                                              %定义参数
for p=[1 5 2 0]
 num=[1 z];                                                 %定义分子系数
 den=conv([1 0],conv([1 2],conv([1 4],[1 p])));             %定义分母系数
 [num1,den1]=feedback(num,den,1,1);                         %定义闭环系统的分子、分母系数
 subplot(2,2,i);                                            %使用子图功能
 impulse(num1,den1);                                        %绘制脉冲响应曲线
 title(strcat('Root Locus z=',num2str(z), 'p=',num2str(p)));   %添加曲线标注
 axis([0 30 -0.3 0.15]);                                       %设置坐标
 i=i+1;                                                        %指定子图位置
end
```

程序运行，例 11-2-3 脉冲响应曲线如图 11-15 所示。

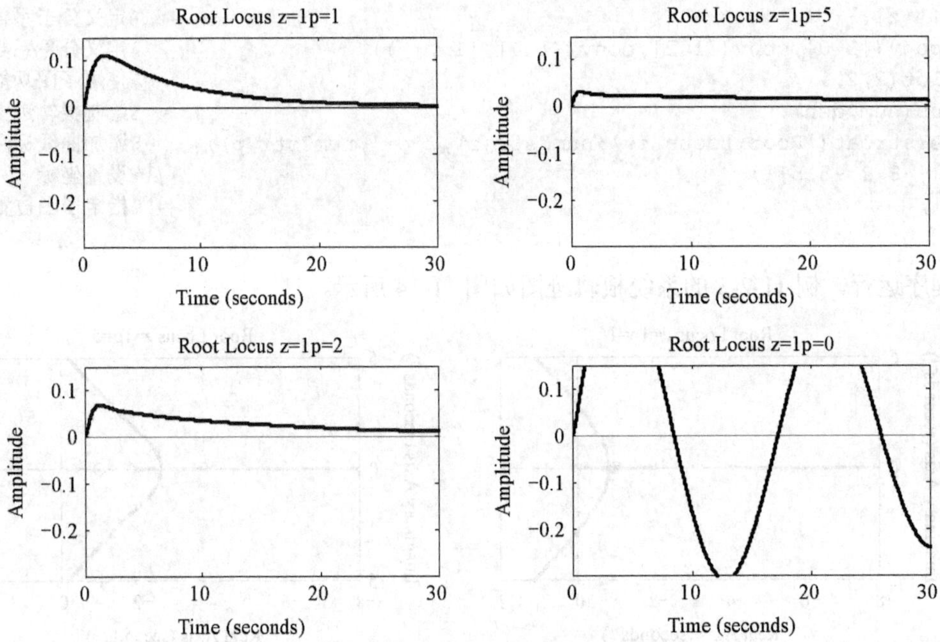

图 11-15　例 11-2-3 脉冲响应曲线

11.2.2　利用根轨迹法分析系统的暂态特性

利用根轨迹法分析系统的暂态特性总结如下：

◆　若已知闭环零极点分布，则其系统特性就可以唯一确定，对于给定的输入，可以求出其输出响应和性能指标；

◆　若极点均分布于 S 平面虚轴左侧，则系统是稳定的；

◆　稳定系统的特性主要取决于主导极点的位置，该极点与虚轴的距离是其他零点与虚轴距离的 5 倍以上；

◆ 在主导极点的基础上，增加极点，系统响应速度降低、超调量减少；

◆ 在主导极点的基础上，增加零点，系统响应速度增高、超调量增大；

◆ 增加零极点的作用随该点与虚轴的距离减小而增强

◆ 一对靠近的零极点（零极点与虚轴的距离是该对零极点之间距离的 10 倍以上）的作用可以忽略。

◆ 闭环系统的稳定性决定于闭环极点 Pi，极点相对于虚轴的位置决定了系统的暂态性能：

◆ 左右分布决定终值：Pi 在虚轴左侧，暂态分量最终衰减到 0；Pi 在右侧，则暂态分量一定发散；Pi 在虚轴上，则暂态分量等幅振荡；

◆ 虚实分布决定振型：Pi 在实轴，暂态分量非周期，Pi 在虚轴，暂态分量周期；

◆ 远近分布决定快慢：Pi 距虚轴越远，衰减越快。

11.3 MATLAB 在根轨迹分析中的综合应用(rltool)

11.3.1 图形界面工具 rltool

MATLAB 提供系统根轨迹分析与设计的图形界面工具，可以利用它很方便地绘制系统的根轨迹，可以使用根轨迹校正法对系统进行校正。步骤如下：

① 建立系统的数学模型 sys；

② 在命令窗口中输入：rltool(sys)，得到控制系统 sys 的根轨迹分析图形界面（如图 11-16 所示）和根轨迹设计界面（如图 11-17 所示）。

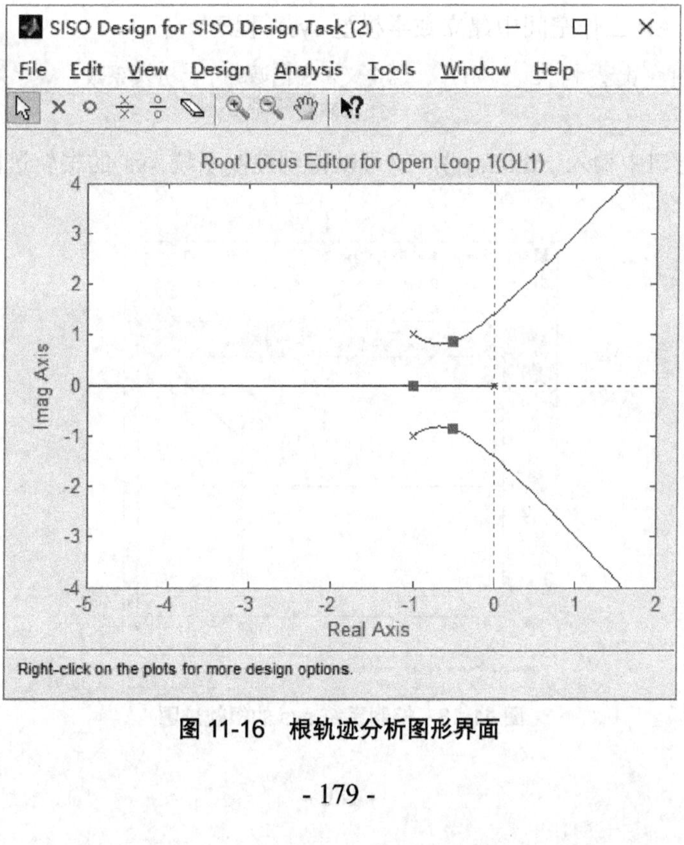

图 11-16 根轨迹分析图形界面

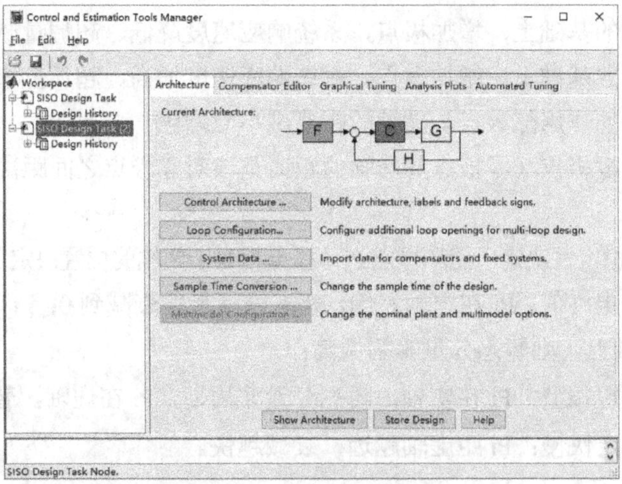

图 11-17 根轨迹设计界面

在图 11-17 中，C——补偿器描述，F——前置滤波器，H——反馈环节，G——被控对象。

下面以例 11-3-1 为例来介绍 MATLAB 中图形界面工具 rltool 的使用方法和操作步骤，可参考视频“11-图形界面工具 rltool”，视频二维码如下：

【例 11-3-1】设系统的开环传递函数如下，使用 rltool 生成根轨迹分析图形界面，并对系统性能进行分析。

$$G(s)=\frac{K}{s(s^2+2s+2)}\Rightarrow\frac{K(s+z)}{s(s^2+2s+2)}$$

解：操作步骤如下。

（1）在 MATLAB 工作空间中建立数学模型 sys，程序如下：

```
num=1;den=conv([1 0], [1 2 2]);       %定义传递函数分子、分母系数
sys=tf(num,den);                      %建立数学模型 sys
```

（2）在命令窗口中输入 rltool(sys)，就可以得到控制系统 sys 的根轨迹图形，如图 11-18 所示。

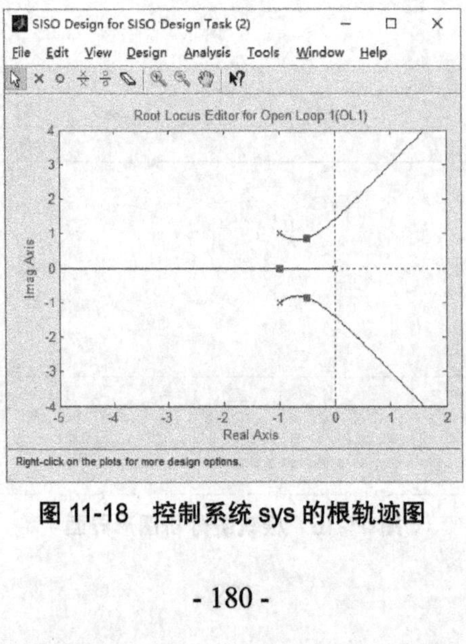

图 11-18 控制系统 sys 的根轨迹图

（3）在根轨迹设计界面中，修改 system data 中的 C 值，设定系统的增益值，当 C=4（如图 11-19 所示）时，恰好是系统的临界增益，得到的根轨迹图形如图 11-20 所示。这里可以使用 rlocfind 命令求出结果并进行对比。

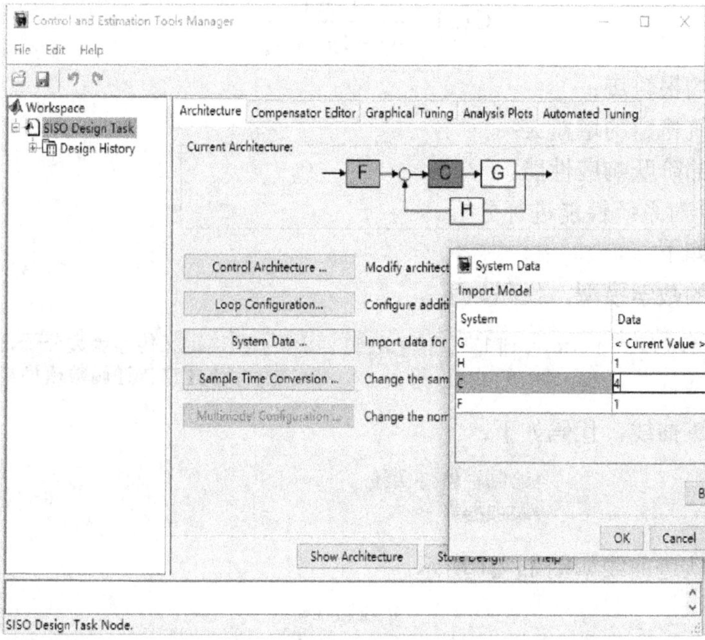

图 11-19　修改 system data 中的 C 值

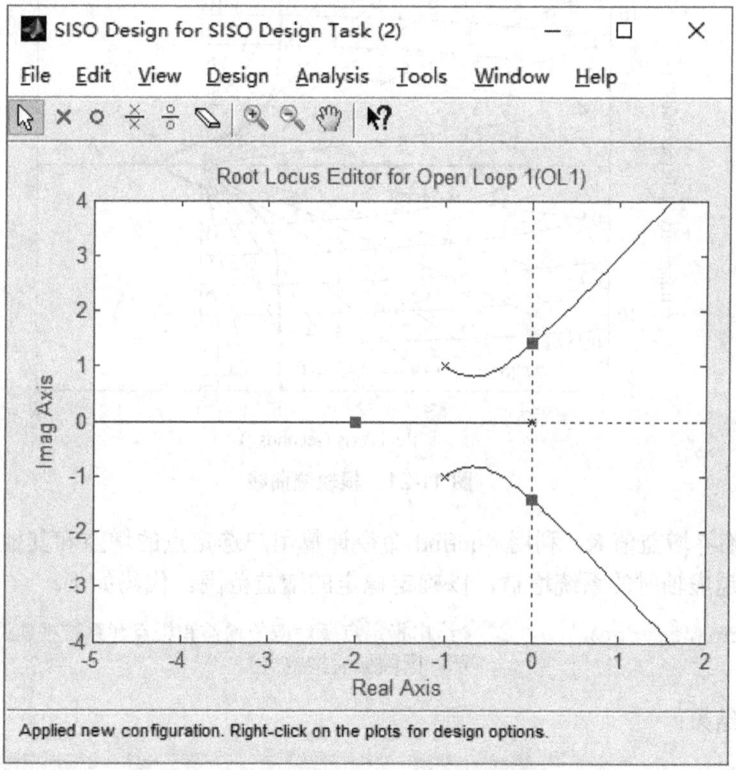

图 11-20　临界增益时的根轨迹图形

11.3.2 综合应用实例

【例 11-3-2】已知单位负反馈系统的开环传递函数如下，根据要求进行相应操作。

$$G(s)=\frac{K(s+1)}{s(s-1)(s+4)}$$

（1）画出系统的根轨迹；

（2）确定使系统稳定的增益 K；

（3）分析系统的阶跃响应性能；

（4）利用 rltool 对系统性能进行分析。

解：操作步骤如下。

（1）建立系统的数学模型，代码如下：

```
num=[1 1];den=conv([1 0],conv([1 -1],[1 4]));        %定义传递函数分子、分母系数
sys=tf(num,den)                                        %建立传递函数模型
```

（2）绘制根轨迹曲线，代码如下：

```
rlocus(sys);                    %绘制根轨迹曲线
grid on;                        %添加栅格
```

运行程序，根轨迹曲线如图 11-21 所示。

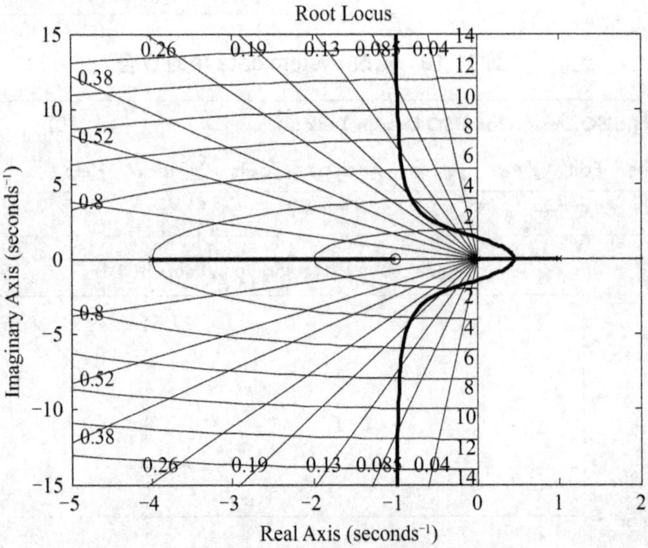

图 11-21 根轨迹曲线

（3）找出临界增益值 K，利用 rlocfind 命令计算用户选定点的增益和其他闭环极点，得到根轨迹曲线穿越虚轴时的系统增益，以确定稳定的增益范围。代码如下：

```
[k,p]=rlocfind(num,den)          %给出指定点所对应的增益和极点（系统根轨迹图如图 11-22 所
                                  示，圆圈标注指定点）
```

程序运行结果：

```
k =
   5.9705
```

```
p =
  -3.0054 + 0.0000i
   0.0027 + 1.4095i
   0.0027 - 1.4095i
```

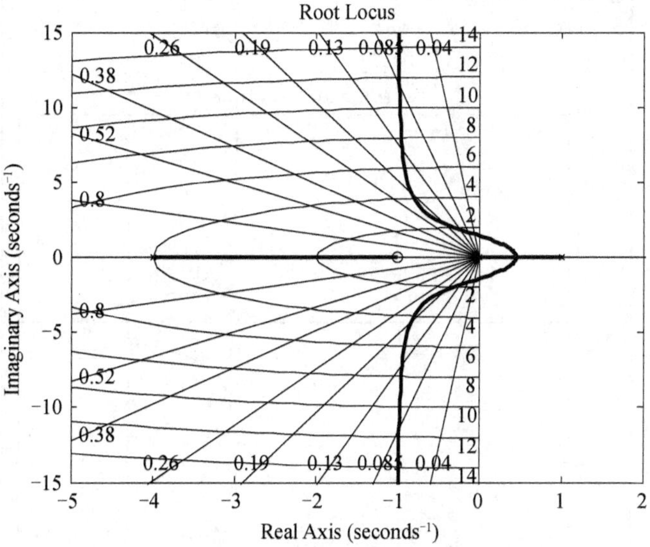

图 11-22　系统根轨迹图

当增益 K>6 时，闭环系统的极点都位于虚轴的左部，系统处于稳定状态。

（4）启动 rltool 图形界面工具进行分析，得到控制系统 sys 的根轨迹分析图形，如图 11-23 所示。

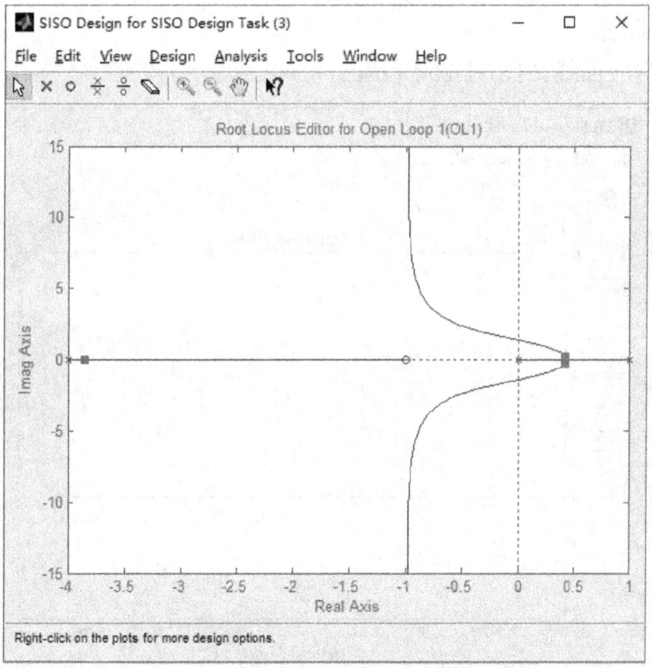

图 11-23　控制系统 sys 的根轨迹分析图形

设定系统的增益值，K=6 恰好是临界增益，这与 rlocfind 命令得到的结果是相符的，临界增益时系统根轨迹图形如图 11-24 所示。

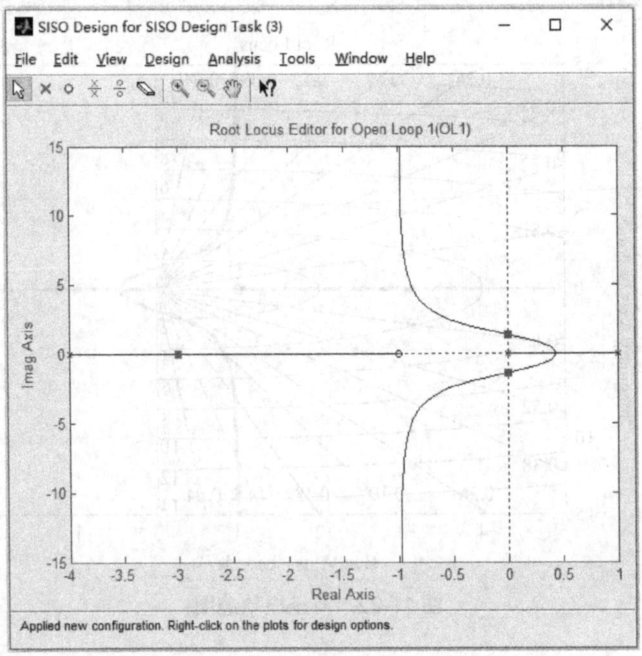

图 11-24　临界增益时系统根轨迹图形

（5）使用 rltool 工具绘制不同增益值 K 情况下的阶跃响应曲线：分别设定系统增益为 0.5,70,200，在 rltool 界面下选择“Analysis”菜单，单击“Response to Step Command”选项，生成系统阶跃响应曲线。

K=0.5 时阶跃响应曲线如图 11-25 所示。

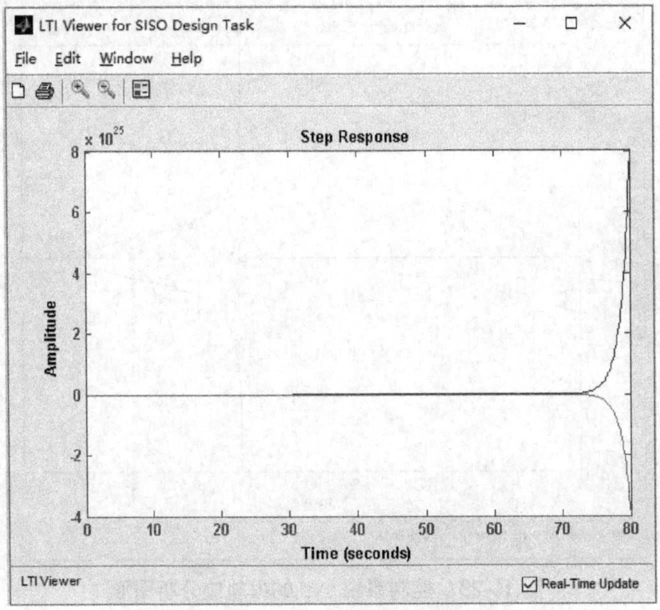

图 11-25　K=0.5 时阶跃响应曲线

K=70 时阶跃响应曲线如图 11-26 所示。

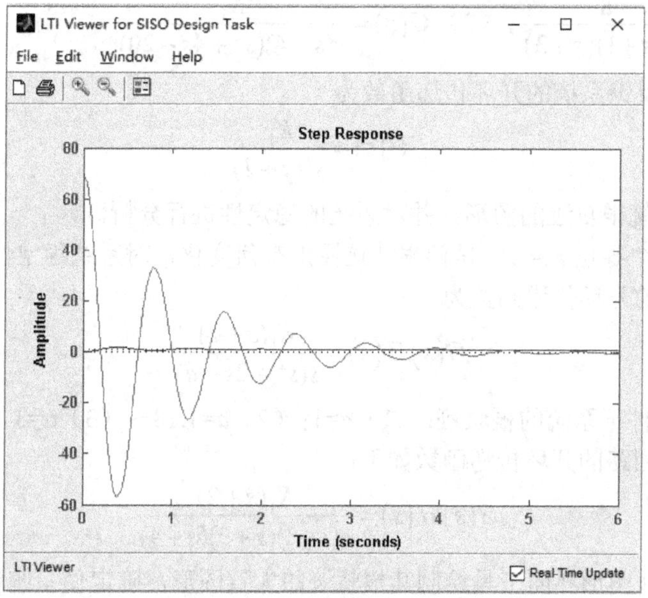

图 11-26　K=70 时阶跃响应曲线

K=200 时阶跃响应曲线如图 11-27 所示。

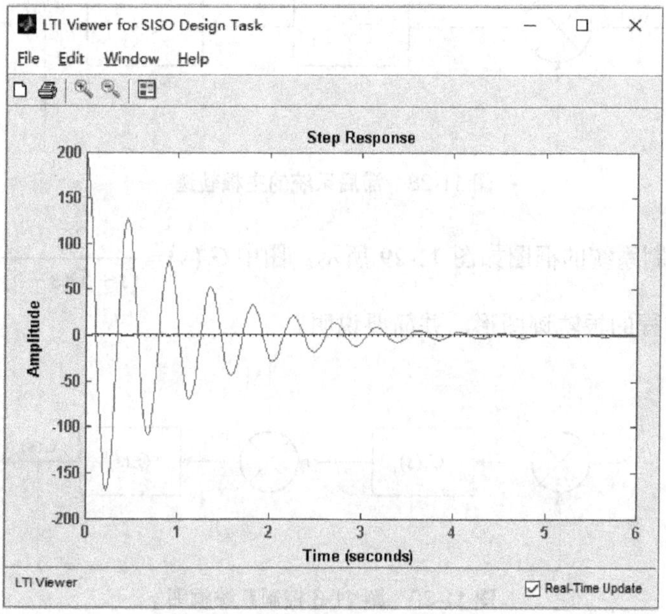

图 11-27　K=200 时阶跃响应曲线

课后习题11

11-1　设已知单位反馈系统的开环传递函数如下，要求绘出当开环增益 K_1 变化时系统的根轨迹图形，并加简要说明。

（1）$G(s)=\dfrac{K_1}{s(s+1)(s+3)}$；（2）$G(s)=\dfrac{K_1}{s(s+4)(s^2+4s+20)}$

11-2　设单位反馈系统的开环传递函数为

$$G(\mathrm{s})=\frac{K_1}{s^2(s+2)}$$

（1）试绘制系统根轨迹的图形，并对系统的稳定性进行分析。

（2）若增加一个零点 $z=-1$，试问根轨迹图形有何变化，对系统稳定性有何影响？

11-3　设系统的开环传递函数为

$$G(s)H(s)=\frac{K_1(s+2)}{s(s^2+2s+a)}$$

试绘制下列条件下系统的根轨迹：（1）a=1；（2）a=1.185；（3）a=3。

11-4　正反馈回路的开环传递函数如下：

$$G(s)H(s)=\frac{K_1(s+2)}{s(s+1)(s+3)(s+4)}$$

（1）利用 rltool 图形界面工具绘制其根轨迹的大致图形，确定使系统稳定的增益 K；

（2）分析系统的阶跃响应性能。

11-5　绘出如图 11-28 所示滞后系统的主根轨迹，并确定能使系统稳定的 K 值范围。

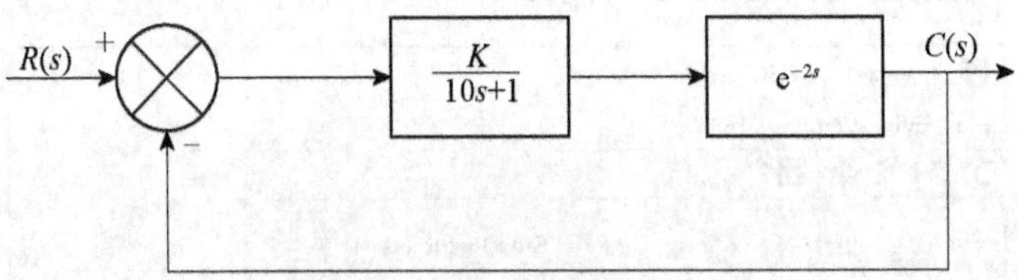

图 11-28　滞后系统的主根轨迹

11-6　已知控制系统的框图如图 11-29 所示，图中 $G_1(s)=\dfrac{K_1}{(s+5)(s-5)}$，$G_2(s)=\dfrac{s+2}{s}$。试绘制系统特征方程的根轨迹图形，并简要说明。

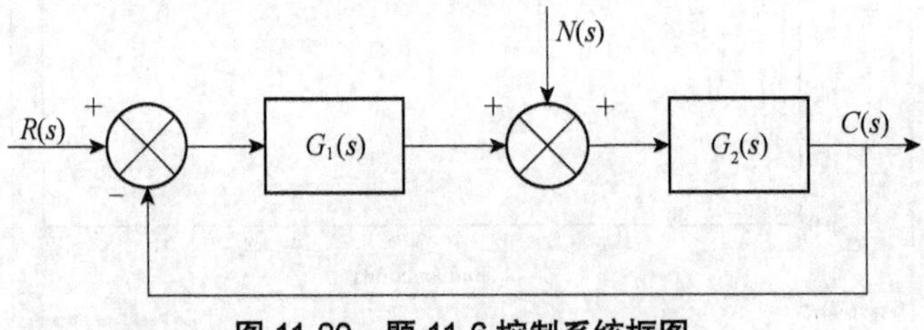

图 11-29　题 11-6 控制系统框图

第 12 章　控制系统的频域分析

本章要点

第 12 章　控制系统的频域分析 PPT

本章主要介绍控制系统的频域分析方法，包括：

- 频域分析方法的基础　了解基本分析原理、频率响应和频率特性；
- 频域法分析系统　掌握使用 MATLAB 工具箱函数绘制奈奎斯特图、BODE 图的方法；
- 系统的相对稳定性和稳定裕度　掌握幅值裕度和相角裕度的求解方法，掌握频域和时域的综合分析应用实例。

通过完成以下考查题目，学习并检测使用 MATLAB 工具箱函数完成控制系统频域分析的方法。

（1）已知系统的开环传递函数如下：

$$G(s)=\frac{10}{s(5s+1)(10s+1)}$$

① 绘制系统的奈奎斯特曲线；
② 判断系统稳定性，如果系统不稳定，试利用增加零极点的方法改善系统性能；
③ 绘制系统的 BODE 图；
④ 根据 BODE 图求出谐振峰值和相应的谐振频率，并分析所得结果。

（2）已知单位负反馈系统的开环传递函数如下：

$$G(s)=\frac{K}{s(s+1)(0.2s+1)}$$

绘制 K=2 和 K=20 时系统的 BODE 图，求出相应的幅值裕度和相角裕度，并分析所得结果。

12.1　频域分析法基础

12.1.1　分析的基本原理

系统的频率特性反映的是系统对正弦输入信号的响应性能。频域分析法是以频率特性为数学模型，简单精确地将系统特性展现在复平面上的一种图解方法。

频域分析法的特点是，可以根据频率特性曲线的形状及特征量分析研究系统，还可以根据系统的开环频率特性判断闭环的稳定性，并能方便、迅速地判断组成系统的环节及其参数对系统的性能指标的影响。

频域分析法的优点是，频率特性不仅可以由传递函数等得到，还可以由试验测定。对于实际工程中一些难以用解析法求取其数学模型的元件和装置，频域分析法具有重要的实用价值。

频率特性：在正弦输入信号的作用下，稳态输出与输入之比相对频率的关系为

$$G(\mathrm{j}\omega)=\frac{X_0(\mathrm{j}\omega)}{X_\mathrm{I}(\mathrm{j}\omega)}=A(\omega)\mathrm{e}^{\mathrm{j}\varphi(\omega)}$$

其中，

$A(\omega)=\dfrac{X_0(\omega)}{X_\mathrm{I}(\omega)}$，是输出信号的幅值与输入信号幅值之比，称为幅频特性。

$\varphi(\omega)=\varphi_0(\omega)-\varphi_\mathrm{I}(\omega)$，是输出信号的相角与输入信号的相角之差，称为相频特性。

12.1.2 频率响应和频率特性

1. 频率响应

频率响应是指系统对正弦输入信号的稳态响应，从频率响应中可以得出带宽、增益、闭环稳定性等系统特征。与时域响应中衡量系统性能采用时域性能指标类似，频率特性在数值上和曲线形状上的特点可以用频域性能指标来衡量。

2. 频率特性

频率特性是指系统频率响应与输入的正弦信号之比，闭环系统的幅频特性如图 12-1 所示。

① 幅频特性即频率特性的幅值，是频率响应幅值与输入的正弦信号幅值之比，反映了系统对不同频率输入信号的放大（或衰减）作用。

② 相频特性即频率特性的相角，是频率响应相对于输入的正弦信号的相位移，反映了系统对不同频率的输入信号的响应特性。

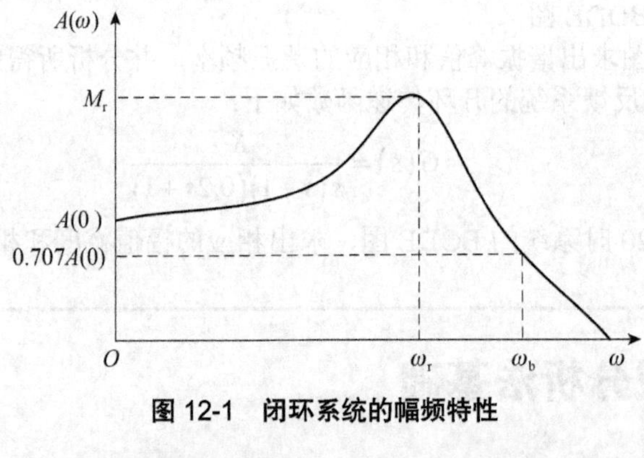

图 12-1　闭环系统的幅频特性

➢ 谐振峰值 M_r：表示幅频特性的最大值，M_r 增大表明系统对频率的正弦信号反映强烈，反映了系统平稳性较差，阶跃响应超调量大。

➢ 谐振频率 w_r：振幅特性 $A(\omega)$出现最大值 M_r 时所对应的频率。

➢ 带宽频率 w_b：振幅特性 $A(\omega)$衰减到起始值的 0.707 时（$0.707A(0)$）所对应的频率。w_b 值大表明系统复现快速变化信号的能力强，失真小，反映了系统快速性好，阶跃响应上升时间短；带宽为 0～w_b。

➢ 零频 $A(0)$：表示 ω=0 时的幅值。$A(0)$表示系统阶跃响应的终值，$A(0)$与 1 之间的差反映了系统的稳态精度，越接近 1 系统精度越高。

12.2 MATLAB 频域分析法——频率特性图

12.2.1 奈奎斯特图的绘制

奈奎斯特图，即开环极坐标频率特性曲线图，是系统在输入信号的频率 ω 连续变化时，幅频特性、相频特性在 S 平面上的相应变化曲线。典型二阶系统的奈奎斯特曲线如图 12-2 所示，曲线上的箭头方向表示 ω 的增大方向。该二阶系统的函数为

$$G(\mathrm{j}\omega)=A(\omega)\mathrm{e}^{\mathrm{j}\varphi(\omega)}$$

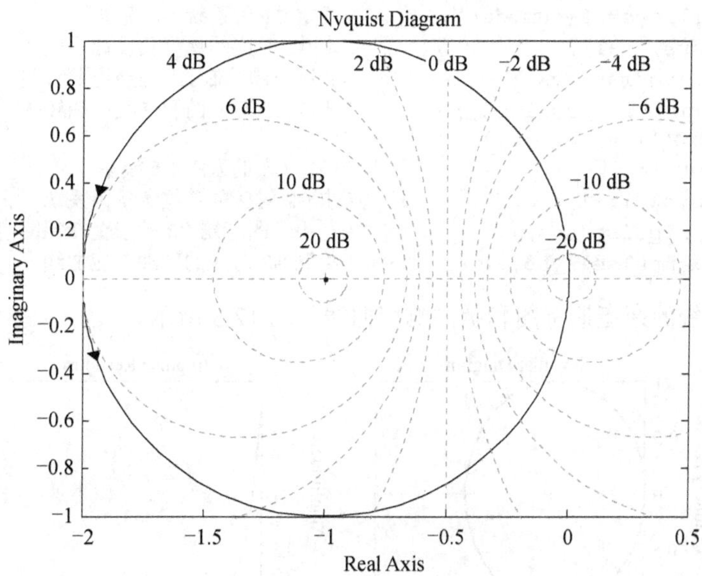

图 12-2　典型二阶系统的奈奎斯特曲线

奈奎斯特稳定判据（部分）：

① 系统开环传递函数在原点和虚轴上无极点时，当 ω 在正负无穷之间变化时，奈奎斯特曲线逆时针方向包围点**(−1,j0)**，P 应等于系统位于右半平面的极点个数，则闭环系统稳定；否则不稳定。

② 如果系统有极点位于原点，则应增补相应反馈环节使其满足①的条件。

③ 如果奈奎斯特曲线顺时针包含点**(−1,j0)**，则系统一定不稳定。

下面介绍奈奎斯特图的绘制方法。

（1）nyquist(sys,iu, ω)

绘制系统的奈奎斯特图，iu 和 ω 可选，iu 用来在多输入/多输出时指明输入变量的序号。ω 为给出的频率范围。其他几种函数的语法形式如下：

➢ nyquist(num,den)；
➢ nyquist(num,den,iu)；
➢ nyquist(a,b,c,d)。

（2）[re,im,ω]=nyquist (sys)

不直接绘图，返回频率特性函数的实部和虚部（图形中的上半部分）的数值，角频率点ω（正值部分）。可以利用奈奎斯特图针对实轴的对称性，使用plot(re,im)函数绘制对应的ω负值部分（下半部分）。

12.2.2 奈奎斯特图判稳

【例 12-2-1】设系统的开环传递函数分别如下，分别绘制系统的奈奎斯特图，判别系统的稳定性，并绘制闭环系统的单位脉冲响应曲线。

$$（1）G_1(s)=\frac{2}{s-1} \qquad （2）G_2(s)=\frac{2}{s(s-1)}$$

解：程序如下。

```
num=2;den=[1 -1];sys=tf(num,den);            %确定 G1 的系统 tf 模型
sys1=feedback(sys,1,-1);                     %求 G1 对应的单位负反馈系统
subplot(2,2,1);nyquist(sys);                 %利用子图绘制 G1 的奈奎斯特图
subplot(2,2,2);impulse(sys1,20);             %绘制 G1 对应的脉冲响应曲线
num1=2;den1=conv([1 0],[1 -1]);
sys2=tf(num1,den1);                          %确定 G2 的系统 tf 模型
sys3=feedback(sys2,1,-1);                    %求 G2 对应的单位负反馈系统
subplot(2,2,3);nyquist(sys2);                %利用子图绘制 G2 的奈奎斯特图
subplot(2,2,4);impulse(sys3,20)              %绘制 G2 对应的脉冲响应曲线
```

例 12-2-1 系统的奈奎斯特图和脉冲响应曲线如图 12-3 所示。

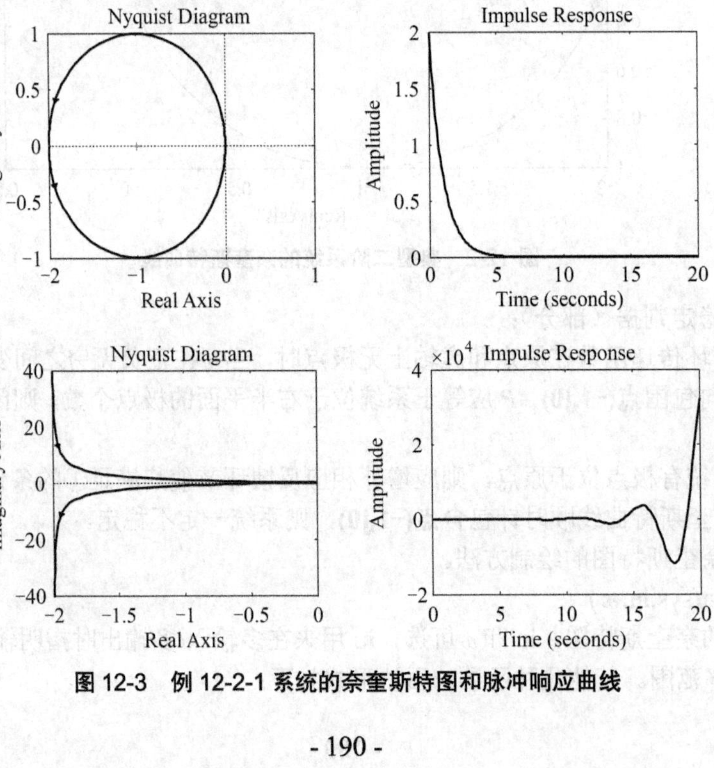

图 12-3 例 12-2-1 系统的奈奎斯特图和脉冲响应曲线

例题解析：

☞　由左上图可以观察到，奈奎斯特曲线逆时针方向包围点 (−1,j0)，系统稳定；

☞　由左下图可以观察到，奈奎斯特曲线顺时针方向包围点 (−1,j0)，系统不稳定。

【例 12-2-2】设系统的开环传递函数分别如下，绘制系统的奈奎斯特图、闭环系统的单位脉冲响应曲线，判别系统的稳定性。给系统增加开环极点 $p=-2$，给出相应判断。

$$G(s)=\frac{26}{(s+6)(s-1)}$$

解：程序如下。

```
k=26;z=[];p=[-6 1];                    %定义系数
p1=[-6 1 -2];                          %定义系统增加开环极点 p=-2 的系数
nyq12(z,p,k,1);                        %调用所设计的函数绘图
nyq12(z,p1,k,2);                       %调用所设计的函数绘图
                                       %另行设计和保存如下函数，在不同的窗口绘制图形
function nyq12(z,p,k,i)
figure(i)
[num,den]=zp2tf(z,p,k)                 %模型转换
subplot(1,2,1);                        %使用子图功能
nyquist(num,den);                      %绘制奈奎斯特图
[num1,den1]=feedback(num,den,1,1)      %单位负反馈
subplot(1,2,2);                        %使用子图功能
impulse(num1,den1)
```

例 12-2-2 系统的奈奎斯特图和脉冲响应曲线如图 12-4 所示。

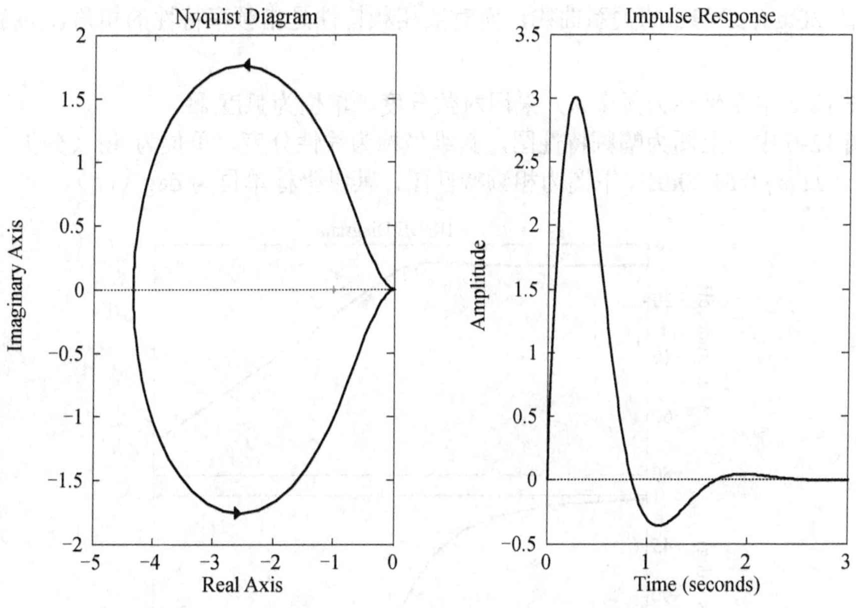

图 12-4　例 12-2-2 系统的奈奎斯特图和脉冲响应曲线

当增加开环极点 $p=-2$ 时，系统的奈奎斯特图和脉冲响应曲线如图 12-5 所示。

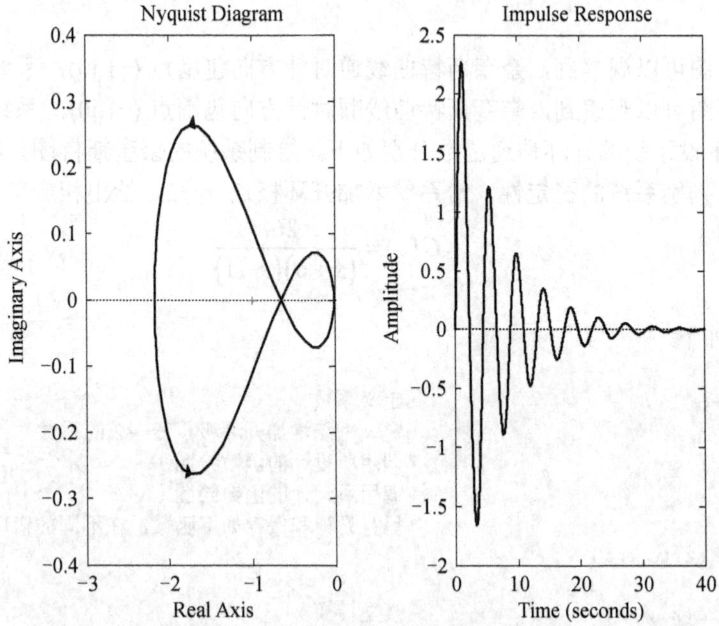

图 12-5　增加开环极点 $p=-2$ 时系统的奈奎斯特图和脉冲响应曲线

12.2.3　伯德图的绘制

伯德（BODE）图，即对数频率特性曲线图，包括对数幅频特性和相频特性图，如图 12-6 所示，将两张图在角频率为变化量的情况下合并为一个图。其中，对数幅频特性是指频率特性的对数值 $20\lg A(\omega)$与ω的关系曲线，而对数相频特性是指频率特性的相角$\varphi(\omega_i)$与ω的关系曲线。

➢　图 12-6 中横坐标为频率ω，采用对数分度，单位为弧度/秒。

➢　图 12-6 中，上图为幅频特性图，其纵坐标为线性分度，单位为 dB（分贝），$A(\omega)$每增加 10 倍，$L(\omega)$增加 20dB；下图为相频特性图，其纵坐标单位为 deg（度）。

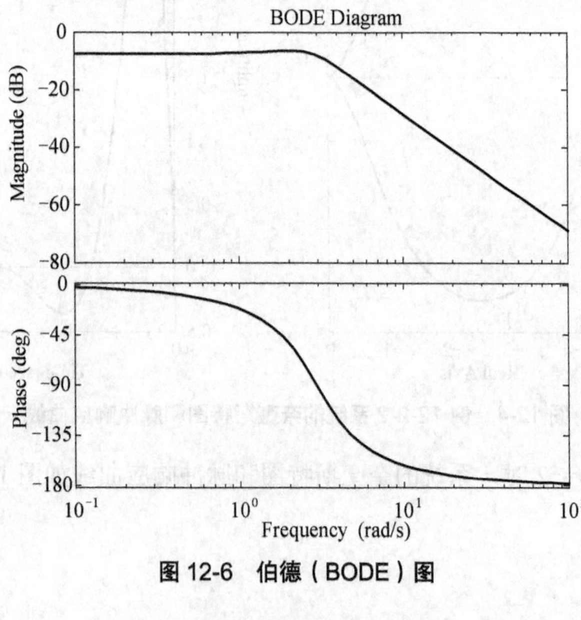

图 12-6　伯德（BODE）图

伯德图的优点：

➢ 将幅值相乘转化为相加运算，大大简化了系统频率特性的绘图；

➢ 可以扩大频率范围，由于采用对数分度缩小了比例，可以在较大的范围内表示系统频率特性，低、中、高频均绘制在同一伯德图上利于分析和设计系统；

➢ 曲线形状简单利于分析。

伯德图的绘制方法介绍如下。

① 利用 bode(sys,iu,ω)函数绘制伯德图，iu 和ω可选，iu 用来在多输入/多输出时指明输入变量的序号；ω为频率范围，一般由ω=logspace(a,b,n)得到。

其他常用函数的语法形式如下：

➢ bode(a,b,c,d,iu,ω)；

➢ bode(a,b,c,d)；

➢ bode(num,den,iu,ω)；

➢ bode(num,den)；

➢ bode(sys)。

② [mag,pha,ω]= bode(sys,iu,ω)

不绘图，可得到伯德图中相应的幅值 mag，相角 pha（以度为单位）与角频率点ω。幅值可以转化为分贝单位，magdb=20×log10(mag)。

【例 12-2-3】典型二阶系统传递函数如下，分别绘制ω_n=5 时，不同阻尼比下系统的伯德图。

$$G(s)=\frac{\omega_n^2}{s^2+2\xi\omega_n s+\omega_n^2}$$

解：程序如下。

```
wn=5;
num=[wn^2];                                  %定义传递函数系数
w=logspace(-1,1,100);                        %给出输入信号的频率范围
for zeta=0.1:0.2:1                           %选取不同的阻尼比
   den=[1 2*zeta*wn wn^2];                   %定义分母系数
   bode(num,den);                            %绘制伯德图
   hold on;                                  %在同一窗口中绘制多条曲线
end
legend('zata=0.1','zata=0.3','zata=0.5','zata=0.7','zata=0.9') %显示提示内容
```

不同阻尼比下系统的伯德图如图 12-7 所示。

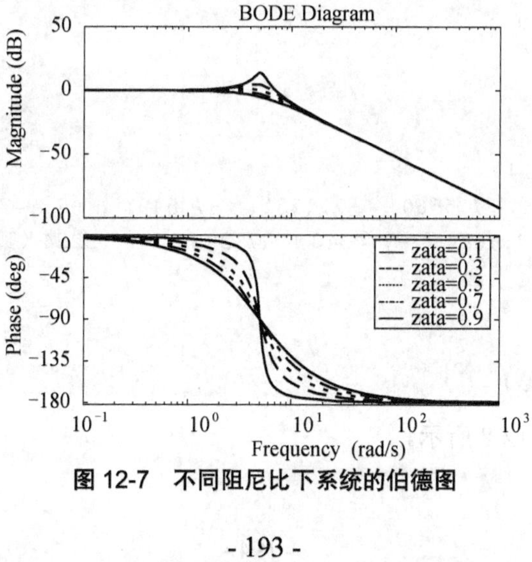

图 12-7　不同阻尼比下系统的伯德图

例题解析：

☞ 当阻尼比较小时，系统响应在给出的自然振荡角频率 ω_n 时出现较强的振荡。

【例 12-2-4】已知二阶系统传递函数如下，计算其单位负反馈系统的谐振峰幅和谐振频率。

$$G(s)=\frac{3.6}{s^2+3s+5}$$

解：函数程序如下。

%设计函数求出 BODE 图中的频域特性值

%输入：封装后的系统；输出：峰值 M_r、谐振频率 W_r、幅频曲线（幅值 Mag_a 和频率ω）

```
function [Mr,Wr,Mag_a,w]=mr(G)
    [mag,pha,w]= bode(G);          %得到图形中的幅值、相角、对应频率
    [M,i]=max(mag);                %求曲线最大值
    Mr=20*log10(M);                %求谐振峰值
    Wr=w(i,1);                     %求谐振频率
    a=mag(:,:);                    %设计中间变量获得幅值数据，注意由 bode 函数求得的变量
                                   mag，在工作区中双击该变量并观察其数据形式为 val(:,:,1)，
                                   val(:,:,2)，则其两个元素的获取方法为 mag(:,:,1)和
                                   mag(:,:,2)；如需要同时将两个元素赋值给一个变量 a 则使用
                                   a=mag(:,:)表示，将 mag 中所有的数据赋值给变量 a
    Mag_a=20*log10(a);             %转换为 dB 数值并输出
```

（1）命令行调用函数的方法如下。

```
>> num=3.6;den=[1 3 5];           %定义传递函数分子、分母系数
>> G0=tf(num,den);                %系统封装
>> G=feedback(G0,1,-1);           %单位负反馈
>>[Mr,Wr,Mag_a,w]=mr(G)           %调用函数
>> bode(G)                        %绘制伯德图观测
```

输出结果：

```
Mr =
  -6.4630
Wr =
   2.1445
Mag_a =
  Columns 1 through 14
   -7.5591   -7.5581   -7.5560   -7.5531   -7.5491   -7.5437   -7.5363   -7.5262
-7.5125   -7.4938   -7.4684   -7.4340   -7.3876   -7.3254（其他结果省略）
w =
    0.1000
    0.1097
    0.1283（其他结果省略）
```

系统的伯德图如图 12-8 所示。

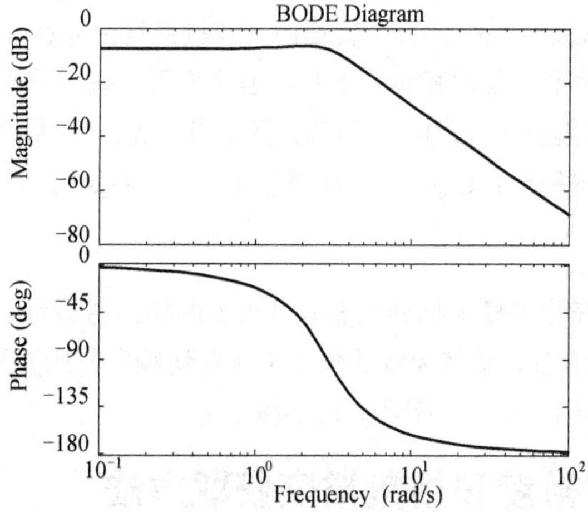

图 12-8 系统的伯德图

（2）使用获得的幅频曲线（幅值 Mag_a 和频率ω）绘制图形验证，应注意的是 BODE 图局部的放大图形横坐标为频率值。程序如下：

```
>>plot(w,20*log10(a))
```

系统幅频曲线如图 12-9 所示。

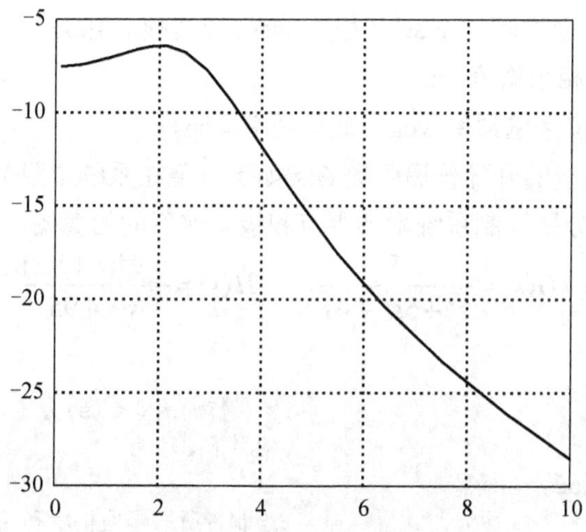

图 12-9 系统幅频曲线

12.3 系统的相对稳定性和稳定裕度

12.3.1 幅值裕度和相角裕度

1. 幅值裕度 *k*

幅值裕度是指在相频特性等于−180rad（弧度）的频率 ω_g 处，开环幅频特性的倒数 $1/A(\omega)$。$K_g=1/A(\omega)$为系数，若开环幅频特性增大 K_g 倍，则闭环系统达到临界稳定状态。由绘制伯德图得到对数坐标系下 $G_m=-20\lg A(\omega)$为幅值裕度，应大于零。

对于最小相位系统（闭环系统的开环传递函数零极点均分布在 S 左半平面），幅频特性和相频特性具有唯一对应关系。使用相角裕度和幅值裕度可以确定系统的相对稳定性。

- $K_g>1$，闭环系统稳定；$K_g<1$，闭环系统不稳定；$K_g=1$，系统处于临界状态。
- $G_m>0$，闭环系统稳定；$G_m<0$，闭环系统不稳定；$G_m=0$，系统处于临界状态。

2. **相角裕度 P_m**

相角裕度是指使系统达到稳定临界状态尚可增加的相角滞后量。在开环对数频率特性图、伯德图中，P_m 为达到（增益）幅值为 0 的角频率（剪切频率）所要附加的滞后量。

$P_m>0$，闭环系统稳定；$P_m<0$，闭环系统不稳定。

12.3.2 幅值裕度和相角裕度获取方法

（1）[mag,pha,ω]= bode(sys,iu,ω)

margin(num,den); margin(sys); margin(num,den,ω)

使用由 bode 命令得到的数据，绘制所需幅值裕度和相角裕度的 BODE 图。

（2）[gm,pm,wcg,wcp]=margin(mag,phase,ω)

[gm,pm,wcg,wcp]=margin(sys)

使用由 BODE 指令得到的幅值 mag 和相角 phase 及其频率值ω。不绘制 BODE 图，仅返回：

① 幅值裕度 gm 和相角裕度 pm;

② 相应的频率-相位穿越频率 wcg、截止频率 wcp。

【例 12-3-1】已知系统的开环传递函数 $G(s)$如下，现在系统中附加一个零点和一个极点，其传递函数 $H(s)$如下。分别绘制系统附加零点和极点前后的伯德图，并分析频率特性。

$$G(s)=\frac{5}{s^3+5s^2+4s} \qquad H(s)=\frac{5.94(s+1.2)}{s+4.95}$$

解：程序如下。

```
num=5;den=[1,5,4,0];                          %定义传递函数 G(s)分子、分母系数
subplot(1,2,1);                               %使用子图功能
[mag,phase,w]=bode(num,den)
margin(num,den);                              %绘制带所需幅值裕度和相角裕度的 BODE 图
[gm,pm,wcg,wcp]=margin(mag,phase,w)           %使用由 bode 指令得到的幅值 mag 和相角 phase 及
                                              其频率值 ω
num1=5*5.94.*[1 1.2];den1=conv([1 0],conv([1 1],conv([1 4],[1 4.95])));
                                              %定义传递函数 H(s)分子、分母系数
subplot(1,2,2);                               %使用子图功能
[mag,phase,w]=bode(num1,den1);
margin(num1,den1);                            %绘制带有所需幅值裕度和相角裕度的 BODE 图
[gm,pm,wcg,wcp]=margin(mag,phase,w)           %使用由 BODE 指令得到的幅值 mag 和相角 phase 及
                                              其频率值 ω
```

运行程序，附加零点和极点前后的伯德图如图 12-10 所示。

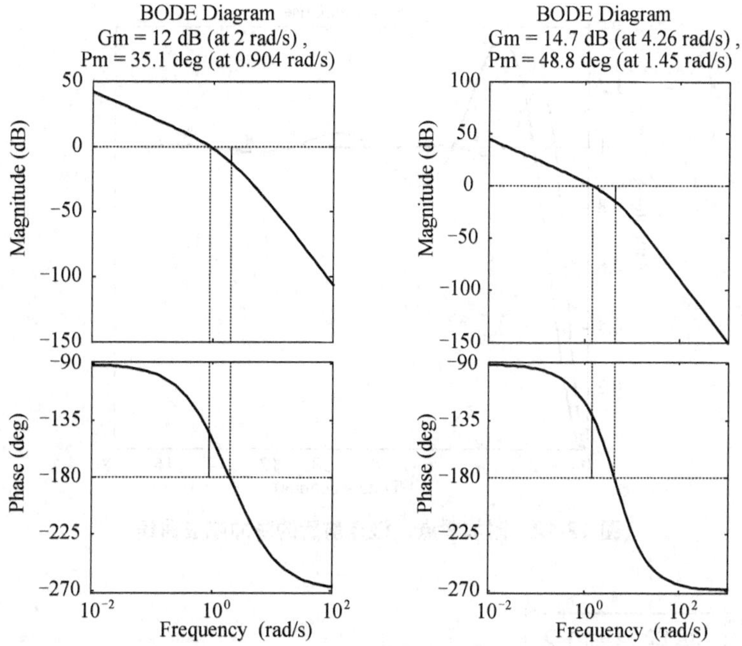

图 12-10　附加零点和极点前后的伯德图

例题解析：

☞　附加零点、极点后相角裕度 Pm 由 35.1 提高到 48.8，幅值裕度 Gm 也有所增大，如图 12-11 所示。根据时域和频域的关系可知，频域指标的改进将使时域中的暂态性能得到改进。较大的相角裕度对应较小的最大超调量，可以通过系统的单位阶跃响应进行验证。

☞　最大超调量减小，调整时间缩短，响应速度加快，系统性能得到很大改进。附加零点、极点前后的脉冲响应曲线如图 12-12 所示。

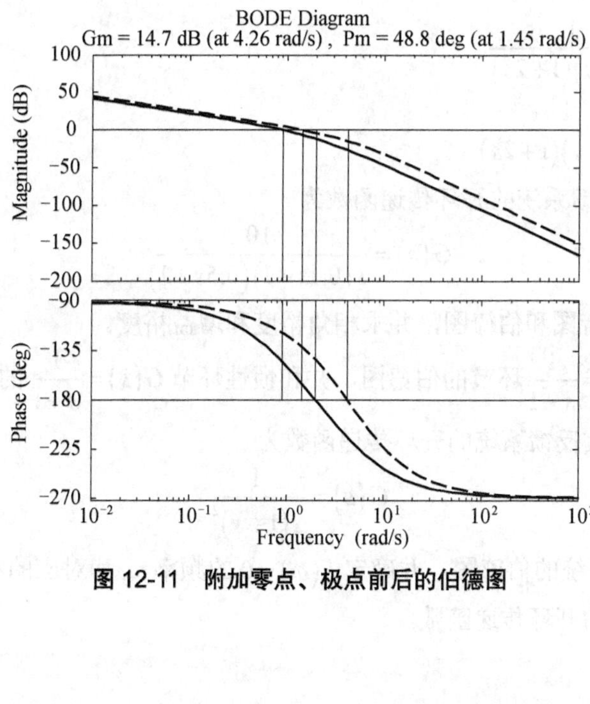

图 12-11　附加零点、极点前后的伯德图

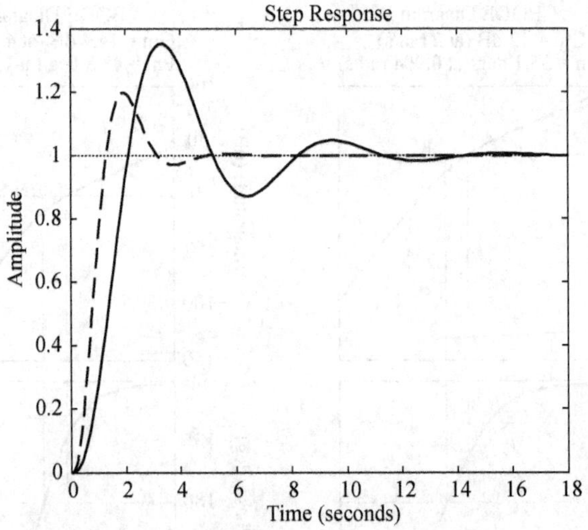

图 12-12　附加零点、极点前后的脉冲响应曲线

课后习题12

12-1　已知单位反馈系统的开环传递函数，试绘制其开环频率特性的极坐标图（奈奎斯特图）和开环对数频率特性（伯德图）。

（1）$G(s)=\dfrac{1}{s(1+s)}$

（2）$G(s)=\dfrac{1}{(1+s)(1+2s)}$

（3）$G(s)=\dfrac{1}{s(1+s)(1+2s)}$

（4）$G(s)=\dfrac{1}{s^2(1+s)(1+2s)}$

12-2　设单位反馈系统的开环传递函数为

$$G(s)=\frac{10}{s(0.1s+1)(0.5s+1)}$$

试绘制系统的奈奎斯特图和伯德图，并求相角裕度和增益裕度。

12-3　绘制$G(s)=\dfrac{1}{s-1}$环节的伯德图，并和惯性环节$G(s)=\dfrac{1}{s+1}$的伯德图相比较。

12-4　已知单位负反馈系统的开环传递函数为

$$G(s)=\frac{1}{s(1+s)^2}$$

使用 MATLAB 绘制系统的伯德图，并确定$L(\omega)=0$的频率ω_c和对应的相角$\varphi(\omega_c)$。

12-5　根据系统的开环传递函数

$$G(s)H(s)=\frac{2e^{-\tau s}}{s(1+s)(1+0.5s)}$$

绘制系统的伯德图，并确定能使系统稳定的最大 τ 值范围。

12-6　已知系统的开环传递函数为

$$G(s)H(s)=\frac{K}{s(1+s)(1+3s)}$$

使用 MATLAB 绘制系统的伯德图确定闭环系统稳定的临界增益 K 值。

12-7　根据如图 12-13 所示的系统框图绘制系统的伯德图，并求使系统稳定的 K 值范围。

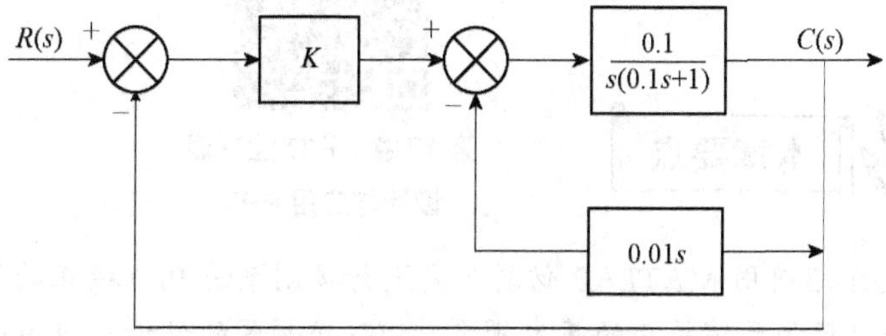

图 12-13　题 12-7 系统框图

12-8　设单位反馈系统的开环传递函数为

$$G(s)=\frac{10}{s(0.05s+1)(0.1s+1)}$$

绘制系统的伯德图，计算系统的稳定裕度；绘制系统的闭环频率特性，确定谐振峰值 M_r、谐振频率 ω_r 和截止频率 ω_b。

12-9　设单位反馈系统的开环传递函数为

$$G(s)=\frac{K}{s(0.1s+1)(s+1)}$$

（1）用 MATLAB 求系统相角裕度为 60° 时的 K 值；

（2）求谐振峰值为 1.4 时的 K 值。

第 13 章　PID 控制器设计与应用

第 13 章　PID 控制器设计与应用 PPT

本章要点

本章主要介绍使用 MATLAB 仿真工具进行控制系统 PID 校正的基本方法，包括：

- 串联校正和反馈校正的基本模型，PID 控制器的设计与应用；
- PID 校正的基本方法；
- 利用 Simulink 的 PID 控制器设计与参数整定（Ziegler–Nichols 整定方法）；
- MATLAB PID Tuner 的基本使用方法。

> 通过完成以下考查题目，学习并使用 MATLAB 工具箱函数，PID Tuner 完成控制系统校正的方法。
>
> 已知系统开环传递函数如下，利用 Simulink 模型，采用 Ziegler-Nichols 整定公式计算系统 P、PI、PID 控制器的参数。
>
> $$G_0(s)=\frac{1.67}{(4.05s+1)}\cdot\frac{8.22}{(s+1)}\mathrm{e}^{-1.5s}$$

13.1　串联校正与反馈校正

校正，就是在系统中加入一些参数可以根据需要而改变的机构或装置，使系统整体发生变化，从而满足所要求的各项性能指标。在控制系统设计中，采用的设计方法一般依据性能指标的给定形式而定。如果性能指标以单位阶跃响应的峰值时间、调节时间、超调量、稳态误差等时域特征量给出时，通常采用时域法进行校正；如果性能指标以系统的相角裕度、幅值裕度、谐振峰值、闭环带宽、静态误差系数等频域特征量给出时，通常采用频率法校正。

根据校正装置与被控制对象的不同连接方式，校正可以分为串联校正、反馈校正、前馈校正和复合校正 4 种。为了校正系统性能而引入的装置称为校正装置，将系统中除校正装置外的部分，包括被控制对象及控制器的基本组成部分称为固有部分（或不可变部分）。

13.1.1　串联校正

串联校正系统框图如图 13-1 所示，其中，$G_0(s)$——前向通道不可变传递函数；$H(s)$——反馈通道不可变传递函数；$G_\mathrm{c}(s)$——校正部分传递函数。

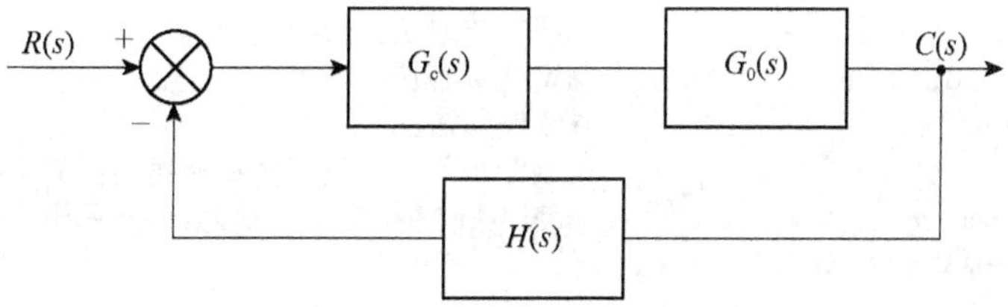

图 13-1　串联校正系统框图

根据校正装置的特性，校正装置可以分为超前校正装置、滞后校正装置和滞后—超前装置。

1. 超前校正

超前校正的基本原理是利用校正装置的相角超前特性增大系统的相角裕度，从而改善系统的暂态特性。校正装置输出信号在相位上超前于输入信号，校正装置具有正的相角特性。校正装置输出信号在相位上超前输入信号（具备正的相角特性）。超前校正可以改善闭环系统动态特性，对于稳态精度影响较小。

2. 滞后校正

滞后校正的主要作用，一是提高系统低频响应的增益，减小系统的稳态误差，同时基本保持系统的暂态性能不变；二是滞后校正装置的低通滤波器特性，使系统高频响应的增益衰减，降低系统的剪切频率。校正装置输出信号在相位上滞后于输入信号。校正装置具有负的相角特性，可以明显改善系统的稳态性能，但使动态响应过程减慢。

3. 滞后—超前校正

单纯采用超前或滞后校正只能改善系统暂态或稳态的一个方面的性能。如果待校正系统不稳定，并且对校正后系统的稳态和暂态都有较高的要求，可以采用滞后—超前校正装置。该校正装置在某一频率范围内具有负的相角特性，而在另一频率范围内具有正的相角特性。结合超前和滞后两者校正特性，相对于不同的频率范围具备负的相角特性和正的相角特性。

在分析、设计控制系统时，最常用的经典方法有根轨迹法和频域法。当系统的性能指标以幅值裕量、相位裕量和误差系数等形式给出时，采用频域法来分析和设计系统是很方便的。应用频域法对系统进行校正，其目的是改变系统的频域特性，使校正后的系统具有合适的低频、中频和高频特性，以及足够的稳定裕量，从而满足所要求的性能指标。一个基于频域法的超前校正示例如下。

【例 13-1-1】校正前（左图）与校正后（右图）系统模型框图如图 13-2 所示，设计一个校正装置，使校正后的系统的静态速度误差系数 $K_v \geqslant 100$，截止频率>60rad/s，相位裕量≥45°。

（1）根据对静态速度误差系数的要求，确定系统的开环增益 K=100。

（2）写出系统传递函数 $G(s)$，并计算其幅值裕量和相位裕量。

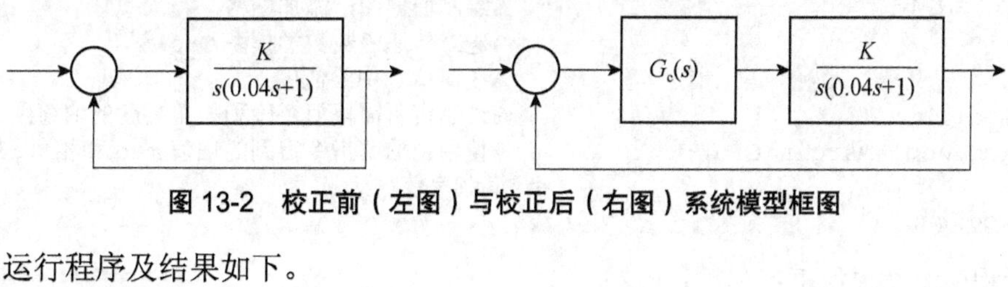

图 13-2　校正前（左图）与校正后（右图）系统模型框图

解：运行程序及结果如下。

```
num1=[0 0 100];den1=[0.04 1 0];      %定义传递函数分子、分母系数
```

```
G=tf(num1,den1);                  %建立传递函数数学模型 G
w=logspace(-1,2,100);             %定义 w 范围
bode(G,w)                         %绘制伯德图
margin(G);                        %绘制带所需幅值裕度和相角裕度的伯德图形
[gm,pm,wcg,wcp]=margin(G);        %使用由伯德指令得到的幅值 mag 和相角 phase 及其频率值 w
[gm,pm,wcg,wcp]=margin(G)
```

执行程序后结果为：

```
ans =
    Inf   28.0243      Inf   46.9701
```

由程序执行可以看出，未校正的系统幅值裕量为无穷大，相位裕量=28°，截止频率=47rad/s，不满足要求。

校正前的系统伯德图如图 13-3 所示。

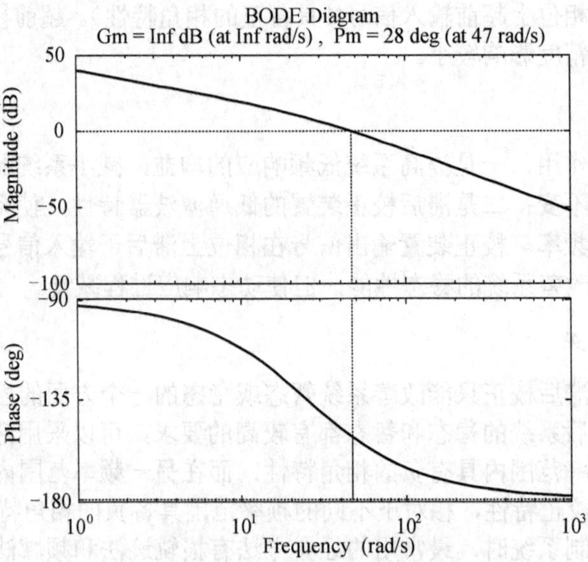

图 13-3 校正前的系统伯德图

（3）根据系统动态性能要求，引入超前补偿器来增大相位裕量。假设校正装置函数为 $G_c(s)=\dfrac{0.0262s+1}{0.0106s+1}$，通过下列的 MATLAB 程序可以得到校正后系统的幅值裕量和相位裕量。

```
numc=[0.0262 1];denc=[0.0106 1];      %定义传递函数分子、分母系数
Gc=tf(numc,denc)                      %建立传递函数数学模型 Gc
w=logspace(-1,3,100);                 %定义 W 范围
figure(2)                             %在窗口 2 中绘制图形
bode(Gc,w);grid                       %绘制伯德图，添加栅格
G_o= Gc *G                            %建立传递函数数学模型 G_o
figure(3)                             %在窗口 3 中绘制图形
margin(G_o);                          %绘制带所需幅值裕度和相角裕度的伯德图
[gm,pm,wcg,wcp]=margin(G_o);          %使用由伯德指令得到的幅值 mag 和相角 phase 及
                                      其频率值 W
[gm,pm,wcg,wcp]
```

运行程序，结果如下：

```
Gc =
```

```
        0.0262 s + 1
       ------------
       0.0106 s + 1
 Continuous-time transfer function.
G_o =
          2.62 s + 100
  -----------------------------
  0.000424 s^3 + 0.0506 s^2 + s
 Continuous-time transfer function.
ans =
       Inf   47.5917       Inf   60.3251
```

校正装置的伯德图如图 13-4 所示，可以看出在 ω=60 处，系统的幅值和相位均增益，在此控制器作用下，校正后系统的伯德图如图 13-5 所示，相位裕量增加到 47.6°，而截至频率增加到 ω=60。

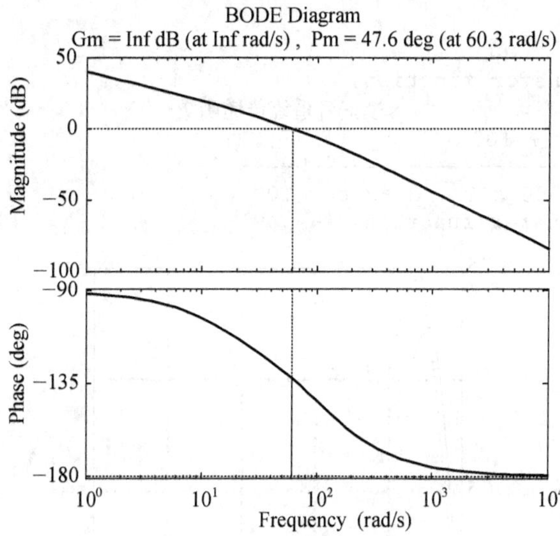

图 13-4　校正装置的伯德图

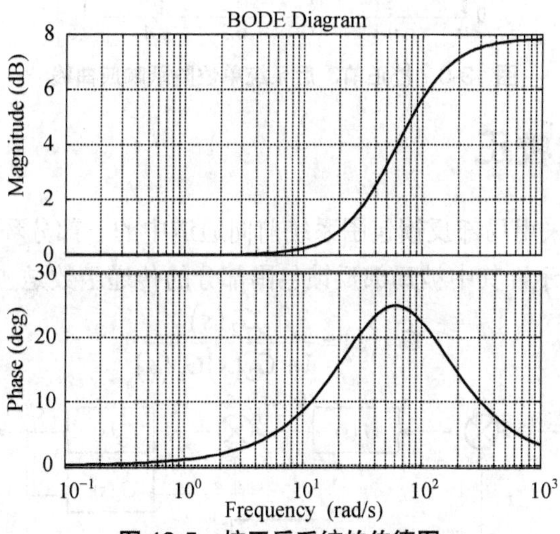

图 13-5　校正后系统的伯德图

（4）用下列 MATLAB 程序绘制校正前、后系统单位阶跃响应曲线，如图 13-6 所示，虚线为校正前的曲线。

```
G_1=feedback(G,1)                                         %校正前系统单位负反馈
G_o1=feedback(G_o,1)                                      %校正后系统单位负反馈
num=[0 0 100];den=[0.04 1 100];                           %定义校正前传递函数分子、分母系数
numd=[0 0 2.62 100];dend=[0.000424 0.0506 3.62 100];  %定义校正后传递函数分子、分母系数
t=0:0.005:0.5;                                            %定义 t 的范围
figure(4);                                                %在窗口 4 中绘制图形
[c1,x1,t]=step(num,den,t);                                %绘制校正前阶跃响应曲线
[c2,x22,t]=step(numd,dend,t);                             %绘制校正后阶跃响应曲线
plot(t,c1,':k',t,c2,'-k')                                 %绘制曲线并标注曲线格式
grid
```

运行程序，结果如下：

```
G_1 =                                         %校正前系统传递函数
        100
  ------------------
  0.04 s^2 + s + 100
 Continuous-time transfer function.
G_o1 =                                        %校正后系统传递函数
              2.62 s + 100
  ----------------------------------------
  0.000424 s^3 + 0.0506 s^2 + 3.62 s + 100
 Continuous-time transfer function.
```

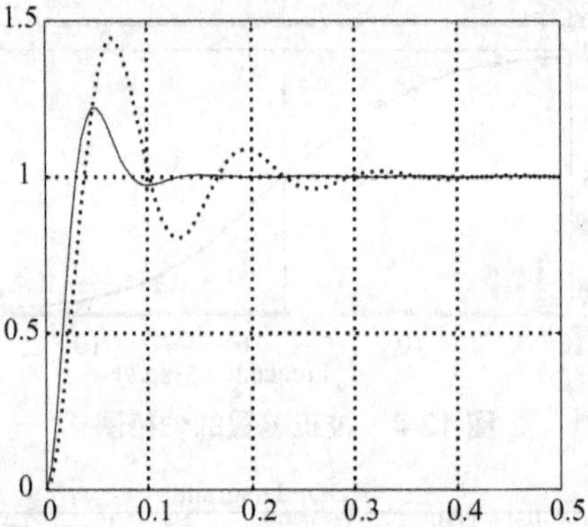

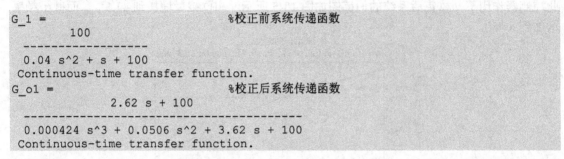

图 13-6　校正前、后系统单位阶跃响应曲线

13.1.2　反馈校正

反馈校正的特点是采用局部反馈包围系统前向通道中的一部分环节以实现校正，反馈校正系统框图如图 13-7 所示，其中被局部反馈包围部分的传递函数是

$$G_{2c}(s)=\frac{G_2(s)}{1+G_2(s)G_c(s)}$$

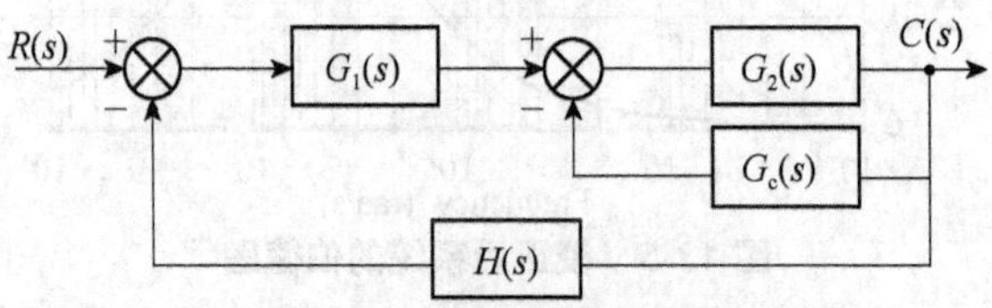

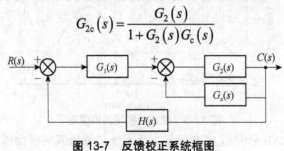

图 13-7　反馈校正系统框图

13.2　PID 校正概述

PID 校正是比例（Proportional）积分（Integral）微分（Derivative）校正的简称。在生产过程系统控制的发展历程中，PID 校正是历史最悠久、生命力最强的基本控制方式。PID 校正由于它自身的优点在现在的生产控制中仍然得到最广泛的应用，其主要优点有：

① 原理简单，使用方便；

② 适应性强，可以广泛应用于各种工业过程控制领域；

③ 鲁棒性强，其控制品质对被控制对象特性的变化不大敏感。这也是 PID 校正获得广泛应用的主要原因。一方面，它成本低廉，易于操作；另一方面，对于绝大部分控制对象，可以不必深究其模型机理，直接应用 PID 校正，其较强的鲁棒性保证了加入校正装置的系统的性能指标基本能满足要求。

基本的 PID 控制规律可以描述为

$$G_c(s)=K_P+\frac{K_I}{s}+K_D s=\frac{K_D s^2+K_P s+K_I}{s}$$

其传递函数为

$$G_c(s)=K_P\left(1+\frac{1}{T_I s}+\tau s\right)$$

式中，K_P 是比例增益系数，它能迅速反应误差，从而减小误差，但比例控制不能消除稳态误差，比例系数的加大会引起系统的不稳定；K_I 是积分增益系数，主要用于消除稳态误差，提高系统的误差度；K_D 是积分增益系数，主要用于增强系统的稳定性，加快系统的动作速度，减少调节时间。

PID 控制是应用最广泛的控制器方案，常用的形式有 P、PI、PID。只有 P 控制时，当 K_P 增大，系统响应速度加快，幅值增大，达到一定值时系统不稳定。PI 控制可以消除稳态误差，T_I 增大时系统超调减小，响应速度变慢。

K_P、K_I、K_D 与系统时间和性能指标之间的关系见表 13-1。

表 13-1　K_P、K_I、K_D 与系统时间和性能指标之间的关系

参数名称	上升时间	超调量	调节时间	稳态误差
K_P	减小	增大	微小变化	减小
K_I	减小	增大	增大	消除
K_D	微小变化	减小	减小	微小变化

表 13-1 只表示了一定范围内的参数与性能之间的相对关系，并不是绝对的。因为各参数之间还相互影响，一个参数改变，另外两个参数的控制效果也会改变。因此，在设计和整定 PID 参数时，上表只起一个定性的辅助作用。下面以表 13-1 为基础，举例说明 PID 校正在 MATLAB 中的实现。

【例 13-2-1】已知摩托车距离控制系统框图如图 13-8 所示。

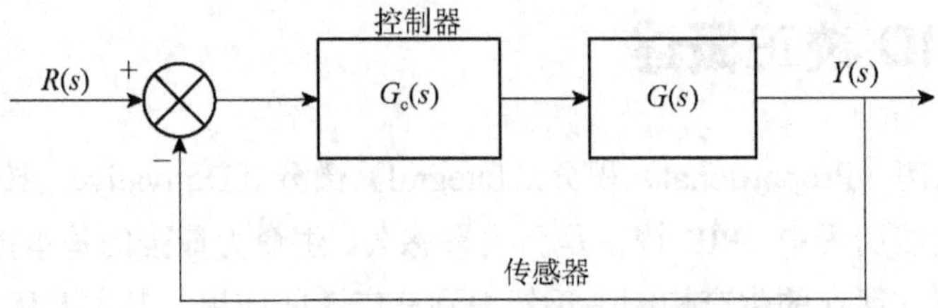

图 13-8　摩托车距离控制系统框图

其中，输入为理想距离，输出为实际距离，通过传感器反馈距离信息，摩托车内部发动机等的固有传递函数为

$$G(s)=\frac{1}{s^2+10s+20}$$

试设计控制器 $G_c(s)$（即不同的 P、PD、PI、PID 校正装置），使相同输入的响应曲线满足：

① 较快的上升时间和调节时间；② 较小的超调量；③ 稳态误差为零。

根据题意，分为以下几步来解决：

（1）求解未加入校正装置的系统开环阶跃响应，程序如下。

```
num1=[1];den1=[1 10 20];          %定义传递函数的分子、分母系数
sys1=tf(num1,den1);               %定义传递函数模型
sys=feedback(sys1,1);             %单位负反馈
t=0:0.05:2;                       %定义 t 的范围
step(sys,t);                      %未加入校正装置的系统开环阶跃响应
```

运行程序得到图 13-9 所示的未加入校正装置的系统开环阶跃响应曲线，由曲线可以看出，系统的开环响应未产生振荡，属于过阻尼性质。通过显示曲线的特性可得系统的上升时间为 0.884s，调节时间为 1.59s。系统在幅值为 1 的阶跃响应输入下稳态值为 0.05，误差达 0.5，远不能满足跟随设定值的要求。这是因为系统传递函数分母的常数项为 20，也就是说系统对直流分量的增益是 1/20=0.05。因此，时间趋于无穷时，系统的稳态值就趋于 0.05。为了大幅度降低系统的稳态误差，首先应考虑采用 P 校正。

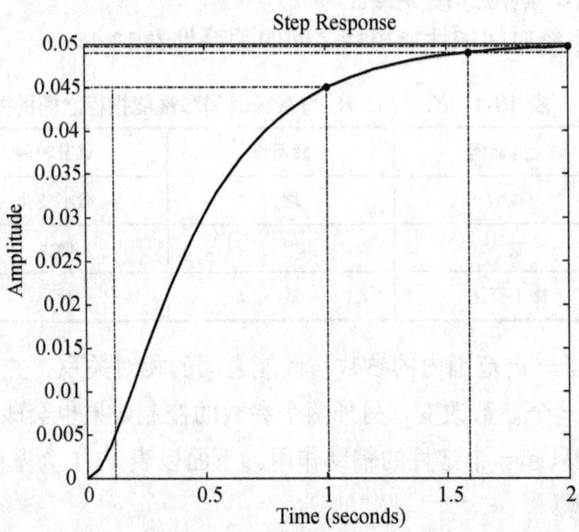

图 13-9　未加入校正装置的系统开环阶跃响应曲线

（2）P 校正装置设计。从表 13-1 中可以看出，增大 K_P 可以降低稳态误差，减小上升时间和调节时间，因此首先选择 P 校正，也就是在系统中加入一个比例放大器。此时系统的闭环传递函数为

$$\Phi(s)=\frac{K_P}{s^2+10s+(20+K_P)}$$

此时系统的稳态误差为 $K_P/(20+K_P)$。加入 P 校正系统的 Simulink 框图如图 13-10 所示，文件名为"pid_p.slx"。本着尽量减小稳态误差的原则，通过 Simulink 文件 pid_p.slx 调整 K_P 的不同取值观察示波器的响应，最后取 K_P=300，这样可以把系统的稳态误差降低到 0.06 左右；但并不是说比例增益越大越好，而是受到实际系统的物理条件和放大器的实际情况限制，一般取几十或几百的量级。另外，增大系统的比例增益还可以改善系统的快速性，但系统阶跃响应的超调量会变大且稳态误差不能消除。运行程序，得到加入 P 校正后系统的闭环阶跃响应，如图 13-11 所示，程序如下。

```
num1=[300];den1=[1 10 20];        %定义传递函数的分子、分母系数
sys1=tf(num1,den1);               %定义传递函数模型
sys=feedback(sys1,1);             %单位负反馈
step(sys);                        %未加入校正装置的系统开环阶跃响应
```

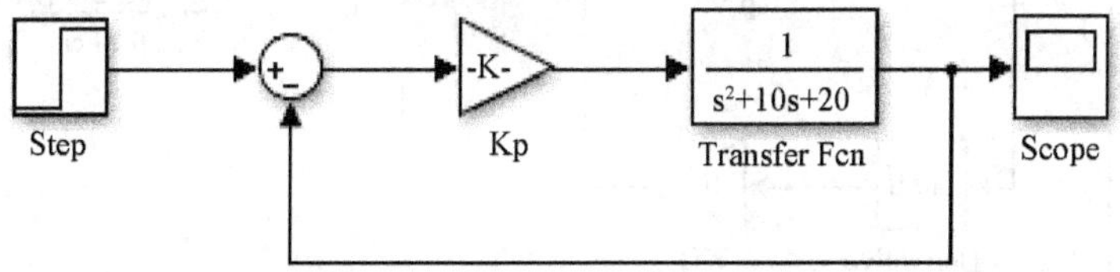

图 13-10　加入 P 校正系统的 Simulink 框图

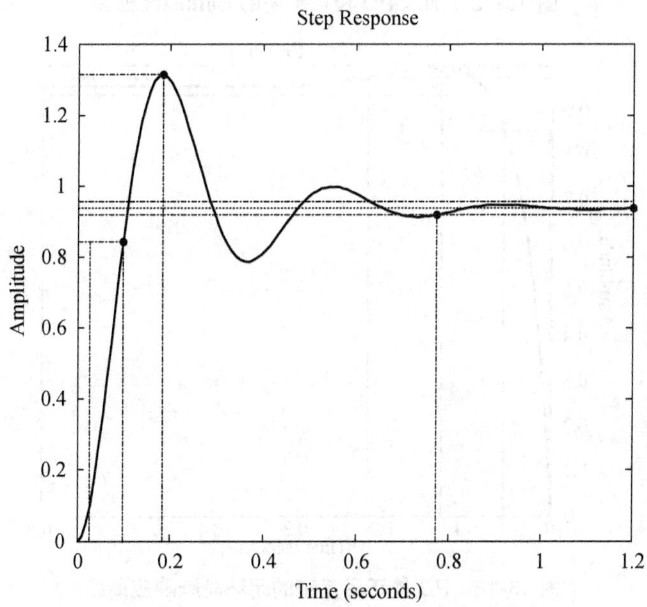

图 13-11　P 校正后系统的闭环阶跃响应

由图 13-11 可知，可以选择显示系统的稳态值为 0.938，稳态误差为 0.632，系统的上升时间和调节时间分别为 0.07s 和 0.77s，系统的快速性有一定的改善，验证了表 13-1 中有关参

数变化对系统性能影响的说法，下面尝试用 PD 校正。

（3）PD 校正装置设计。从表 13-1 中可以看出，调整 K_D 可以降低超调量、减小调节时间，对上升时间和稳态误差影响不大。因此可以选择 PD 校正，也就是在系统中加入一个比例放大器和一个微分器。此时系统的闭环传递函数为

$$\Phi(s)=\frac{K_D s+K_P}{s^2+(10+K_D)s+(20+K_P)}$$

加入 PD 校正系统的 Simulink 框图如图 13-12 所示。调整参数，首先选择 K_P=300，调整 K_D 并观察系统的阶跃响应；然后适当调整 K_P 值，最终取 K_P= 400、K_D=30；最后运行程序，绘制加入 PD 校正后系统的闭环阶跃响应曲线，如图 13-13 所示。PI 校正的程序如下：

```
num1=[30 400];den1=[1 10 20];          %定义传递函数的分子、分母系数
sys1=tf(num1,den1);                    %定义传递函数模型
sys=feedback(sys1,1);                  %单位负反馈
t=0:0.01:0.6;                          %定义 t 的范围
step(sys,t);                           %未加入校正装置的系统开环阶跃响应
```

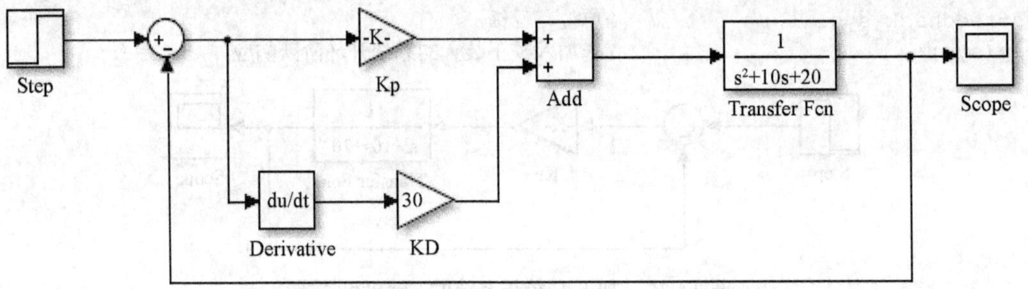

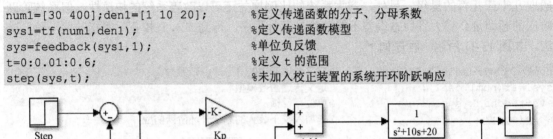

图 13-12 加入 PD 校正系统的 Simulink 框图

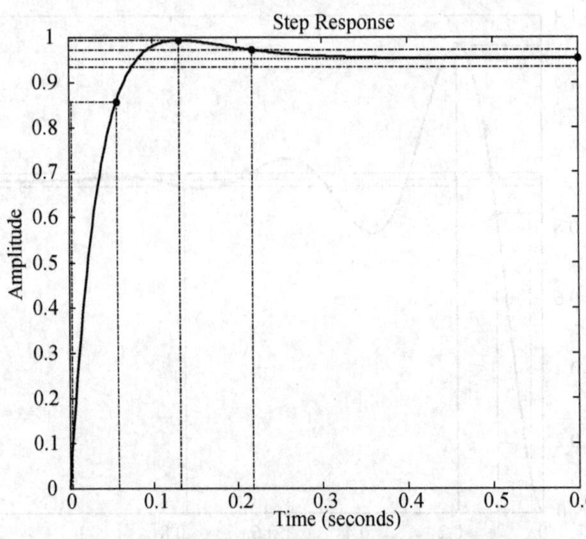

图 13-13 PD 校正后系统的闭环阶跃响应曲线

由图 13-13 可以看出，加入微分器后系统的响应曲线形状仍是衰减振荡型，但振荡次数显著减少，并且超调量也降低了不少。这就进一步验证了表 13-1 中有关增大 K_D 可以增强系统稳定性的说法。从系统的上升时间和稳态误差来看，K_D 的变化对其影响不大。但系统的稳

态误差不为零，下面选用 PI 校正来改善系统。

（4）PI 校正装置设计。从表 13-1 中可以看出，增大 K_I 可以消除稳态误差，因此可以选择 PI 校正，也就是在系统中加入一个比例放大器和一个积分器。此时系统的闭环传递函数为

$$\Phi(s)=\frac{K_P s+K_I}{s^3+10s^2+(20+K_P)s+K_I}$$

加入 PI 校正系统的 Simulink 框图如图 13-14 所示。调整参数，考虑 K_I 对稳态误差的作用，可以大幅度降低 K_P，K_I 可以先取大一些，逐步降低；最终取 K_P=30，K_I=70；运行程序，绘制加入 PI 校正后系统的闭环阶跃响应曲线，如图 13-15 所示。PI 校正的程序如下。

```
num1=[30 70];den1=[1 10 20 70];        %定义传递函数的分子、分母系数
sys1=tf(num1,den1);                    %定义传递函数模型
sys=feedback(sys1,1);                  %单位负反馈
t=0:0.5:2;                             %定义 t 的范围
step(sys,t);                           %未加入校正装置的系统开环阶跃响应
```

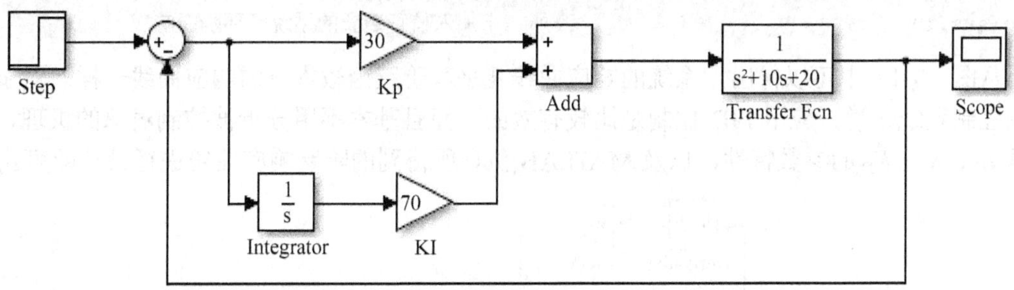

图 13-14　加入 PI 校正系统的 Simulink 框图

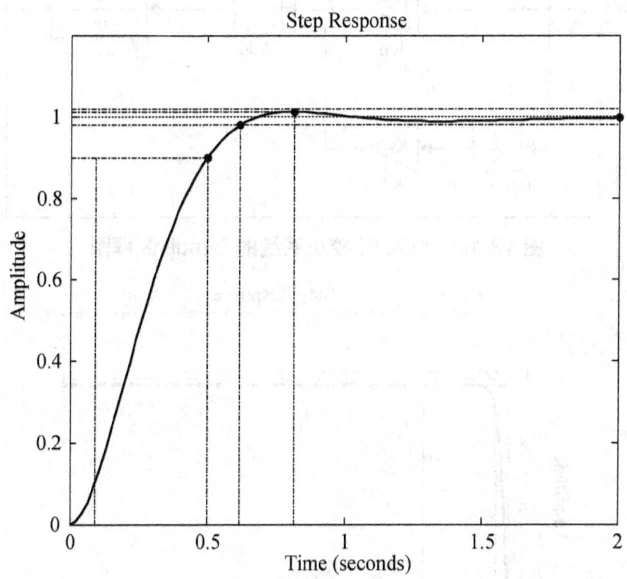

图 13-15　PI 校正后系统的闭环阶跃响应曲线

从图 13-15 中可以得出，加入 PI 校正后系统的稳态值为 1，即稳态误差为零，系统的输出量最终能够无差地跟踪设定值的变化。不过，此时系统的调节时间显著增加，快速性指标降低。在这种情况下，如果希望系统各方面的性能指标都达到一个满意的程度，一般都要采

用典型的 PID 校正。

（5）PID 校正装置设计。采用 PID 校正，也就是在系统中加入一个比例放大器、一个积分器和一个微分器。此时系统的传递函数为

$$\Phi(s)=\frac{K_{\rm D}s^2+K_{\rm P}s+K_{\rm I}}{s^3+(10+K_{\rm D})s^2+(20+K_{\rm P})s+K_{\rm I}}$$

$K_{\rm P}$、$K_{\rm I}$、$K_{\rm D}$三个参数的选择一般是根据经验公式确定一个大致范围，这里通过仿真工具 Simulink 逐步校正，加入 PI 校正系统的 Simulink 框图如图 13-16 所示。最终取 $K_{\rm P}$=400，$K_{\rm I}$=400，$K_{\rm D}$=40。运行程序，绘制加入 PID 校正后系统的闭环阶跃响应曲线，如图 13-17 所示，程序如下。

```
num1=[40400 400];den1=[1 10 20400];      %定义传递函数的分子、分母系数
sys1=tf(num1,den1)                        %定义传递函数模型
sys=feedback(sys1,1);                     %单位负反馈
t=0:0.5:2;                                %定义 t 的范围
step(sys,t)                               %未加入校正装置的系统开环阶跃响应
```

从图 13-17 中可以得出，系统的响应曲线几乎和阶跃函数本身的响应曲线一样。对于一般的控制系统来说，应用 PID 控制是比较有效的，而且基本不用分析被控制对象的机理，只根据 $K_{\rm P}$、$K_{\rm I}$、$K_{\rm D}$的参数特性，以及 MATLAB 仿真所得到的阶跃响应曲线进行设计即可。

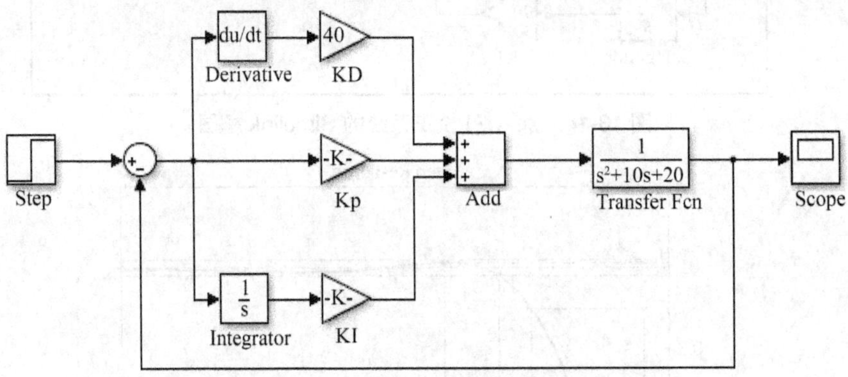

图 13-16　加入 PI 校正系统的 Simulink 框图

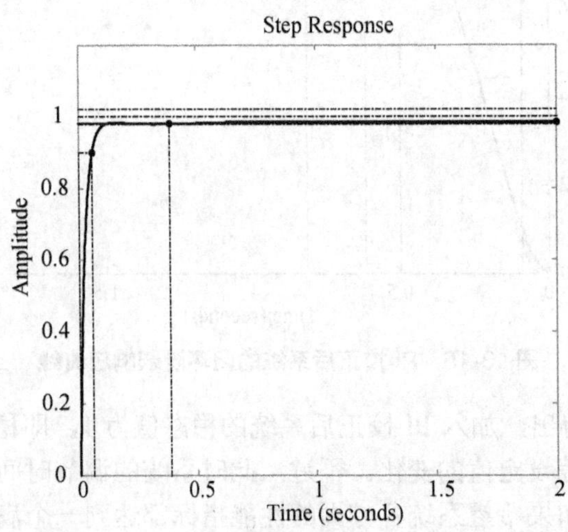

图 13-17　PID 校正后系统的闭环阶跃响应曲线

一般说来，在工程控制领域常用的是 PD 校正、PI 校正和 PID 校正。如果对控制品质要求不高，有时也会用到 P 校正。关于 PID 的参数整定，人们总结了许多经验图表和公式，如动态特性参数法、稳定边界法、衰减曲线法，以及 Ziegler-Nichols 经验公式等。

但在 MATLAB 环境下，我们可以不借助这些经验公式，直接根据仿真曲线来选择 PID 参数。根据系统的性能指标和一些基本的参数整定的经验，选择不同的 PID 参数进行仿真，最终确定满意的参数。这样做不但比较直观，而且计算量也比较小，并且便于调整。当然，在大多数情况下，根据经验公式进行计算还是有必要的，可以为我们指明参数选择的方向。

13.3　PID 控制器设计与参数整定

Ziegler-Nichols 方法是基于频域的 PID 控制器设计方法，根据对象的瞬态响应特性确定 PID 参数，Ziegler-Nichols 整定方法如图 13-18 所示，具体步骤如下：

① 通过单位响应曲线获得延迟时间 τ、时间常数 T、放大系数 K；

② 通过经验公式计算 PID 控制器参数；

③ 根据指标要求调整参数。

注意： 要求阶跃响应曲线呈 S 形。

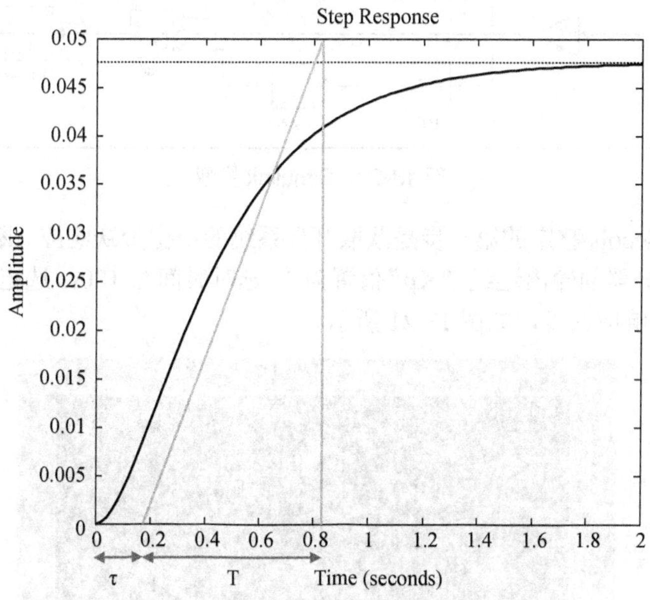

图 13-18　Ziegler-Nichols 整定方法

Ziegler-Nichols 方法整定控制器参数见表 13-2。

表 13-2　Ziegler-Nichols 方法整定控制器参数

控制器类型	K_p	积分时间T_i	微分时间τ
P	$\frac{T}{(K\cdot\tau)}$	∞	0
PI	$0.9\frac{T}{(K\cdot\tau)}$	$\frac{\tau}{0.3}$	0
PID	$1.2\frac{T}{(K\cdot\tau)}$	2τ	0.5τ

【例 13-3-1】已知如图 13-19 所示的控制系统框图，系统开环传递函数如下。试采用 Ziegler-Nichols 整定公式计算系统 P、PI、PID 控制器的参数，并绘制整定后系统的单位阶跃响应曲线。

$$G_0(s)=\frac{8}{(360s+1)}e^{-180s}$$

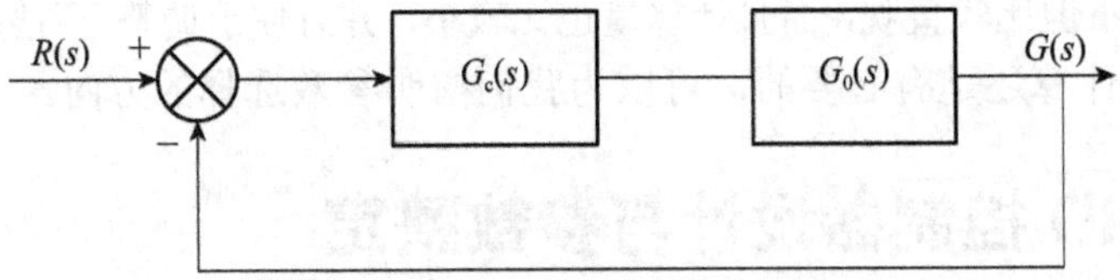

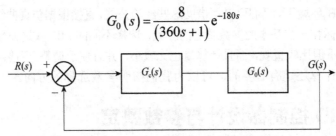

图 13-19 例 13-3-1 控制系统框图

解：(1) PID 参数整定是一个反复调整测试的过程，使用 Simulink 能大大简化这一过程。根据题意建立 Simulink 模型，如图 13-20 所示。图中，Integrator——积分器；Derivative——微分器；Kp——比例系数；1/Ti——积分时间常数；tou——微分时间常数。

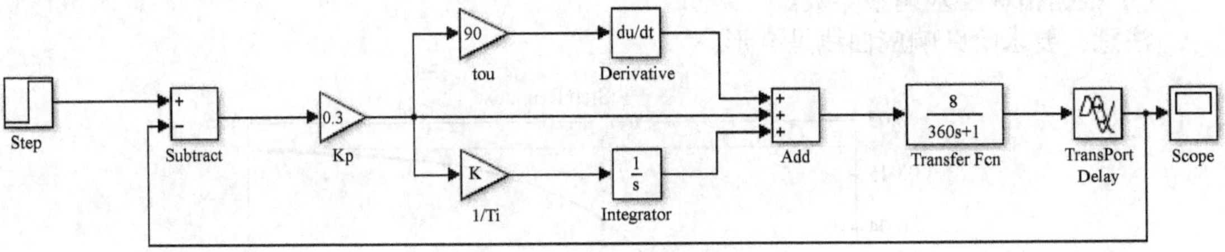

图 13-20 Simulink 模型

(2) Ziegler-Nichols 整定的第一步是获取开环系统的单位阶跃响应。断开反馈连线、微分器的输出连线、积分器的输出连线；“Kp”值置为 1，延时时间为 180s；选定运行，双击“Scope”选项得到单位阶跃响应曲线，如图 13-21 所示。

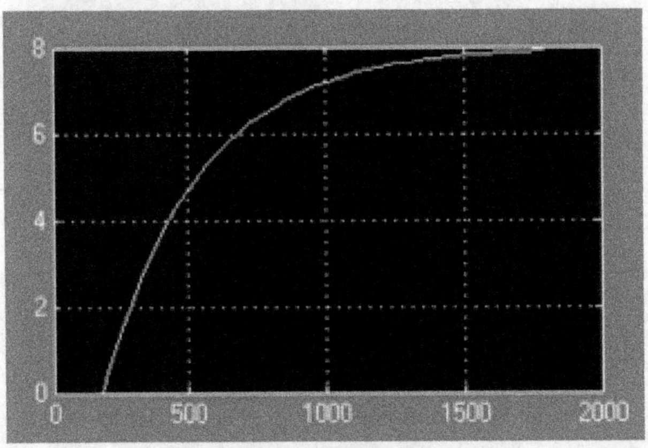

图 13-21 单位阶跃响应曲线

按照 S 形响应曲线的参数求法，得到系统延迟时间 L=180，时间常数 T=540−180=360，K=8。

注意：此处是对响应曲线的估计值，不易观测到具体数值的情况时，需要将曲线数据导入到工作区中，并自行绘制响应曲线并估算初始值。

（3）由 Ziegler-Nichols 方法整定控制器参数表。可知 P 控制整定时，比例放大系数 K_P=0.25，将“Kp”值置为 0.25；连接反馈连线，仿真运行，得到 P 控制时系统的单位阶跃响应，如图 13-22 所示。

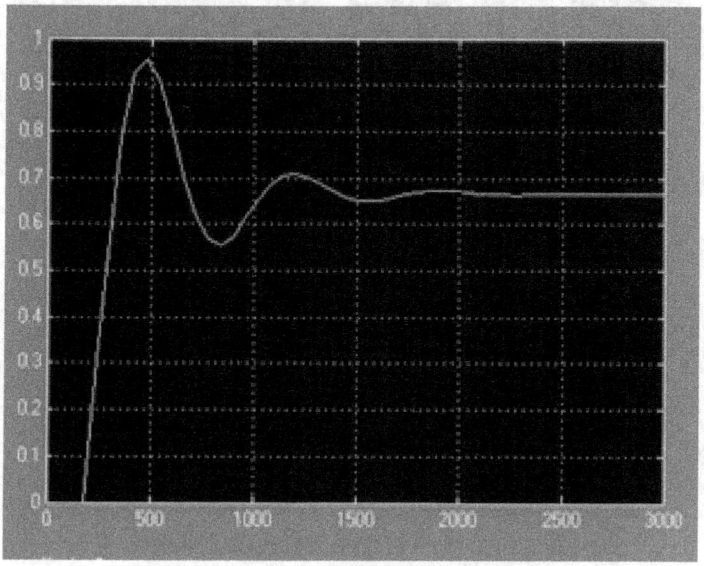

图 13-22 P 控制时系统的单位阶跃响应

（4）由 Ziegler-Nichols 方法整定控制器参数表，可知 PI 控制整定时，比例放大系数 K_P=0.225，积分时间常数 T_i=594；将“Kp”值置为 0.225，“1/Ti”置为 1/594；连接积分器的输出连线，仿真运行，得到 PI 控制时系统的单位阶跃响应，如图 13-23 所示。

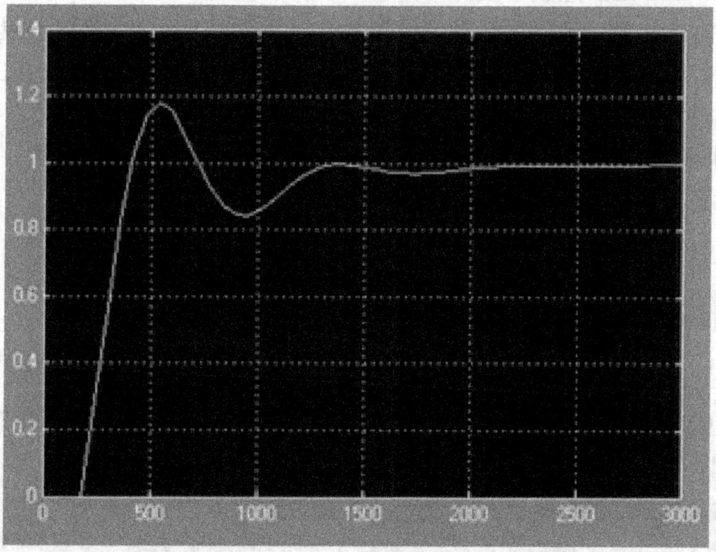

图 13-23 PI 控制时系统的单位阶跃响应

（5）由 Ziegler-Nichols 方法整定控制器参数表，可知 PID 控制整定时，比例放大系数 K_P=0.3，积分时间常数 T_i=396，微分时间常数 τ=90；将“Kp”值置为 0.3，“1/Ti”置为 1/396，“tou”值置为 90；连接微分器的输出连线，仿真运行，得到 PID 控制时系统的单位阶跃响应，如图 13-24 所示。

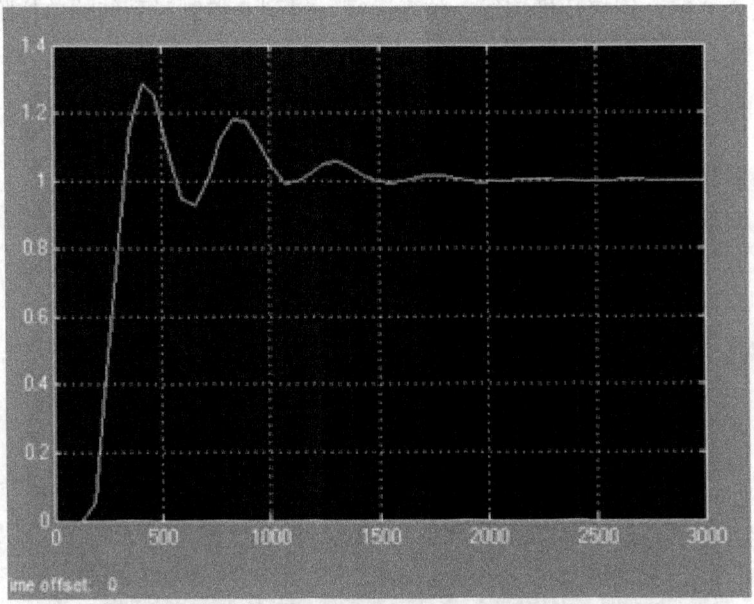

图 13-24　PID 控制时系统的单位阶跃响应

13.4　PID Tuner 控制器设计

下面以例 13-4-1 为例来介绍 MATLAB 中 PID Tuner 控制器的设计方法，可参考视频“12-PID Tuner 控制器设计”，视频二维码如右。

PID 控制器简单易懂，使用时不需精确的系统模型等先决条件，因而成为应用最为广泛的控制器。使用 MATLAB 2014a 的 PID 参数调节工具——PID 调节器能够快速得到较满意的结果。

【例 13-4-1】设系统的开环传递函数如下，使用 PID Tuner 完成 P 控制器和 PID 控制器设计，并观测和分析设计效果。

$$G(s)=\frac{1}{(s+1)(2s+1)(5s+1)(10s+1)}$$

解：（1）封装系统。

```
SYS=tf(1,conv([1 1],conv([2 1],conv([5 1],[10 1]))));
```

（2）打开 PID Tuner（如图 13-25 所示），单击“Import”选项（如图 13-26 所示），选择读取被控制系统 SYS（如图 13-27 所示）。

图 13-25　打开 PID Tuner

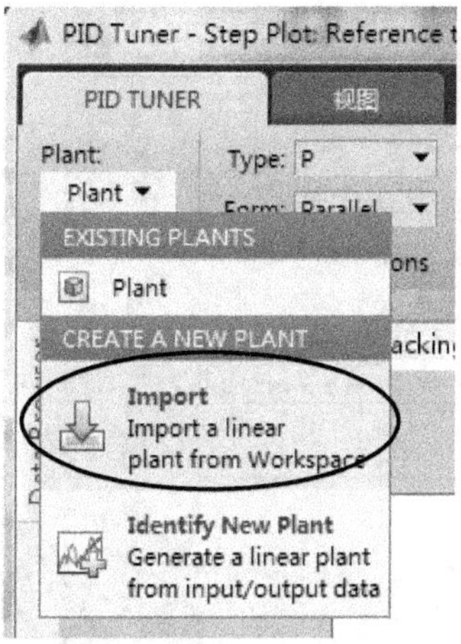

图 13-26　单击“Import”选项

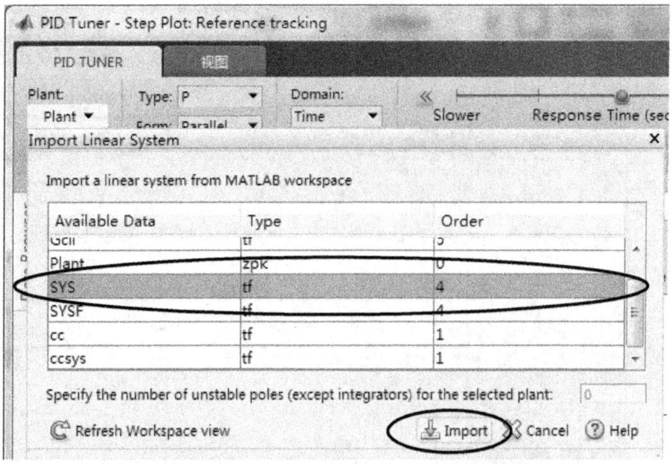

图 13-27　选择读取被控制系统 SYS

（3）设置 P、PID 控制器选项，调节参数，观测曲线的变化，如图 13-28 所示。

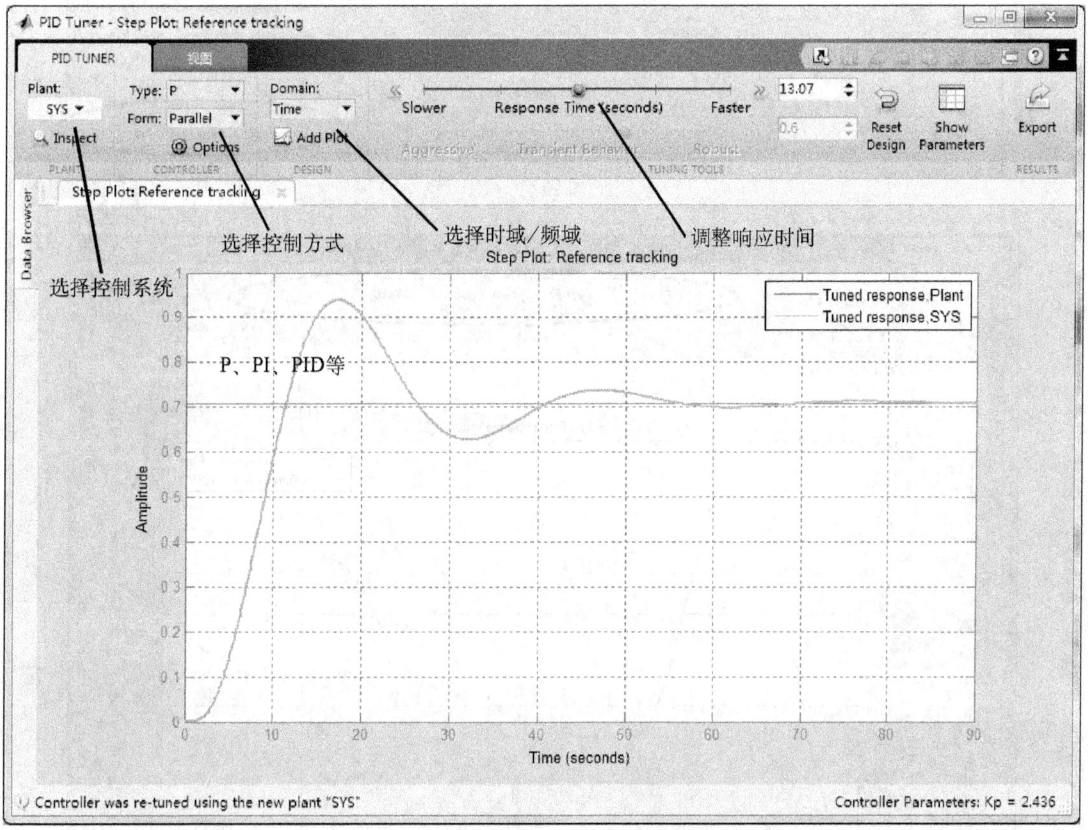

图 13-28　设置 P、PID 控制器选项

P 控制情况下，K_P=1.072，不断调节增大至 K_P=5.543；从图 13-29 可以看出，K_P 增大时响应速度加快，幅值增大，但达到一定值时系统不稳定。

（4）输出参数并验证，P 校正如图 13-29 所示，PID 校正如图 13-30 所示。

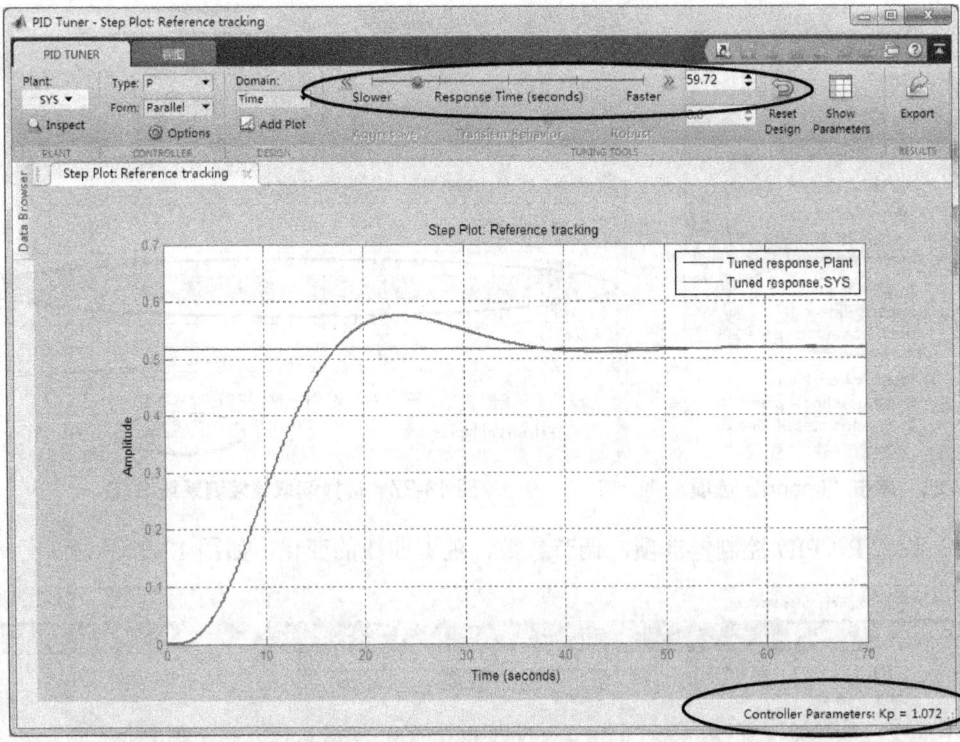
PID Tuner - Step Plot: Reference tracking
PID TUNER
Plant:
SYS
Inspect
Type: P
Form: Parallel
Options
Domain:
Time
Add Plot
Slower
Response Time (seconds)
Faster
59.72
Reset Design
Show Parameters
Export
Step Plot: Reference tracking
Data Browser
Tuned response,Plant
Tuned response,SYS
Amplitude
Time (seconds)
Controller Parameters: Kp = 1.072

(a)

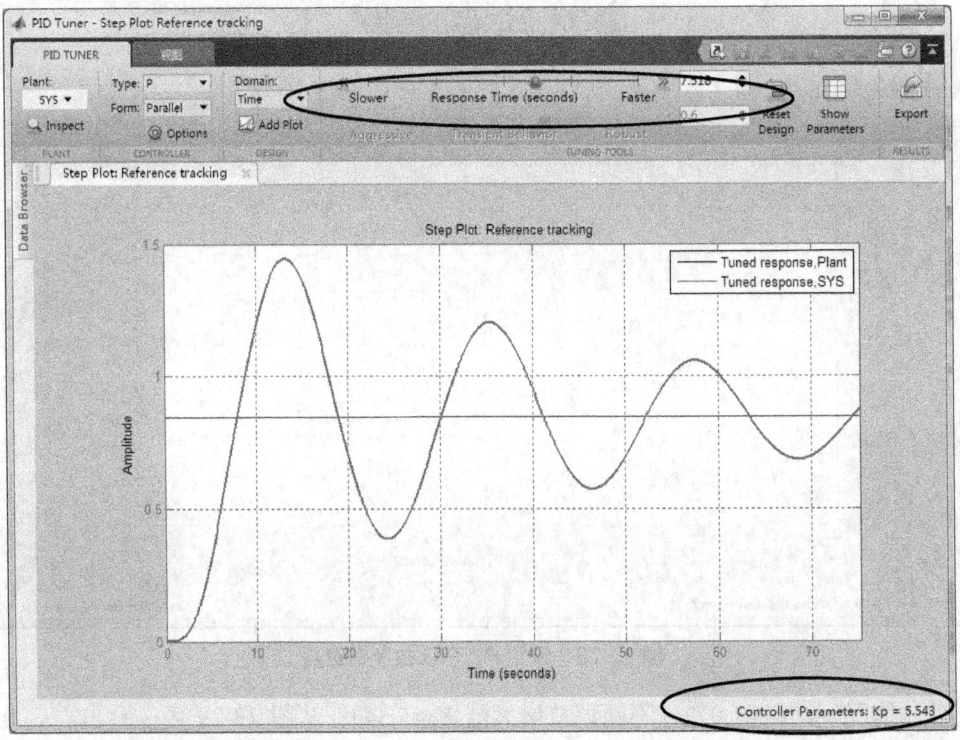
PID Tuner - Step Plot: Reference tracking
PID TUNER
Plant:
SYS
Inspect
Type: P
Form: Parallel
Options
Domain:
Time
Add Plot
Slower
Response Time (seconds)
Faster
Reset Design
Show Parameters
Export
Step Plot: Reference tracking
Data Browser
Tuned response,Plant
Tuned response,SYS
Amplitude
Time (seconds)
Controller Parameters: Kp = 5.543

(b)

图 13-29　P 校正

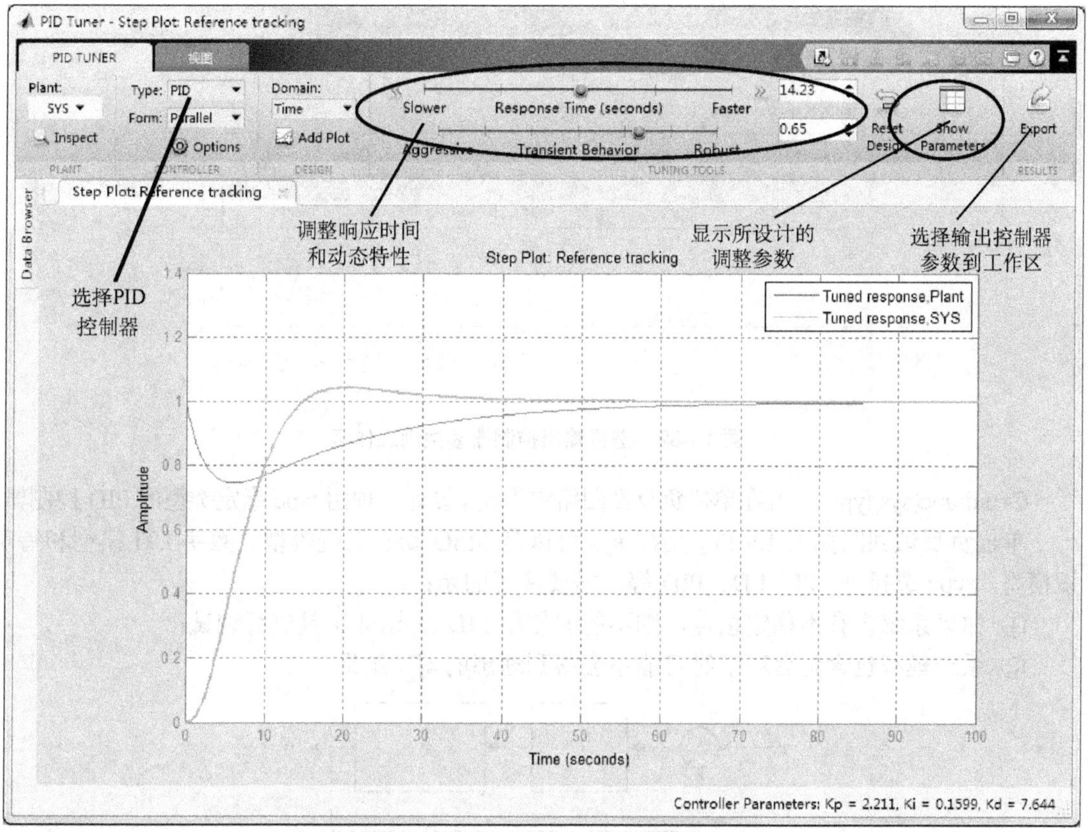

图 13-30 PID 校正

（5）显示所设计的调整参数，如图 13-31 所示。

Controller Parameters

	Tuned
Kp	2.2108
Ki	0.15985
Kd	7.6442
Tf	

Performance and Robustness

	Tuned
Rise time	9.02 seconds
Settling time	29.5 seconds
Overshoot	4.17 %
Peak	1.04
Gain margin	20.1 dB @ 0.717 rad/s
Phase margin	65 deg @ 0.141 rad/s
Closed-loop stability	Stable

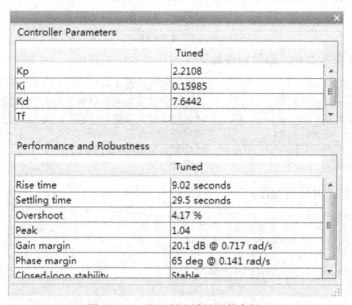

图 13-31 显示所设计的调整参数

（6）选择输出控制器参数到工作区，如图 13-32 所示。

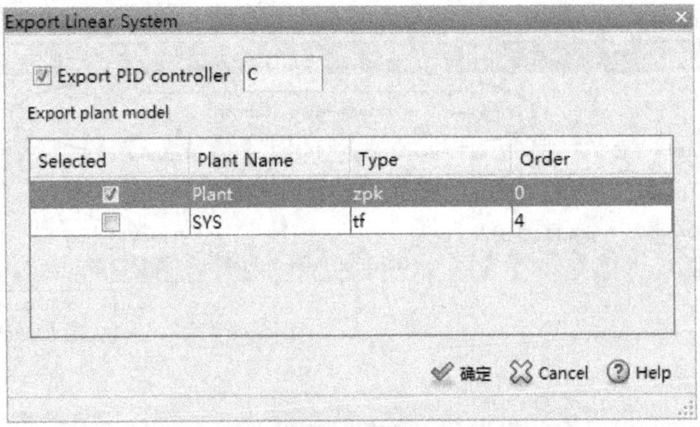

图 13-32 选择输出控制器参数到工作区

C=pidtune(sys,type) %在单位负反馈回路中为 sys 设计一种由 type 指定类型的 PID 控制器。

单位负反馈回路如图 13-33 所示，sys 可以是 SISO 动态系统模型、数字 LTI 模型和待辨识模型，type 选择 P、PI、PD、PID 等。需要注意的是：

① 如果系统含有不稳定极点，则不能够使用 PID Control 工具进行调试；

② 系统模型包含延迟环节时可能不会得到理想的调试结果。

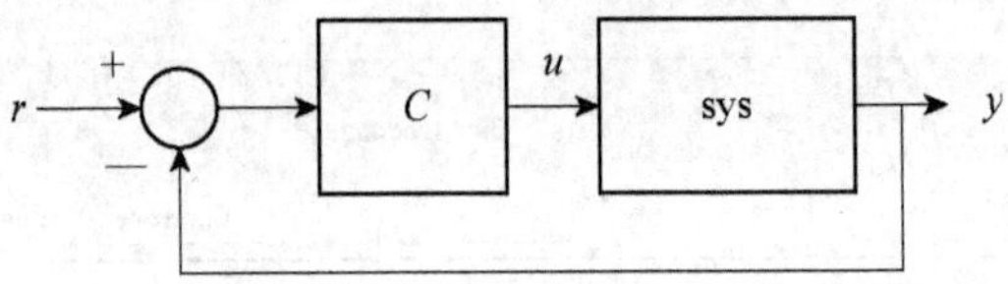

图 13-33 单位负反馈回路

【例 13-4-2】针对下面的给定系统设计一个 PI 控制器。

$$sys = \frac{1}{(s+1)^3}$$

解：新建 M 脚本文件，编写程序如下。

```
sys=zpk([],[-1 -1 -1],1)              %建立系统模型 sys
C_pi=pidtune(sys,'pi')                %在单位负反馈回路中为 sys 设计 pi 控制器
T= feedback(sys,1)                    %系统单位负反馈
T_pi=feedback(C_pi*sys,1)             %系统 pi 校正
step(T,T_pi)                          %绘制系统脉冲响应曲线
legend('sys','sys\_PI')               %添加标注
```

保存 M 文件，并运行程序：

```
sys =
    1
 -------
  (s+1)^3
Continuous-time zero/pole/gain model.
C_pi =
1
  Kp + Ki * ---
s
  with Kp = 1.14, Ki = 0.454
 Continuous-time PI controller in parallel form.
```

```
T =
          1
-------------------
 (s+2) (s^2 + s + 1)
 Continuous-time zero/pole/gain model.
T_pi =
       1.1367 (s+0.3995)
  ----------------------------------------------
  (s+1.968) (s+0.3099) (s^2 + 0.7225s + 0.7447)
Continuous-time zero/pole/gain mode
```

例 13-4-2 系统脉冲响应曲线如图 13-34 所示。

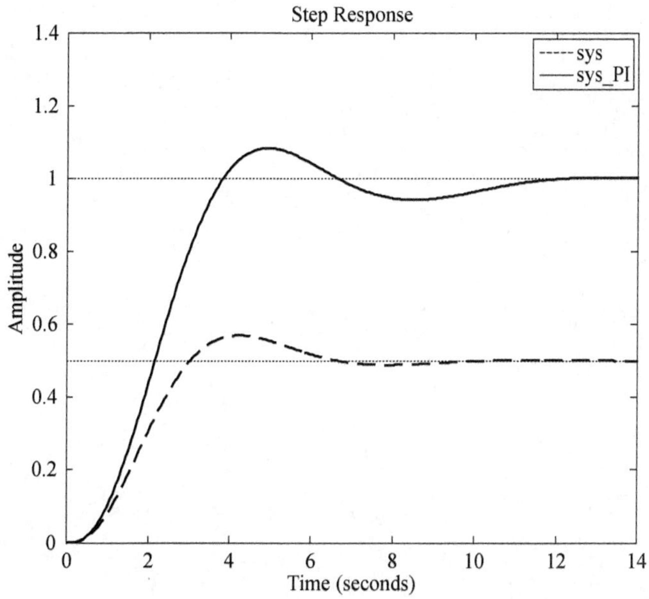

图 13-34　例 13-4-2 系统脉冲响应曲线

课后习题13

13-1　已知如图 13-35 所示的控制系统框图，其系统的开环传递函数 $G_0(s)$如下，试采用 Ziegler-Nichols 法计算 P、PI、PID 控制器参数，并绘制整定后的单位阶跃响应曲线。尝试使用 PID Tuner 完成上述操作。

$$G_0(s)=\frac{1}{s(s+1)(s+5)}$$

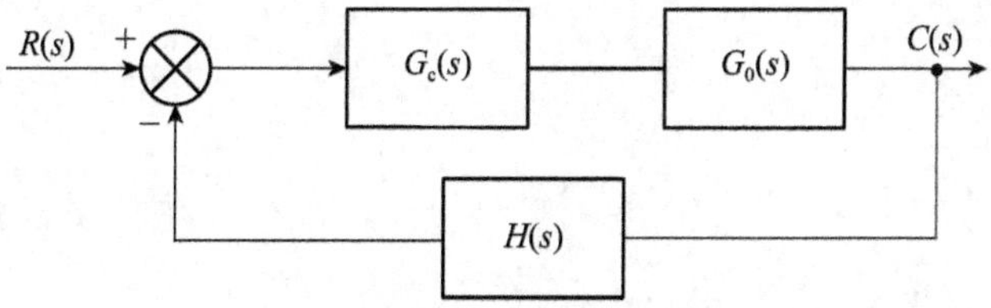

图 13-35　控制系统框图

13-2　已知被控制对象开环传递函数 $G_0(s)$如下，试采用 PID Tuner 确定 PID 控制器 Z 参数，并绘制阶跃响应曲线。

$$G_0(s)=\frac{1}{(s+1)(2s+1)(5s+1)(10s+1)}$$

第 14 章　MATLAB 图形用户界面 GUI

第 14 章　MATLAB 图形用户界面 GUI PPT

本章要点

本章主要介绍 MATLAB 图形用户界面 GUI，具体包括：

- GUI 简介；
- MATLAB 的 GUIDE 开发环境；
- 回调函数及示例。

1. GUI **简介**

GUI(Graphical User Interface)图形用户界面，是在图形界面下安排显示与用户交互的组件元素，用户可以只通过键盘、鼠标和前台界面下的组件发生交互，而所有的计算、绘图等操作都封装在内部，提高了终端用户使用 MATLAB 程序的易用性。

- GUI 开发环境；
- GUI 界面的创建，交互组件；
- GUI 菜单和存储；
- 句柄图形对象——回调函数。

2. GUI **开发环境**

选择 MATLAB 主菜单→“新建”→“图形用户界面”选项，打开“GUIDE 快速入门”窗口，可以新建 GUI 和打开现有 GUI。新建 GUI 可以选择 4 种模板样式：使用空白模板创建 GUI（见图 14-1）、使用带组件的模板创建 GUI（见图 14-2）、使用带图形和菜单的模板创建 GUI（见图 14-3）和使用对话框模板创建 GUI（见图 14-4）。

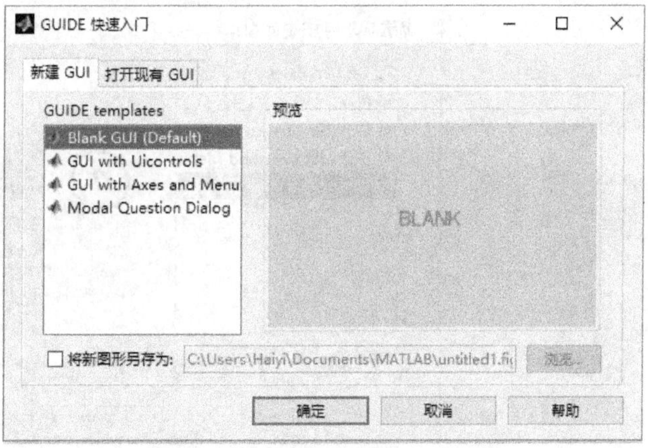

图 14-1　使用空白模板创建 GUI

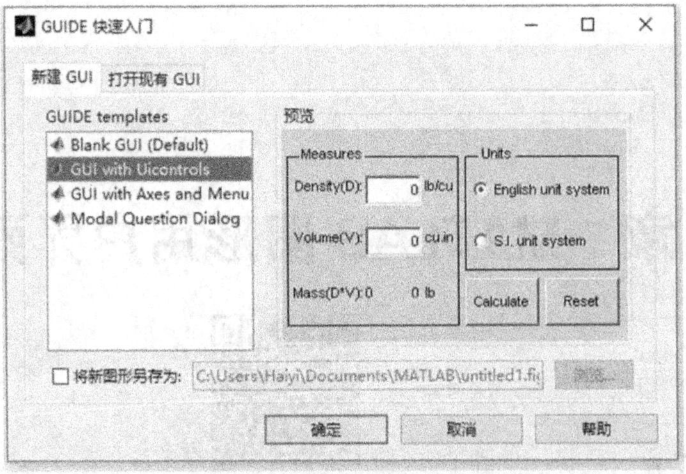

图 14-2　使用带组件的模板创建 GUI

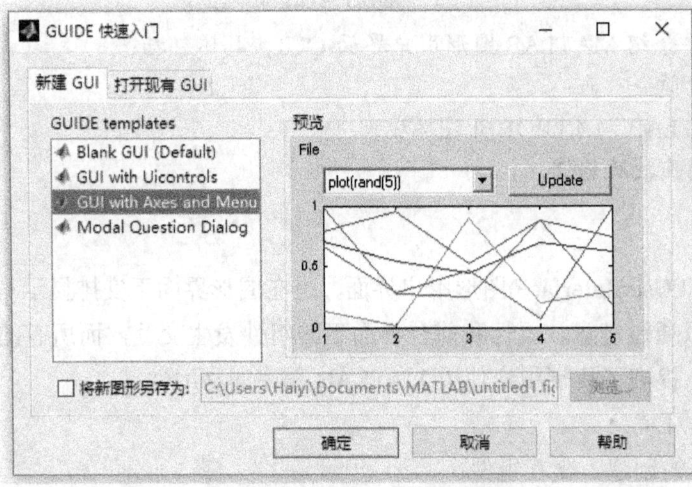

图 14-3　使用带图形和菜单的模板创建 GUI

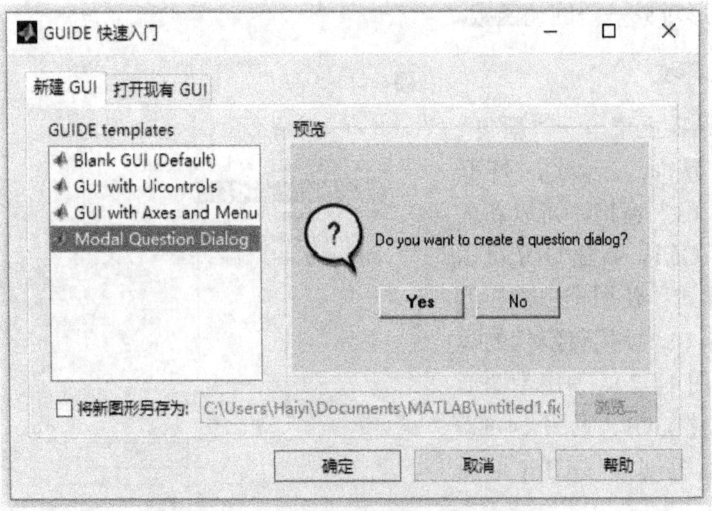

图 14-4　使用对话框模板创建 GUI

新建 GUI，弹出 GUI 窗口，左侧为 GUI 的各种组件，依次是选择、按钮、滑块、单选按钮、复选框、可编辑文本、静态文本、弹出式菜单、列表框、切换按钮、表、轴、面板、按钮组和 Active 控件，GUI 窗口及其组件如图 14-5 所示。

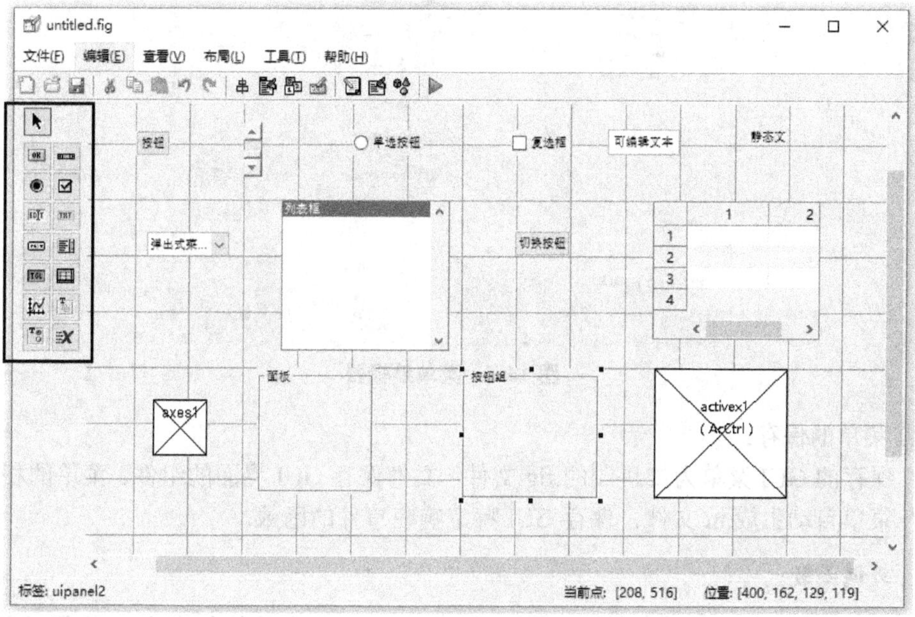

图 14-5　GUI 窗口及其组件

在新建的 GUI 窗口中，在菜单栏选择"查看"→"属性检查器"选项，查看组件的属性和排列，属性检查器如图 14-6 所示。

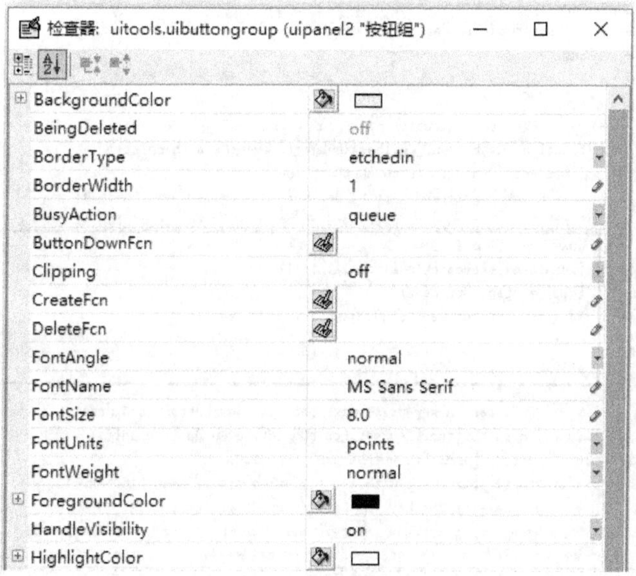

图 14-6　属性检查器

在新建的 GUI 窗口中，在菜单栏选择"工具"→"菜单编辑器"选项，在菜单编辑器中编辑 GUI 菜单，菜单编辑器如图 14-7 所示。

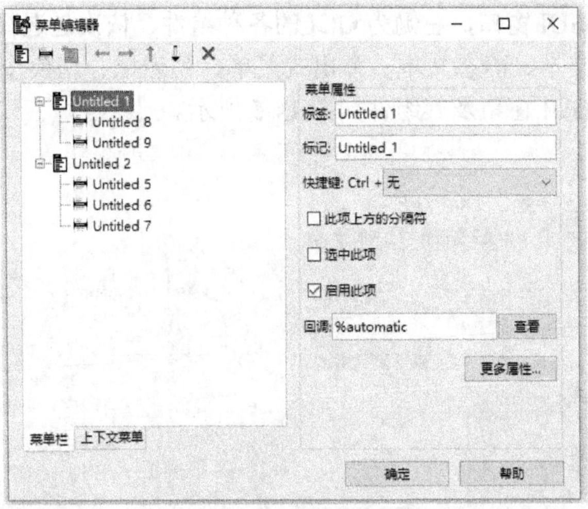

图 14-7　菜单编辑器

GUI 菜单的保存：

➢ 保存的 GUI 菜单为二进制的.fig 文件，文件保存 GUI 界面的组件、菜单的相关属性；
➢ 菜单自动生成.m 文件，保存 GUI 特定响应事件的函数。

3. 回调函数

右击组件可以查看组件的回调函数，即右击，在弹出的快捷菜单中选择“回调”→“Callback”选项。如图 14-8 显示的是 pushbutton2 的回调函数，在空白部分编写需要的程序，进行题目要求的计算。

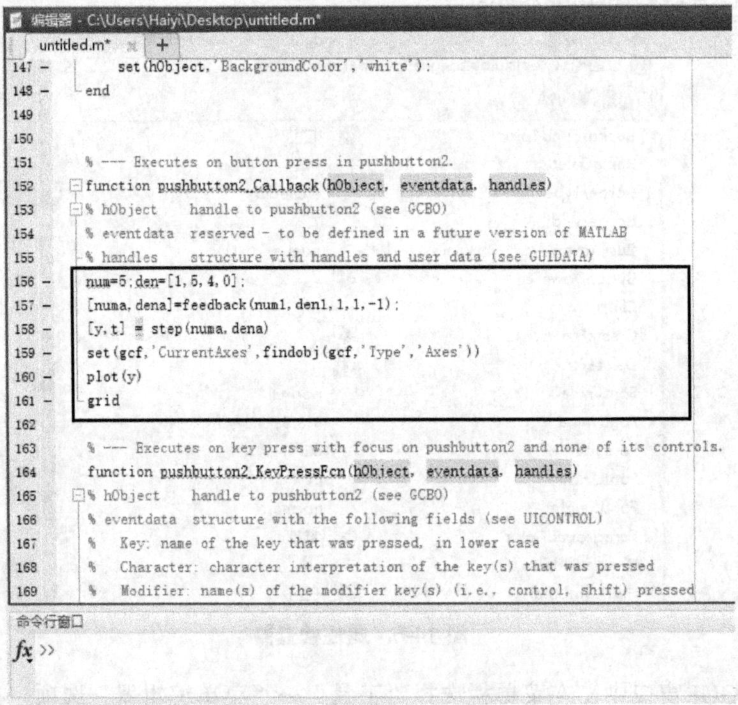

图 14-8　pushbutton2 的回调函数

4. 图形用户界面 GUI 示例

下面以例 14-4-1 为例来介绍 MATLAB 中图形用户界面 GUI 的使用方法，可参考视频“13-图形用户界面 GUI”，视频二维码如右。

【例 14-4-1】如图 14-9 所示 GUI 面板，实现以下功能：

（1）使用简易绘图函数 ezsurf 绘制三维图形；

（2）使用 shading 实现 3 种绘制模式的切换（flat——片块模式，faceted——切面模式，interp——彩色模式）；

（3）设置绘制和清空按钮；

（4）设置简单菜单项，完成绘制、清空和关闭命令。

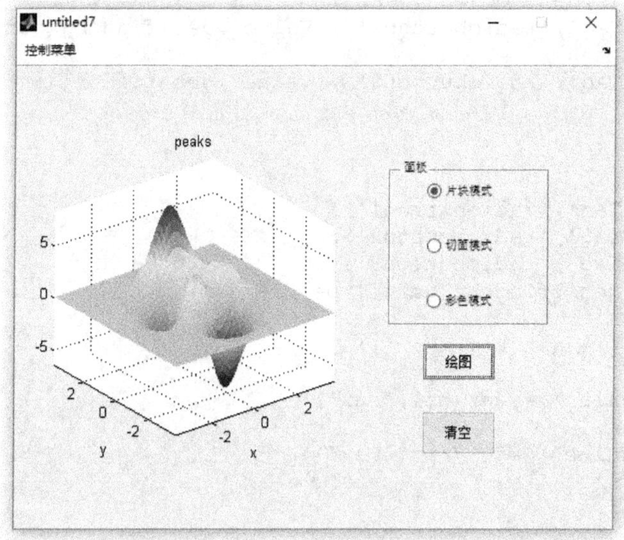

图 14-9 GUI 面板

解：（1）创建 GUI

打开 MATLAB，单击“新建”选项，选择图形用户界面，在新建 GUI 窗口中使用空白模板创建 GUI。

（2）创建组件

示例中需要绘制三维图形，这里将一个轴拖进来；需要实现 3 种绘制模式的切换，这里将 3 个单选按钮拖进来，调整一下位置；再放一个面板；还需要两个按钮。

（3）设置组件属性

3 个单选按钮的分别命名为“片块模式”“切面模式”“彩色模式”，两个按钮分别命名为“绘图”和“清空”。

（4）设置菜单项

在工具里面选择菜单编辑器，设置简单菜单项——控制菜单、绘图、清空、关闭。

（5）编写程序

打开编辑器，在组件回调函数下方编写程序。

① 单选按钮 1。

```
set(hObject,'Value',get(hObject,'Max'))
```

```
set(findobj(gcf,'Tag','radiobutton2'),'Value',get(findobj(gcf,'Tag','radiobutt
on1'),'Min'))
set(findobj(gcf,'Tag','radiobutton3'),'Value',get(findobj(gcf,'Tag','radiobutt
on2'),'Min'))
```

② 单选按钮 2。

```
set(hObject,'Value',get(hObject,'Max'))
set(findobj(gcf,'Tag','radiobutton1'),'Value',get(findobj(gcf,'Tag','radiobutt
on1'),'Min'))
set(findobj(gcf,'Tag','radiobutton3'),'Value',get(findobj(gcf,'Tag','radiobutt
on2'),'Min'))
```

③ 单选按钮 3。

```
set(hObject,'Value',get(hObject,'Max'))
set(findobj(gcf,'Tag','radiobutton1'),'Value',get(findobj(gcf,'Tag','radiobutt
on1'),'Min'))
set(findobj(gcf,'Tag','radiobutton2'),'Value',get(findobj(gcf,'Tag','radiobutt
on2'),'Min'))
```

④ 绘图按钮。

```
hrf=findobj(gcf,'Tag','radiobutton1');
hri=findobj(gcf,'Tag','radiobutton2');
hrc=findobj(gcf,'Tag','radiobutton3');
set(gcf,'CurrentAxes',findobj(gcf,'Type','Axes'))
ezsurf(@peaks)
if(get(hrf,'Value')==get(hrf,'Max'))
   shading flat
elseif(get(hri,'Value')==get(hri,'Max'))
   shading faceted
elseif(get(hrc,'Value')==get(hrc,'Max'))
   shading interp
end
```

⑤ 清空按钮。

```
cla      %清空绘图区
```

⑥ 菜单项——绘图。

```
pushbutton1_Callback
```

⑦ 菜单项——清空。

```
cla      %清空绘图区
```

⑧ 菜单项——关闭。

```
close   %清空绘图区
```

保存并运行程序，选择不同的模式进行绘图及其他操作。

课后习题14

简述 GUI 界面的组成及使用方法。

参 考 文 献

［1］夏德玱，翁贻方. 自动控制理论，2 版. 北京：机械工业出版社，2004.

［2］胡寿松. 自动控制原理，6 版. 北京：科学出版社，2013.

［3］石良臣. MATLAB/Simulink 系统仿真超级学习手册. 北京：人民邮电出版社，2014.

［4］王正林，王胜开，陈国顺，等. MATLAB/Simulink 与控制系统仿真，4 版. 北京：电子工业出版社，2017.

［5］张晋格，陈丽兰. 控制系统 CAD—基于 MATLAB 语言，2 版. 北京：机械工业出版社，2010.

［6］翟亮. 基于 MATLAB 的控制系统仿真，1 版. 北京：清华大学出版社，2006.

［7］王丹力，赵剡，邱治平. MATLAB 控制系统设计仿真应用. 北京：中国电力出版社，2007.